Pfeifer | Schmidt – Singvögel im Wald

Robert Pfeifer
Olaf Schmidt

Singvögel im Wald

Einblicke in eine erfolgreiche Lebensgemeinschaft

AULA-Verlag Wiebelsheim

Robert Pfeifer
Dilchertstr. 8
95444 Bayreuth
Deutschland
E-Mail: ro.pfeifer@gmx.de

Olaf Schmidt
Praterinsel 1
80538 München
Deutschland
E-Mail: petraundolaf.schmidt@gmx.de

Der Druck dieses Buches wurde gefördert von:

Bayerischer Naturschutzfonds
Stiftung des Öffentlichen Rechts

Hanskarl-Goettling-Stiftung, Freising

Bayerischer Forstverein, Wildthurn

Bibliografische Information der Deutschen Nationalbibliothek
Die Deutsche Nationalbibliothek verzeichnet diese Publikation in der Deutschen Nationalbibliografie; detaillierte bibliografische Daten sind im Internet über http://dnb.d-nb.de abrufbar.

Umschlagfotos: Bergmischwald in Kärnten (R. Pfeifer), Sommergoldhähnchen (R. Hartwich), Fichtenkreuzschnabel (F. Moglia/AdobeStock), Zwergschnäpper (V. Kucherenko/AdobeStock).

Druck und Verarbeitung: Print Consult GmbH, München
Printed in Europe/Imprimé en Europe
ISBN 978-3-89104-854-2

MIX
Papier | Fördert gute Waldnutzung
FSC® C084279

Vorwort

Vögel im Wald – das Thema rückt mehr und mehr in den Fokus des Interesses von Forschung und Naturschutz. Die Leitarten dazu haben lange Tradition: Raufußhühner, Waldeulen, Spechte, Schwarzstörche, Greifvögel. Ihnen wurden schon zahlreiche gute Bücher gewidmet. Ein weiteres hinzuzufügen wäre müßig. Eine schmerzliche Lücke empfanden wir jedoch immer bei unserer artenreichsten Vogelordnung, den Sperlingsvögeln. Sie standen stets etwas im Schatten der „Flaggschiffarten". Und obwohl sie teilweise häufige Allerweltsvögel sind, wissen wir erstaunlich wenig über sie. Wer hat schon einmal das Nest eines Goldhähnchens oder des Erlenzeisigs gesehen? Oder sich Gedanken darüber gemacht, dass in den Wäldern Europas Singvogelarten leben, deren Verbreitung ausschließlich auf diesen, unseren Kontinent beschränkt ist?

Die oben angesprochene Lücke werden wir mit diesem Buch nicht schließen, aber wir wollen versuchen, sie etwas zu verkleinern. Wir wollen interessierten Vogelbeobachterinnen und Vogelbeobachtern, Forstleuten, Baum- und Waldbegeisterten schlaglichtartig die Faszination der vielfältigen Beziehungen zwischen Singvögeln, Bäumen und Wäldern in Mitteleuropa nahebringen und immer wieder einmal über den Tellerrand blicken, wenn es zum Verständnis der hier vorgefundenen Situation nötig ist. Spannende Details kamen dabei zu Tage. Als wir den Weg des neu einwandernden Grünlaubsängers zurückverfolgten, führte uns dieser in die Berge des Himalaya. Auf der Zeitreise zurück in die Vergangenheit unserer Wälder fanden wir uns in der Eiszeit wieder. Es ist nötig, da und dort in die Tiefe zu loten, auf wissenschaftliche Originalveröffentlichungen zurückzugreifen, um die Phänomene zu verstehen und anhand möglichst anschaulicher Beispiele zu beschreiben. Dennoch haben wir uns um eine allgemeinverständliche Sprache bemüht, auch auf die Gefahr hin, zu vereinfachen. Das Zitat von Albert Einstein „*Mache die Dinge so einfach wie möglich. Aber nicht einfacher!*" war uns dabei ein Leitspruch. Wir wollen neugierig machen auf die Vielfalt der Wechselbeziehungen in der Natur. Singvögel mit ihrem Artenreichtum und ihren vielen verschiedenen Lebensformen und ökologischen Einnischungen zeigen uns das besonders deutlich. Vögel sind viel mehr als ein Haken auf der Beobachtungsliste und Wälder sind viel mehr als Standorte für Bäume. Vielleicht gelingt uns auch da und dort ein Brückenschlag zwischen Forstleuten und Naturschützern. Denn die hier betrachteten Vogelarten sind keine Problemarten, sie bergen in der Regel keinen naturschutzpolitischen Zündstoff. Und sie sind in vielen Fällen einfach schön! Vielleicht bringt uns auch die unaufgeregte, gemeinsame Begeisterung für Wald und Waldvogelwelt einen Schritt weiter zusammen. Denn unsere Wälder und auch unsere Waldvogelwelt ist Veränderungen ausgesetzt – das war in der Vergangenheit so und wird auch in Zukunft so sein. In den ersten und in den letzten Kapiteln ist davon die Rede. Und so viel sei vorweggenommen: die Prognosen für die Zukunft unserer waldbewohnenden Singvögel enden nicht in einer tiefen Depression.

Wir sind beide im waldreichen Oberfranken aufgewachsen. Die Vogelbeobachtung, die Beschäftigung mit der Natur, speziell mit der Waldnatur hat uns daher von Kindheit an begleitet. Dazu gehören auch Erlebnisse, die heute nicht mehr ohne Weiteres möglich sind: Pflanzen und Käfer sammeln, Tümpelaquarien, Vogelhaltung und ein freier Zugang zur Natur ohne ständige Gedanken und Ängste über eventuelle Verkehrssicherheits- und Haftungsfragen. Motiviert hat uns nicht die Drohkulisse eines bevorstehenden Weltuntergangs, sondern die Fülle und Schönheit des Lebendigen. Hieraus schöpfen wir unsere Begeisterung für das Thema bis heute. Eigentlich hätten wir dieses Buch schon längst schreiben können. An positiver Resonanz nach Vorträgen und Zeitschriftenbeiträgen zu diesem Thema hat es nicht gefehlt. Der Startschuss für dieses Buchprojekt fiel, als schließlich Olaf Schmidt an Robert Pfeifer mit der „Schnapsidee" zur Zusammenarbeit an einem gemeinsamen Buch herantrat und mit diesem Gedanken offene Türen einrannte.

Dieses Buch wäre nicht ohne das Zutun vieler weiterer Personen möglich gewesen. Es lebt von den Farbfotos der zahlreichen Bildautorinnen und -autoren, deren Namen sich im Bildnachweis finden. Ihre Aufnahmen sagen mehr als viele Worte. Die Arbeiten von und die Gespräche mit vielen Fachleuten haben uns stets inspiriert und motiviert. Hier sind vor allem Gregor Aas, Einhard Bezzel †, Roland Brandl, Siegfried Klaus, Martin Lauterbach, Bernd Leisler, Jochen Martens, Jörg Müller, Wolfgang Scherzinger, Ellen Thaler und Volker Zahner zu nennen. Elisabeth Obermaier nahm Anteil an der Genese dieses Buches von den ersten Gedanken bis zum Korrekturlesen großer Teile des Manuskripts. Seine Realisierung wurde durch die großzügige finanzielle Förderung des Bayerischen Naturschutzfonds, der Hanskarl-Goettling-Stiftung und des Bayerischen Forstvereins möglich. Die endgültige Form erhielt es durch das Team des Aula-Verlags.

Ihnen allen danken wir herzlich.

Robert Pfeifer und Olaf Schmidt
Bayreuth und München, Neujahr 2023

Inhaltsverzeichnis

Waldbaumläufer

1 Drei Kapitel zur Einleitung

„So wie es für „Wald“ keineswegs eine eindeutige Definition gibt (...), sind auch die Arten an Waldvögeln nicht einfach aufzulisten...“

Wolfgang Scherzinger 2011

Mischwald in Oberfranken

1.1 Was ist ein Waldvogel?

In diesem Buch behandeln wir Singvögel im Wald. Welche Vögel meinen wir damit? Einen Singvogel zu definieren ist relativ einfach. Die größte Ordnung in der Klasse der Vögel stellen die Sperlingsvögel (Passeriformes) dar. Sie umfasst weltweit etwa 6200 Arten und damit nahezu 60 % aller derzeit lebenden Vogelarten. Ausgehend von ihrem Ursprung in Australien besiedelte diese erfolgreichste Vogelordnung seit dem Oligozän alle terrestrischen Lebensräume der Welt. Sie besetzten viele ökologische Nischen und sind enorm vielseitig, sowohl hinsichtlich ihrer Ernährung als auch in Bezug auf die Fortpflanzungsbiologie. Sperlingsvögel sind ein Erfolgsmodell! Die Spanne ihrer Körpergröße reicht von den winzigen Nektarvögeln und Goldhähnchen mit wenigen Gramm Körpergewicht bis hin zum mächtigen Kolkraben, der mit mehr als einem Kilogramm Körpergewicht rund das zweihundertfünfzigfache eines Wintergoldhähnchens auf die Waage bringt. Mehrere gemeinsame Skelettmerkmale, der Bau der Füße und einige Merkmale der Spermatozoen verbinden die Sperlingsvögel noch heute und weisen auf ihren gemeinsamen stammesgeschichtlichen Ursprung hin. Die Sperlingsvögel gliedern sich wiederum in zwei Unterordnungen, die ursprünglicheren, tropischen Schreivögel oder Suboscines und die weltweit verbreiteten Singvögel (Oscines). Hierzu gehören beispielsweise unsere heimischen Meisen, Drosseln, Laubsänger, Grasmücken, Baumläufer und Finken. Sie sind der Gegenstand unserer Betrachtungen.

Sperlingsvögel sind die erfolgreichste Vogelordnung. Sie besiedelten alle Landlebensräume der Erde, von den Küsten bis ins Hochgebirge, Wälder und Wüsten, die Zentren der Großstädte und abgelegene Inseln. Kleingrundfink *Geospiza fuliginosa*, San Christobal, Galapagos.

Was aber ist ein Waldvogel? Dem Begriff ist viel schwieriger beizukommen, denn er lässt sich nicht auf eine gemeinsame stammesgeschichtliche Wurzel zurückführen, sondern auf die Nutzung von Bäumen und Waldbeständen durch die verschiedensten Vogelarten mit all ihren ökologischen Facetten.

Wälder sind ein wichtiger, wenn nicht der wichtigste Lebensraum für Vögel auf der Erde. Rund 80 % der etwa 10 000 Vogelarten auf der Erde sind in irgendeiner Weise an Wälder gebunden. Dabei können Vögel unterschiedlicher Verwandtschaft Baumbestände als Nahrungsraum, als Brutplatz

Waldbaumläufer sind typische Waldbewohner mit enger Anpassung in Farbe und Gestalt an Bäume. Sie sind kaum einmal außerhalb geschlossener Baumbestände anzutreffen.

Auch der Waldlaubsänger ist kaum außerhalb des Waldes anzutreffen. Nahrungssuche und Fortpflanzung finden nahezu ausschließlich in Baumbeständen statt.

oder als Ganzjahreslebensraum nutzen. Ganz grob lassen sich die mitteleuropäischen Waldvögel in fünf Gruppen einteilen :

1. Arten mit enger Bindung an großflächig zusammenhängende Baumbestände (z. B. Waldbaumläufer, Waldlaubsänger Goldhähnchen, Haubenmeise),
2. Arten der Waldlichtungen und Waldränder, Arten, die auch Feldgehölze oder Baumgruppen besiedeln können (z. B. Amsel, Heckenbraunelle, Gartenrotschwanz),
3. Arten der Offenlandschaft, die zumindest teilweise an Bäume oder Waldstrukturen gebunden sind, sich aber überwiegend im Offenland ernähren (z. B. Rabenkrähe, Wacholderdrossel),
4. Arten, die Bäume oder Wälder fakultativ nutzen, aber auch vollständig im Offenland siedeln können (z. B. Dohle, Star),
5. Gewässerarten, deren Lebensraum in den Wald reicht (Wasseramsel, Gebirgsstelze).

Die Vögel der Gewässer sollen im Folgenden nicht weiter behandelt werden, ihr vorrangiger Lebensraum ist das Wasser, auch wenn es im Wald liegt. Aber auch bei den anderen sind die Übergänge vom Wald zum Offenland fließend. Wir behandeln daher in diesem Buch 55 Arten mitteleuropäischer Singvögel, die in wesentlichen Teilen ihres Lebenszyklus eine Bindung an Baumbestände aufweisen.

Kurzcharakteristik

Gartenrotschwanz
Phoenicurus phoenicurus (L.)

Englisch: Redstart
Systematik: Sperlingsvögel (Passeriformes), Schnäpperverwandte (Muscicapidae)
Größe: 13-14,5 cm
Gewicht: 12-20 g
Verbreitung: Eurasien bis zum Baikalsee, Teile Nordafrikas und des Nahen Ostens
Zugverhalten: Langstreckenzieher, überwintert südlich der Sahara (Transsahara-Zieher)
Nahrung: Insekten, vor allem Haut- und Zweiflügler, Käfer, Spinnen, im Herbst auch Beeren.
Lebenserwartung: 5 Jahre

Der Gartenrotschwanz ist eigentlich ein Waldrotschwanz. Aus lockeren Baumbeständen, wie sie vor allem nach „Katastrophen" wie Windwurf, Waldbrand oder Käferkalamität entstehen, gelang ihm er den Sprung in die Gärten und Streuobstwiesen.

Diese Definition schließt auch Arten der Siedlungen und der Kulturlandschaft ein, die ursprünglich in Wäldern beheimatet waren und es zum größten Teil heute noch sind. Bei manchen Arten haben wir das fast vergessen. So gilt der Gartenrotschwanz vielfach als Charakterart der Streuobstwiesen und der Gärten, worauf auch sein heute gebräuchlicher Name verweist. Historische Namen wie Waldrotschwanz oder Holzblässle erinnern an seinen natürlichen Lebensraum, nämlich offene, sonnige Wälder. Man findet ihn noch heute in lichten Kiefernwäldern Skandinaviens, in aufgelockerten Fichtenwäldern in den Hochlagen der Mittelgebirge und dort, wo durch Käferfraß, Windwurf oder Waldbrand ein lückiger, offener Wald entsteht. Am 13. August 2008 brannten oberhalb der Ortschaft Leuk im Oberwallis rund 300 Hektar Wald. 5 bis 7 Jahre nach dem Brand war der Gartenrotschwanz die häufigste Vogelart, gefolgt von Zippammer und Baumpieper. Seine strukturellen Lebensraumansprüche sind eine Höhle zum Brüten, Ansitzwarten sowie offenes Gelände für die Nahrungssuche, ein ausreichendes Nahrungsangebot und Singwarten für die Revierabgrenzung. Diese Anforderungen werden von verschiedensten Lebensräumen erfüllt, von der Kleingartenkolonie über den Obstgarten bis zum lückigen Bergwald.

Stichwort

Taxonomie

Ein Zweig der Systematik, der sich mit der Erfassung von Lebewesen und deren Einordnung in ein hierarchisches System befasst. Die Klasse der Vögel (Aves) gehört zum Stamm der Chordatiere, die Sperlingsvögel (Passeriformes) sind eine Ordnung innerhalb der Vögel, die Singvögel (Oscines) eine Unterordnung der Sperlingsvögel. Die Unterordnung gliedert sich weiter auf in Familien, etwa in die Finkenvögel (Carduelidae), diese wiederum in Gattungen, wie z. B. die Kreuzschnäbel (*Loxia*), und diese in Arten, z. B. den Fichtenkreuzschnabel (*Loxia curvirostra*).

55 mitteleuropäische Singvogelarten mit Bindung an Gehölzbestände. Die zweite Spalte gibt die geschätzte Zahl der Brutpaare in Deutschland 2005-2009 an, die Rasterfrequenz den prozentualen Anteil der Topografischen Kartenblätter TK 25, auf denen die Art in Deutschland nachgewiesen wurde. Trends: ⇧⇧ = Bestandszunahme, ⇧ = leichte bis moderate Bestandszunahme, ⇧⇩ = fluktuierender Bestand, ⇔ = stabiler Bestand, ⇩ = leichte bis moderate Bestandsabnahme, ⇩⇩ = Bestandsabnahme, ⇩⇩⇩ = starke Bestandsabnahme. Daten aus Gedeon et al. (2014)

	Brutpaare in Deutschland	Raster-frequenz (%)	Trend Deutschland
Pirol	31 000 – 56 000	65	⇧⇩
Eichelhäher	495 000 – 670 000	98	⇔
Tannenhäher	4 600 – 8 000	21	⇔
Dohle	80 000 – 135 000	63	⇔
Rabenkrähe	580 000 – 790 000	89	⇧
Nebelkrähe	48 000 – 67 000	22	⇧
Kolkrabe	15 500 – 22 000	73	⇧⇧
Tannenmeise	1 250 000 – 1 800 000	91	⇧⇩
Haubenmeise	350 000 – 560 000	91	⇧⇩
Sumpfmeise	405 000 – 530 000	96	⇧⇩
Weidenmeise	76 000 – 140 000	88	⇩
Blaumeise	2 850 000 – 4 250 000	100	⇧⇩
Kohlmeise	5 200 000 – 6 450 000	100	⇔
Heidelerche	32 000 – 55 000	40	⇧⇧
Schwanzmeise	92 000 – 170 000	93	⇧⇩
Waldlaubsänger	115 000 – 215 000	87	⇩⇩⇩
Berglaubsänger	1 200 – 2 300	3	⇔
Fitis	900 000 – 1 400 000	99	⇩
Zilpzalp	2 600 000 – 3 550 000	100	⇩
Grünlaubsänger	2-Oct	0,4	⇧⇧
Orpheusspötter	600 – 1 100	3	⇧⇧
Gelbspötter	120 000 – 180 000	84	⇧⇩
Schlagschwirl	4 100 – 7 500	31	⇧⇧
Mönchsgrasmücke	3 300 000 – 4 350 000	100	⇧⇧
Gartengrasmücke	930 000 – 1 350 000	99	⇩
Sommergoldhähnchen	1 250 000 – 1 850 000	93	⇧⇩
Wintergoldhähnchen	1 100 000 – 1 650 000	95	⇩
Zaunkönig	2 600 000 – 3 100 000	100	⇧⇧
Kleiber	1 000 000 – 3 400 000	98	⇧⇩
Waldbaumläufer	270 000 – 460 000	87	⇩
Gartenbaumläufer	400 000 – 550 000	95	⇧⇩
Star	2 950 000 – 4 050 000	99	⇩
Ringdrossel	2 600 – 5 000	3	⇔
Amsel	7 350 000 – 8 900 000	100	⇔
Wacholderdrossel	125 000 – 250 000	78	⇩
Singdrossel	1 400 000 – 1 750 000	99	⇔

	Brutpaare in Deutschland	Raster-frequenz (%)	Trend Deutschland
Misteldrossel	135 000 – 265 000	91	⇩
Grauschnäpper	185 000 – 270 000	96	⇩
Rotkehlchen	3 200 000 – 4 100 000	100	⇩
Sprosser	9 000 – 14 000	14	⇧⇧
Nachtigall	70 000 – 130 000	64	⇧⇧
Trauerschnäpper	70 000 – 135 000	80	⇩
Halsbandschnäpper	3 000 – 6 000	5	⇔
Zwergschnäpper	1 400 – 2 200	11	⇔
Gartenrotschwanz	67 000 – 115 000	86	⇧
Heckenbraunelle	1 350 000 – 1 800 000	99	⇩
Baumpieper	250 000 – 355 000	91	⇩⇩⇩
Buchfink	7 400 000 – 8 900 000	100	⇔
Bergfink			
Kernbeißer	210 000 – 370 000	93	⇩
Gimpel	105 000 – 205 000	87	⇧⇩
Kiefernkreuzschnabel			
Fichtenkreuzschnabel	32 000 – 85 000	55	⇔
Zitronenzeisig	490 – 850	2	⇔
Erlenzeisig	21 000 – 51 000	39	⇔

Die Bindung an den Lebensraum wird bei den allermeisten Vogelarten viel mehr von dessen Struktureigenschaften als von der Zusammensetzung der Vegetation bestimmt. Etliche Arten haben daher aus dem Waldlebensraum heraus sehr erfolgreich die Grünflächen und Parks der Städte besiedeln können. Unsere Siedlungs- und Gartenvögel Kohl- und Blaumeise, Star und

Die Amsel schaffte den Weg vom Waldvogel zu einem der häufigsten Siedlungsvögel. Nach wie vor besiedeln Amseln aber auch unsere Wälder in hoher Dichte.

Kurzcharakteristik

Heidelerche
Lullula arborea (L.)

Englisch: Woodlark
Systematik: Sperlingsvögel (Passeriformes), Lerchen (Alaudidae)
Größe: 15 cm
Gewicht: 23-35 g
Verbreitung: Westpaläarktisch von Nordwestafrika über Mittteleuropa bis zum Ural und Elbursgebirge.
Zugverhalten: Kurzstreckenzieher
Nahrung: Im Sommer überwiegend Wirbellose, im Winter Sämereien und andere Vegetabilien
Lebenserwartung: ältester Ringvogel etwas über 3 Jahre.

Heidelerchen besiedeln im Naturwald zusammengebrochene Bestände nach „Katastrophen". Im Forst gaben ihr die Kahlschläge neuen Lebensraum.

Buchfink sind ursprünglich Waldvögel. Die Amsel wurde innerhalb von 200 Jahren vom reinen Waldvogel zu einem unserer häufigsten Siedlungsvögel, die auch Grünflächen in Millionenstädten besiedelt.

Bei aller Vielfalt – die hier betrachteten Vogelarten haben aber eines gemeinsam: sie brauchen Bäume zum Leben. Ihr aktuelles Vorkommen in Mitteleuropa ist daher in erdgeschichtlichen Skalen gemessen relativ jung. Erst nach der Eiszeit konnten sie hier erfolgreich siedeln, als mit der Erwärmung des Klimas die Bäume in die Kältesteppen nördlich der Alpen zurückkamen.

Örtlich zeigt auch die Singdrossel Tendenzen, in die Ortschaften einzuwandern. Halbturn, Burgenland.

Zum Weiterlesen

Fjeldsa et al. (2020)
Scherzinger (2011)

1.2 Was zeichnet Wälder aus ökologischer Sicht aus?

Wälder und Vögel

Wäldern kommt als Lebensraum für Vogelarten aus mehreren Gründen eine besondere Bedeutung zu:

- sie waren die mit Abstand bedeutendste Vegetationsform in der mitteleuropäischen Urlandschaft und gehören heute noch, trotz starker Veränderungen durch den Menschen, zu den naturnähesten Bereichen der Kulturlandschaft,
- sie weisen aufgrund ihrer Vertikalstruktur – vom Waldboden bis in den Kronenbereich der Bäume in 30-40 m Höhe – gerade für kletternde, stammabsuchende und flugfähige Tierarten ein reichhaltiges Angebot an Nahrung, Deckung und Brutmöglichkeiten auf,
- sie besitzen eine große innere Dynamik, Wälder verändern sich, sie sind befähigt sich aus sich selbst heraus im Laufe der Zeit immer wieder zu erneuern. Die Waldentwicklung durchläuft verschiedene Phasen, vor allem bei der Verjüngung sind aber zwei deutlich verschiedene Prinzipien zu erkennen: erstens die flächige, oft auch großflächige, Verjüngung nach Sturm, Waldbrand oder Borkenkäfer-Massenvermehrung über Schlagflora, Pioniergehölze zum Klimaxwald (meist in Nadelwäldern); und zweitens die kleinräumige Verjüngung durch gestürzter, überalterter Einzelbäume (meist in Laubwäldern).

Ohne das Wirken des Menschen würden Wälder weite Teile unserer Landschaft bestimmen. Kühberg, Frankenwald.

Stichwort

Klimax-Wald

Klimax-Wald oder Klimax-Gesellschaft bezeichnet in der Vegetationskunde das Endstadium der Vegetations-Entwicklung für ein bestimmtes Gebiet, in Mitteleuropa meist Wald. Dieser Wald – in Mitteleuropa meist Buchenwald – ist aber kein strukturarmer Hallenbestand, sondern ein durch die für Wälder typische Dynamik, z. B. Vergreisung einzelner Bäume oder Baumgruppen, Sturm- und Windwürfe, Insektenmassenvermehrungen, Störstellen und durch das Vorhandensein aller Waldentwicklungsphasen ein vielgestaltiger und nischenreicher Wald, der lichte und dichte Partien aufweist. Durch den Klimawandel werden sich diese bisherig bei uns angenommenen Endstadien sicher verändern.

Vögel sind die arten- und individuenreichste Wirbeltiergruppe in unseren Breiten. Sie besiedeln alle vorkommenden Lebensräume in Mitteleuropa. Rund 100 der 260 regelmäßig in Deutschland brütenden Vogelarten sind an Wälder gebunden. 76 Vogelarten werden als Waldvögel im engeren Sinne bezeichnet, darunter gut 50 Singvogelarten. Dabei kommen aber nicht in jedem Wald die gleichen Vogelarten vor, da sich die Wälder nach Alter, Baumartenzusammensetzung, Höhenstufen, Strukturreichtum (Randlinien), Sonderstandorten (Totholz, Felsen, Tümpel) und inneren Bestandsaufbau (Stufigkeit) unterscheiden. Diese Verschiedenheit ist auch für ungestörte Naturwälder typisch. Für den Schutz von Vogelarten besonders bedeutsam sind reife, alte Wälder, die in ihrer Zerfalls- und Optimalphase eine große Strukturvielfalt auf engstem Raum bieten, die wiederum zu einer Vielfalt an Vogelarten führt. Die „Allerweltsart" Buchfink kann hier neben dem Spezialisten Zwergschnäpper vorkommen.

Eine kurze Naturgeschichte der Wälder Mitteleuropas

Vor ca. 20 000 Jahren erreichte die Vergletscherung in der letzten Eiszeit ihre größte Ausdehnung. Das bis 3000 m mächtige nordische Inlandeis reichte im Süden bis über das heutige Berlin hinaus. Auch der Voralpenraum war von Gletschereis bedeckt und einige höhere Mittelgebirge lokal vergletschert (z. B. Harz, Bayerischer Wald, Schwarzwald). Dazwischen lag im Wesentlichen waldfreie Tundra. Vor rund 15 000 Jahren setzte ein ziemlich rascher Abschmelzprozess ein. Der Beginn des Holozäns, der Jetzt-Zeit, wird meist vor ca. 10 000 Jahren angesetzt. Ungefähr mit dieser Zeit beginnt auch die Wiederausbreitung von Bäumen und Wäldern in Mitteleuropa. Dabei kamen nicht alle Gehölzarten gleichzeitig zurück nach Mitteleuropa, sondern sie wanderten in einer typischen Abfolge bei uns wieder ein. Die Wiederbewaldung beginnt mit

Die Buche, deren schwere Früchte – Bucheckern – hauptsächlich durch Kleinsäuger verbreitet werden, wanderte erst spät nach Mitteleuropa ein. Walberla, Oberfranken.

der Ausbreitung von Birken und der Waldkiefer, die gefolgt wird von einer massenhaften Ausbreitung der Hasel vor ca. 9000 bis 8000 Jahren in Mittel- und Westeuropa. Man spricht daher auch von der „Haselzeit". In der folgenden Zeit wanderten sommergrüne Baumarten wie Eichen, Ulmen und Linden nach Mitteleuropa ein und verdrängten infolge direkter Konkurrenz die Hasel als waldbildende Art vor ca. 7000 Jahren. Die Hainbuche dagegen, heute ein steter Begleiter der Eichen, kam erst viel später vor ca. 5000 bis 4000 Jahren aus Südeuropa zurück.

Diese vielfältigen Eichen-Mischwälder werden später durch die Ausbreitung der konkurrenzstarken Buche vor etwa 5000 bis 2000 Jahren abgelöst. Ebenso spät wandert die Weißtanne aus ihren Refugialräumen im Süden und Südosten nach Mitteleuropa ein. Die Fichte verbreitet sich allmählich in den Mittelgebirgen von Ost nach West aus.

Die meisten der ersten nach der Eiszeit in Mitteleuropa ankommenden Baumarten setzen in ihrer Verbreitung auf den Wind (Anemochorie). So sind die winzigen Birkensamen und auch die Samen der Waldkiefer geflügelt und können mit dem Wind weit verfrachtet werden. Aber warum wanderten die schwerfrüchtigen Gehölzarten Hasel und Eichen ebenfalls relativ wieder rasch nach Mitteleuropa ein? Diese Gehölze setzen bei ihrer Ausbreitung auf Tiere, vor allem auf Vögel (Zoochorie). Es ist bekannt, dass der Eichelhäher kilometerweit fliegen kann, um Eicheln zu verstecken. Ebenso versteckt der Tannenhäher die Samen der Zirbe im Gebirge und im Flach- und Hügelland die Nüsse der Hasel. Bei der Ausbreitung der Hasel wird auch ein anthropogener Einfluss des Menschen diskutiert. Denn die energiereichen Haselnüsse waren sicher auch schon bei unseren Vorfahren als Nahrung beliebt.

Die mitteleuropäische Kulturlandschaft mit ihrer Lebensraumvielfalt entstand durch das Wirtschaften des Menschen. Die meisten Standorte wären natürlicherweise von Laub- und Laubmischwäldern bestimmt. Oberfranken.

Der Buche fehlt im Wesentlichen diese Unterstützung eines geflügelten „Vektors" bei ihrer Ausbreitung. Ihre Nüsschen, die Bucheckern, werden hauptsächlich durch Mäuse verbreitet. Wobei deshalb die nacheiszeitliche Rückwanderungsgeschwindigkeit der Buche wesentlich geringer ist als die der Eiche. Trotzdem wird auch bei der Expansion der Buche eine Förderung durch anthropogene Beeinflussung, etwa durch das Roden der Wälder für den Wanderfeldbau, diskutiert.

Spuren früherer Nutzung im Wald: Harznutzung in der Oberlausitz (links), Holzkohle im Wurzelteller als Zeugnis ehemaliger Köhlerei im Nürnberger Reichswald (Mitte) und abgemagerter Waldboden aufgrund von Streunutzung in der Oberpfalz (rechts).

Ohne Beeinflussung durch den Menschen wäre Deutschland nach der nacheiszeitlichen Wiederbewaldung ein Waldland mit über 90 % Waldanteil. Nur die Flächen im Hochgebirge über der Waldgrenze, die dauernd nassen Standorte in Hochmooren oder die durch natürliche Flussdynamik entstehenden Kies- und Sandbänke in den großen Flusstälern wären auf Dauer waldfrei. Allerdings sähe dieser Wald anders aus als der uns heute vertraute. Das natürliche Waldkleid Deutschlands würde durch Laubbäume, insbesondere durch die Buche, bestimmt. Wahrscheinlich wären mindestens zwei Drittel bis drei Viertel der Waldfläche Buchen- oder Buchenmischwälder. Wälder

Nadelbäume, vor allem Fichte und Kiefer, bestimmen heute vielerorts das Landschaftsbild. Hohe Leite, Fränkische Schweiz.

mit dominierenden Kiefern, Tannen, Eichen oder Eschen wären auf Standorte zurückgedrängt, wo die Konkurrenzkraft der Buche geschwächt ist, und würden „Inseln im Buchenmeer“ gleichen.

Die Megaherbivorentheorie, derzufolge die mitteleuropäische Urlandschaft nach der Eiszeit eine lichte Parklandschaft gewesen sein soll, um den heimischen Offenlandarten einen Lebensraum bieten zu können, übersieht die ursprüngliche Dynamik der Landschaft und vor allem der Wälder. Auch im Klimax-Wald treten verschiedene Entwicklungsphasen und Störstellen auf, die durchaus Arten mit höheren Licht- und Wärmeansprüchen Lebensraum bieten können. Sie mögen durch große Pflanzenfresser wie Hirsche, Wisente oder Wildpferde vergrößert oder offen gehalten worden sein. Die „echten“ Offenlandarten aber, denen solche Waldlichtungen und lichte Störstellen im Wald nicht ausreichen, sind entweder erst nach den Waldrodungen mit dem Vordringen des Feldbau betreibenden Menschen zu uns zugewandert (z. B. Feldlerche, Feldhamster, Wechselkröte) oder hatten ihren Schwerpunkt in den azonalen Sonderstandorten, die von Natur aus waldfrei sind, wie die dynamischen Flussauen, Wanderdünen oder Blockfeldern.

Unsere Kulturlandschaften sind aus ursprünglichen Laub- und Laubmischwald-Landschaften hervorgegangen, wobei der Wald mit zunehmender Siedlungs- und Anbautätigkeit der Menschen im Lauf der letzten Jahrtausende immer mehr an Fläche einbüßte. Seit mindestens tausend Jahren hat der Mensch durch seine Nutzung für Siedlungs- und Ackerflächen großflächig Wald gerodet und durch intensiven Holzeinschlag, Waldweide, Köhlerei und Streunutzung

Niederwald aus Hasel, Feldahorn und Hainbuche, reich an Frühlingsgeophyten. Er entstand durch Brennholznutzung. Plankenstein, Fränkischer Jura.

das Bild der Wälder verändert. Die daraus über Jahrhunderte entstandenen halboffenen Wälder dürften für Vogelarten in vielen Fällen sehr günstige Lebensräume gewesen sein. Doch resultierten diese auf vielen romantischen Gemälden dargestellten Waldbilder letztlich aus Übernutzung, in deren Folge schließlich viele Landschaften Deutschlands im ausgehenden 18. Jahrhundert waldfrei waren. Ein solches Beispiel ist die Lüneburger Heide, deren Wälder als Brennholz für die Sudpfannen der Salzsieder in Lüneburg verschwanden.

Die Wälder, die wir heute so selbstverständlich als Teil unserer Umwelt wahrnehmen, sind also nicht nur das Ergebnis einer natürlichen Entwicklung, sondern weit überwiegend die Folge Jahrtausende langer Nutzung und Beeinflussung durch den Menschen. Wobei sich die Ansprüche der Gesellschaft an den Wald im Laufe der Jahrhunderte wandelten. Bis ins 19. Jahrhundert war Holz der wichtigste Bau- und Werkstoff und der nahezu einzige Energieträger. Waldweide, Schweinemast und Nutzung der Waldstreu als Einstreu in den Ställen trug wesentlich zum Überleben der Menschen bei. Aber diese regellosen Waldnutzungen führten zu verlichteten Beständen und Kahlflächen und damit zur Sorge, die Holzversorgung könne gefährdet sein. Daher entwickelte sich das Prinzip der forstlichen Nachhaltigkeit, nämlich nur den Zuwachs an Holz zu nutzen, das Holzkapital jedoch zu erhalten und zu schonen; darüber hinaus auch neue Wälder zu pflanzen und zu pflegen und für die Zukunft vorzusorgen. Die Nachhaltigkeit wurde zur Leitidee der Forstwirtschaft und der Forstleute.

In der ersten Hälfte des 19. Jahrhunderts begann man durch den Ausbau der Eisenbahn Steinkohle als Energieträger über größere Entfernungen zu

Die Nutzung von Eichenwäldern als Mittelwald fördert insbesondere licht- und wärmeliebende Arten. Vogelarten halboffener Landschaften wie Goldammer und Baumpieper wandern hier in die Wälder ein. Weigenheim, Mittelfranken.

transportieren. Damit konnte der Wald von Übernutzungen schrittweise entlastet werden. Es begann die große Wiederaufforstung devastierter und übernutzter Waldflächen, meist mit den anspruchsloseren Baumarten Kiefer und Fichte.

Das natürliche Areal der heute dominierenden Nadelwälder aus Fichte und Kiefer ist auf mittlere und höhere Lagen der Gebirge oder auf Sonderstandorte beschränkt. Durch die Nutzungen des Menschen bedingt, nehmen die Fichten- und Kiefernwälder in Deutschland heute erhebliche Flächen in Anspruch, die von Natur aus mit Laub- oder Laub-Mischwäldern bedeckt wären. Die anspruchslosen und auf den Kahlflächen leicht zu kultivierenden Baumarten Kiefer und Fichte wurden daher im 19. Jahrhundert zu Pionieren des neu aufzubauenden Waldes auf den ehemaligen Waldflächen. Nach den schlechten Erfahrungen mit diesen reinen Kiefern- oder Fichtenbeständen, hauptsächlich durch Windwürfe und massenhaftem Auftreten nadelfressender Schmetterlingsraupen, hat man vor allem in den letzten zwanzig bis vierzig Jahren versucht, die reinen Nadelwälder in stabile, naturnahe und laubbaumreiche Mischwälder umzubauen. In jüngster Zeit kam als überzeugendes Argument für den Waldumbau noch der Klimawandel hinzu.

Eine besondere Rolle für die Artenvielfalt spielen die gehölzartenreichen Auwälder. In Deutschland gibt es derzeit noch rund 30 000 Hektar Auwald, davon können rund 6000 Hektar als naturnah eingestuft werden. Durch eine Vielzahl technischer Maßnahmen der Flussbegradigung, des Hochwasserschutzes und der Stromversorgung haben die Auwälder einen Großteil ihrer natürlichen Dynamik verloren. So ist der Anteil der periodisch über-

Auwälder werden durch die Flussdynamik geprägt. Marchegg, Niederösterreich.

schwemmten Auwaldfläche abgesunken und episodische Überflutungen finden nur noch auf kleinen Prozentsatz der Auwaldfläche statt. Der ausprägte Wechsel zwischen Trockenfallen und Überflutung treibt im Ökosystem Auwald alle Prozesse an. Hochwässer verändern in der Au durch Erosion und Sedimentation nachhaltig die Flussmorphologie. Es entsteht ein kleinräumiges Mosaik von Nass- und Trockenstandorten, zusätzlich führt die zeitliche Dynamik in der Auwaldentwicklung, angefangen vom Weidengebüsch über die Silberweidenau bis zur Hartholzau zu einer weiteren Vielfalt der Lebensräume.

Aus der Sicht des Vogelschutzes ist besonders der Rückgang naturnaher oder natürlicher Nass- und Feuchtwälder (Weichholz- und Hartholzauwälder, Erlenbruchwälder) zu bemerken. Die Eingriffe des Menschen, insbesondere durch Flussverbauung, haben die natürliche Gewässerdynamik in Auwäldern stark beeinträchtigt.

Waldlebensraum-Typen und ihre Vogelwelt

Die Waldlebensraumtypen Deutschlands umfassen vor allem Buchen-dominierte Laub- und Laubmischwälder, aber auch sekundäre Eichen-Hainbuchenwälder, Schlucht- und Hangmischwälder, Erlen-Eschen-Wälder an Fließgewässern, Weichholzauwälder, Eichen-Ulmen-Hartholz-Auwälder, Nadelwälder in Mooren und im Gebirge, Flechten-Kiefernwälder bis hin zu anthropogenen Fichten- und Kiefernforsten.

Die wichtigsten natürlichen Waldlebensraumtypen wären **Buchen- und Buchen-Mischwälder**. Da die Rotbuche auf nicht zu nassen, nicht zu trockenen, nicht übermäßig nährstoffreichen und nicht zu kalten Standorten den anderen Baumarten Mitteleuropas vor allem durch ihre Schattenverträglichkeit auf Dauer überlegen ist, wäre sie bei uns unter natürlichen Verhältnissen beinahe allgegenwärtig. Die Buchen- und Buchen-Mischwälder weisen einige Besonderheiten im Vergleich zu anderen Waldlebensraumtypen auf.

Buchenwälder sind oft schattig, dunkel, kühl und feucht und besitzen ein ausgeglichenes Bestandsinnenklima. Sie sind der Vermehrung wärmeliebender Insekten nicht förderlich. Im Buchenwald gibt es sehr viele „Stratenwechsler“ unter den Insekten, d. h. viele Insektenarten verpuppen sich im Boden und leben als Imagines in den Baumkronen.

Buchen besitzen lebenslang eine glatte Rinde und bilden nur ausnahmsweise Borke aus. Gerade in mittelalten Buchenwäldern, vor allem in Wirtschaftswäldern, sind typische Stammabsucher grobborkiger Bäume, wie Baumläufer, Kleiber und Mittelspecht, seltener; bei Vorhandensein größerer Totholzmengen fühlen sich aber auch diese Vogelarten in Buchenwäldern sehr wohl.

Buchen können enorme Baumdimensionen erreichen und bieten so auch dem größten unserer heimischen Spechte, dem Schwarzspecht, die Möglichkeit des Höhlenbaues. Damit werden auch Höhlen für Nachmieter aus der Tierwelt geschaffen (z. B. Dohle, Hohltaube, Kleiber, Bilche usw.).

Steile, abgebrochene bzw. abgestorbene Starkäste faulen bei der Buche zu tiefen Stammlöchern aus, die ideale Brut- und Versteckmöglichkeiten für höhlenbrütende Vogelarten ergeben. Blitzschläge oder Sonnenbrand führen zu Rindenschäden, die sich beispielsweise im Aufplatzen und Abstehen großer Rindenpartien zeigen. Hier ergeben sich für die beiden Baumläuferarten sehr geeignete Brutmöglichkeiten.

Von den Singvogelarten kann der Waldlaubsänger als typische Vogelart der Buchenwälder gelten. In Mitteleuropa besiedelt auch der Zwergschnäpper bevorzugt alte, höhlenreiche Buchenwälder in luftfeuchter Lage. Der Eichelhäher kommt ebenso als Begleitart in Buchenwäldern vor wie die häufigen und dominanten Singvögel Buchfink und Kohlmeise.

Im Inneren von geschlossenen Buchenwäldern erreicht nur wenig Licht den Waldboden. Druidenhain, Fränkische Schweiz.

Viele Singvögel kommen in **Eichen**- und **Eichen-Mischwäldern** in hohen Siedlungsdichten vor. Dafür sind verschiedene Gründe verantwortlich. Die Eichen besitzen eine grobe, tiefrissige Borke, die von Insekten gerne als Versteck genutzt wird. Außerdem erreichen Eichen sehr starke Dimensionen und ein hohes Alter. Typisch für alte Eichen ist ein hoher Anteil toter, trockener Äste und Kronenteile, die als Sitzwarten, Deckung, Nahrungsressource (Insekten) und Brutgelegenheiten für Vögel geeignet sind.

Die ausgeprägte horizontale und vertikale Strukturvielfalt in Eichenwäldern schafft Nischenvielfalt und damit Lebensraum für eine sehr große Anzahl von Vogelarten der unterschiedlichen ökologischen Gilden. So können Boden-, Busch-, Stamm- und Kronennutzer auf kleiner Fläche nebeneinander vorkommen. Ein besonders artenreicher Typ des Eichenwaldes ist der durch menschliche Bedarfswirtschaft entstandenen Mittelwald. Hier werden besonders die Gruppe der Ansitzjäger (Trauer- und Halsbandschnäpper, Gartenrotschwanz) und der strauchschichtnutzenden Insektenjäger (Laubsänger, Grasmücken) begünstigt. Eichenwälder zeichnen sich, vor allem in wärmebegünstigten Lagen, durch hohen Artenreichtum möglicher Begleitbaumarten (etwa Hainbuche, Linden, Vogelkirsche, Elsbeere, Speierling, Wildapfel, Wildbirne, Feldahorn) und Straucharten (z. B. Hasel, Liguster, Wolliger Schneeball, Schlehe, Weißdorn, Pfaffenhütchen) aus. Lichte Eichenwälder, stufig aufgebaut mit einer ausgeprägten Unter- und Zwischenschicht, Bestandslücken und höhlenreichen Altbäumen gelten als ideale Lebensräume für Singvögel (sogenannter „Mittelwaldtyp“).

Alteichen wie hier im Nationalpark Białowieza (Polen) bieten der Vogelwelt vielfältige Strukturen.

Schluchtwälder in luftfeuchter Lage sind typische Lebensräume des Zaunkönigs, charakteristisch ist das Auftreten von Waldgeißbart und Farnen. Frankenwald.

Kurzcharakteristik

Zaunkönig *Troglodytes troglodytes* **(**L.)

Englisch: Wren
Systematik: Sperlingsvögel (Passeriformes), Zaunkönige (Troglodytidae)
Größe: 9–12 cm
Gewicht: 8–10 g
Verbreitung: Europa, Nordafrika, Vorder-, Zentral- und Ostasien
Zugverhalten: Standvogel, Teilzieher
Nahrung: Am Boden lebende Insekten, Spinnen, Milben
Lebenserwartung: 4 Jahre

Aus der Singvogelwelt können Kernbeißer, Pirol, Trauer- und Halsbandschnäpper und der Eichelhäher als typische Vögel des Eichenwaldes bezeichnet werden. Als Begleitarten sind Zilpzalp, Blau- und Schwanzmeise, Gartenbaumläufer, Gartenrotschwanz, Grauschnäpper, Sumpfmeise und Nachtigall zu nennen. Häufig kommen in Eichenwäldern auch Kohlmeise und Buchfink als dominante Arten, sowie Rotkehlchen und Kleiber vor.

Laubmischwälder an **Steilhängen**, in **Schluchten** und auf **Blockschutthalden** zeichnen sich durch das weitgehende Fehlen der Buche und das Auftreten von Berg- und Spitzahorn, Sommerlinde, Esche und Bergulme aus. Aufgrund des meist kleinräumigen Vorkommens sind diese Steilhang- und Schluchtwälder eng mit dem umgebenden Buchenwald verzahnt. Diesen Standorten ist ein hohes Nährstoffangebot, eine hohe Luftfeuchtigkeit, dauernd gute Wasserversorgung und eine gewisse Instabilität des Bodens gemein. In den meisten dieser Ahorn-Eschen-Mischwäldern findet man relativ nährstoffliebende, hochwachsende Stauden, wie Waldgeißbart, Christophskraut, Mondviole, Nesselblättrige Glockenblume und Brennnessel. Wegen der engen Verzahnung mit Buchenwäldern besteht in der Vogelwelt dieser Wälder eine sehr große Übereinstimmung mit der des Buchenwaldes. Alle Vogelarten des Buchenwaldes können auch in Steilhang- und Schluchtwäldern vorkommen. Als typisch kann jedoch gelten, dass in den luftfeuchten Tobeln und Bachrinnen und durch das Vorhandensein einer üppig ausgebildeten Strauch- und Staudenschicht der Zaunkönig sehr gerne und häufig in hoher Populationsdichte vorkommt. Der Zwergschnäpper liebt ebenso höhlenreiche Laubwälder an Steilhängen und in luftfeuchter Lage.

Auwälder an den großen Flüssen, wie Rhein, Donau und Elbe, zählen zu den arten- und strukturreichsten Lebensräumen der gemäßigten Zone. Rund ca. 20 Baum- und 30 Straucharten kommen im naturnahen Auwald vor. Für die Vogelwelt haben Auwälder eine große Bedeutung. Unter allen Waldtypen weisen sie die höchste Vogelartenvielfalt und Siedlungsdichte auf. Die enge Verzahnung der vielfältigen Waldflora und -fauna mit Wasserflächen und ihrer typischen Tier- und Pflanzenwelt sind Grundlage für den Vogelartenreichtum in Auwäldern. Zu den typischen Waldvögeln kommen noch Wasser- und Schilfvögel dazu. Häufig sind in Auwäldern Pirol, Rotkehlchen, Zaunkönig, Grauschnäpper, Schlagschwirl und auch Gelbspötter anzutreffen. In der Weichholzaue mit ihren Weiden, Pappeln und Röhrichten kommen Blaukehlchen, Sumpfrohrsänger und Beutelmeise vor, welche wir nicht zu den eigentlichen Waldvögeln zählen.

In den Bachauewäldern, die an kleineren naturnahen Bachläufen und Quellen mit Schwarzerle, Gemeine Traubenkirsche und Esche auftreten, kommen als typische Arten die Weidenmeise und als Überwinterer Erlenzeisig, Birkenzeisig und Stieglitz vor.

Bei den **Fichtenwäldern** müssen die weit verbreiteten anthropogenen Fichtenbestände des Flach- und Hügellandes von den natürlichen Fichtenwäldern in den höheren Mittelgebirgslagen und im Hochgebirge unterschieden werden.

In den durch die menschliche Nutzung weiträumig vorhandenen Fichtenbeständen ist festzuhalten, dass hier weniger Vogelarten leben als in Laubmischwäldern. Typisch für Fichtenwälder können Tannen- und Haubenmeise, Sommer- und Wintergoldhähnchen und der Fichtenkreuzschnabel gelten. Das Artenspektrum beschränkt sich meist auf häufige Vogelarten wie Buchfink, Kohlmeise, Sing- und Misteldrossel, Heckenbraunelle und Eichelhäher.

Eine naturnahe Forstwirtschaft in Zeiten des Klimawandels, in denen die Fichte als besonders gefährdet gilt, wird durch Waldumbau mit Erhöhung des Laubbaumanteiles künftig artenreichere Mischwälder schaffen, die auch für die Singvogelwelt attraktiver sind.

In den natürlichen **Bergfichten-Wäldern** der höchsten Lagen einiger Mittelgebirge (z. B. Schwarzwald, Harz, Bayerischer Wald, Erzgebirge) und im Hochgebirge kommt als typischer Bewohner der Dreizehenspecht vor. Von den Singvögeln sind hier Fichtenkreuzschnabel, Erlenzeisig und die Ringdrossel heimisch. Daneben kommen noch Wintergoldhähnchen, Tannenmeise und Buchfink vor.

Natürliche **Kiefernwälder** würden in Deutschland nur sehr kleine Flächen einnehmen, aber durch die menschliche Tätigkeit wurde die Kiefer als waldbildender Baum in den letzten zwei Jahrhunderten großflächig angebaut und weit verbreitet. Die Kiefer ist eine konkurrenzschwache Baumart mit aus-

Erlenbruchwald. Darß, Nationalpark Vorpommersche Boddenlandschaft.

Natürliche Kiefernwälder sind in Deutschland sehr selten. Sie sind auf Sonderstandorte beschränkt. Kalkberg bei Weismain, Oberfranken.

geprägtem Pioniercharakter. Unter dem lichten Schirm der Kiefern kann sich aber, je nach Nährstoffverhältnissen, eine mehr oder weniger üppige Bodenvegetation von Heidekraut, Heidelbeere bis hin zu Adlerfarn und Landreitgras ausbreiten. Die Artenpalette der Singvögel in den Kiefernwäldern umfasst unter anderem Heidelerche, Baumpieper, Gartenrotschwanz aber auch Hauben- und Tannenmeise und Sommergoldhähnchen.

Forstwirtschaft heute in Deutschland

Von Natur aus wäre Deutschland überwiegend mit Wald bedeckt. Durch die Siedlungs- und Rodungstätigkeit des Menschen seit Jahrtausenden beträgt der Waldanteil heute in Deutschland 32 % der Landesfläche, das entspricht ca. 11,4 Millionen Hektar Wald.

Die flächenmäßig bedeutsamsten Baumarten in Deutschlands Wäldern sind Fichte (rund 25 %), Kiefer (rund 23 %), Buche (rund 16 %) und Eiche (Stiel- und Traubeneiche, etwa 11 %). Zusammen umfassen diese fünf Hauptbaumarten rund drei Viertel der Fläche der Wälder in Deutschland. Die anderen Waldbaumarten fallen in ihrer flächenmäßigen Bedeutung geringer aus. So bedeckt die Weißtanne nur rund 2 % der Waldfläche in Deutschland, hauptsächlich in Süddeutschland. Aber auch im Vorkommen der Hauptbaumarten gibt es regional große Unterschiede. So kommen große Fichtenbestände hauptsächlich in den Mittelgebirgen, beispielsweise im Sauerland, Thüringer Wald, Harz, Frankenwald, Fichtelgebirge, Erzgebirge, Bayerischer Wald, im Alpenvorland und im bayerischen Hochgebirge vor. Ausgedehnte Kiefernforste gibt es vor allem in der Lüneburger Heide, in Brandenburg und in der bayerischen Oberpfalz. Große Laubwaldgebiete mit Buche und Eiche liegen

Leitarten für einzelne Wald-Lebensraumtypen. Leitarten sind Arten, die in einem oder wenigen Landschaftstypen signifikant höhere Stetigkeiten und in der Regel auch wesentlich höhere Siedlungsdichten erreichen als in anderen Landschaftstypen. Sie sind für den jeweiligen Lebensraum charakteristisch. Lebensraumgeneralisten, die in allen Lebensraumtypen vorkommen, erscheinen in dieser Tabelle nicht (nach Flade 1994).

	Birkenbruchwälder	Weidenwälder	Erlenbruchwälder	Hartholzauen	Eichen-Hainbuchenwälder	Tiefland-Buchenwälder	Berg-Buchenwälder	Laub-Niederwälder	Laubholzreiche Kiefernforste	Reine Kiefernforste	Fichten-Kiefernforste	Reine Fichtenforste	Bergfichtenwälder	Fichten-Stangenhölzer	Kieferndickungen
Weidenmeise	■		■												
Sprosser	■	■	■												
Sumpfmeise			■	■	■	■	■								
Pirol			■												
Schlagschwirl			■												
Beutelmeise		■													
Gelbspötter		■													
Pirol		■													
Nachtigall		■		■											
Schlagschwirl		■													
Feldsperling				■											
Grauschnäpper				■											
Kleiber				■	■	■	■								
Gartenbaumläufer				■	■	■									
Pirol				■	■										
Nachtigall				■											
Schwanzmeise				■											
Waldlaubsänger					■	■	■	■	■						
Trauerschnäpper					■	■	■								
Sommergoldhähnchen						■					■	■	■	■	
Zwergschnäpper						■									
Dohle						■									
Tannenmeise									■	■	■	■	■	■	
Haubenmeise									■	■	■	■	■		
Misteldrossel										■	■	■			
Heidelerche										■					■
Wintergoldhähnchen											■	■	■	■	
Erlenzeisig											■		■		
Fichtenkreuzschnabel													■		
Heckenbraunelle														■	
Tannenhäher														■	

vor allem im Pfälzer Wald, im Spessart, im Steigerwald, auf der Mecklenburgischen Seenplatte und auf der Fränkischen Platte. Dazu kommen noch die besonders baumartenreichen Auwälder entlang der größeren Flüsse, wie Rhein und Elbe.

Fast die Hälfte der Waldfläche Deutschlands (48 %) ist Privatwald und verteilt sich auf rund 2 Millionen Waldbesitzer. Zum „Lebensraumkomplex Wald" gehören neben den verschiedenen Waldtypen auch die Waldränder, die auch für viele Vogelarten ein Lebensraumtyp von großer Bedeutung sind.

Die Ergebnisse der dritten Bundeswaldinventur 2012 zeigen auch die Erfolge der Bemühungen der Forstleute und Waldbesitzer zu naturnäheren Waldaufbauformen auf. So ist seit über dreißig Jahren der Laubbaumanteil in den Wäldern Deutschlands auf nunmehr 43 Prozent angestiegen. Auch das Durchschnittsalter ist auf 77 Jahre angestiegen, wobei es deutliche regionale Unterschiede gibt. Der Totholzvorrat liegt nun bei durchschnittlich 21 Festmeter pro Hektar.

Um die biologische Vielfalt in Deutschland zu erhalten, spielen die Wälder eine herausragende Rolle. Die Forstwirtschaft beeinflusst insbesondere durch waldbauliche Maßnahmen, wie zum Beispiel die Baumartenwahl oder das Totholzmanagement, die biologische Vielfalt in unseren Wäldern. Der natürliche Wald bietet mit seinem räumlichen Mosaik von Lichtungs-, Pionier-, Optimal- und Alterungsphasen meist größere Strukturvielfalt und ermöglicht dadurch auch eine höhere Artenvielfalt als unsere oftmals einförmigen Wirtschaftswälder mit gleichaltrigen Beständen. Daher ist es gerade in Zeiten des Klimawandels das erklärte forstliche Ziel, gemischte und klimastabile Wälder aufzubauen und zu erhalten.

Der Aufbau stabiler Mischbestände ist in Zeiten des Klimawandels eines der wichtigsten forstlichen Ziele. Maiernigg, Kärnten.

1.3 Waldvogel und Mensch

Die Stimme des Waldvogels

In der Kunst verkörpert der Waldvogel das Geheimnisvolle, aber auch das Liebliche. Die freundliche Zuneigung zum Waldvogel, speziell zum im Wald lebenden Singvogel, schwang sicher auch bei der deutschsprachigen Benennung eines Schmetterlings, des Braunen Waldvogels *Aphantopus hyperantus* aus der Familie der Edelfalter und der einer Orchideengattung, der Waldvögelein (*Cephalantera*) mit. Sie wirken zart, zauberhaft, geheimnisvoll, aber nicht unheimlich – Charakterzüge, die auch dem Singvogel im Wald zugeschrieben werden.

In Richard Wagners „Ring des Nibelungen" rät der in heller Sopranstimme dargestellte Waldvogel dem Helden Siegfried nicht nur, Ring und Tarnkappe an sich zu nehmen, sondern weist ihm auch den Weg zur schlafenden

Waldnatur und vor allem die Stimmen der Waldvögel faszinieren den Menschen seit langem. Pontisches Gebirge.

Kurzcharakteristik

Mönchsgrasmücke
Sylvia atricapilla (L.)

Englisch: Blackcap
Systematik: Sperlingsvögel (Passeriformes), Grasmückenverwandte (Sylviidae)
Größe: 14 cm
Gewicht: 8,5 – 31 g
Verbreitung: Wälder und Gebüschvegetation von den Kapverdischen Inseln bis Südwest-Sibirien.
Zugverhalten: sehr variabel von Standvogelpopulationen auf den atlantischen Inseln bis zu Langstreckenziehern in Nordeuropa und Sibirien.
Nahrung: Während der Brutzeit überwiegend Insektenfresser, ansonsten auch Früchte und Beeren.
Lebenserwartung: bis 11,5 Jahre

Singende Mönchsgrasmücke. Der Gesang besteht aus einem plaudernden Vorgesang und einem flötenden Motivgesang („Überschlag", „Waldschalle") und gilt als einer der schönsten Vogelgesänge der Paläarktis.

Brünnhilde. Im „Waldweben" verarbeitete Wagner die Lautäußerungen von fünf Vogelarten: Goldammer, Pirol, Baumpieper, Nachtigall und Amsel, die für die Stimme des Waldvogels steht. Neben der Amsel und vor allem der Nachtigall, deren kraftvoller Gesang sich in vielen musikalischen Werken wiederspiegelt, begeistert der melodische, zweiteilige Gesang der Mönchsgrasmücke seit langem die Menschen. Der in Süddeutschland und Österreich „Schwarzplattl" genannte Vogel war seit jeher bei den Vogelhaltern begehrt, zumal er leichter im Käfig zu halten ist als die relativ empfindliche Nachtigall und, in ganz Europa verbreitet, überall für die Stubenvogelhaltung zur Verfügung stand. Stets galt sie als einer der gefiederten „Sängerfürsten". Ausführliche Beschreibungen des sehr variablen Gesanges der Mönchsgrasmücke verdanken wir dem Wiener Vogelliebhaber Matthias Rausch, der die „besten" Sänger in gebirgigen Laubwäldern fand, während die „minderen und schlechten Sänger" in den Baum- und Strauchpflanzungen des flachen Landes zu finden seien. Rausch führte diesen Effekt auf die Echowirkung an den Berghängen zurück, die zu einer ausgezeicheten Gesangsausbildung führt, da das „Schwarzplättchen seinen eigenen Schlag immer und immer wieder hören" kann. Bei der Beschreibung des Gesangs der „Waldplättchen" kommt er geradezu ins Schwärmen, da die Sänger „... zahlreiche andere flötenartige Gesangsstrophen mit einflechten, welche wellenförmigen Schwingungen der Stimme gleichen und das Ohr des Naturfreundes mit ungemein großem Wohllaut erfüllen.".

Eine ähnliche Begeisterung mag den französischen Komponisten Olivier Messiaen (1908-1992) beflügelt haben, als er in seiner 1982 in Paris uraufgeführten Oper „Saint François d'Assise" dem heiligen Franziskus von Assisi den Gesang der Mönchsgrasmücke als Vogelemblem zuwies. Im sechsten Tableau, der Vogelpredigt, hat die Capinera, die Mönchsgrasmücke, ihren großen Auftritt. Messiaen schätzte den melodischen Gesang dieser Grasmücke sehr. In seinem 1969 komponierten Orgelstück „Méditations sur le Mystère de la Sainte Trinité" imitiert er den Gesang der Mönchsgrasmücke und den sehr ähnlichen der Gartengrasmücke.

Messiaens Transkriptionen der Vogelstimmen und der Einbau in seine Werke gelten als einzigartig. Allerdings setzte schon in den 1950er-Jahren der ungarische Biologe und Musikwissenschaftler Péter Szöke mithilfe eines langsam laufenden Tonbandes den Vogelgesang – in diesem Fall den Gesang einer nordamerikanischen Einsiedlerdrossel – in Musik um. Er sah in den Vogelstimmen Modelle der menschlichen Musik und betrachtete die Vögel als natürliche, lebendige Blasinstrumente. Der Mönchsgrasmücke attestierte er allerdings einen wenig musikalischen Gesang.

Auf jeden Fall fördert die Beschäftigung mit der Vogelstimme eine intime Kenntnis des Vogelindividuums und sein genaues Studium. Im Abschnitt über die Vogelhaltung werden wir noch darauf zurückkommen. Genaue Kenntnisse der Vögel sind nötig, um des Vogels habhaft zu werden, beim Fang für die Vogelhaltung oder auf der Vogeljagd.

Vogelfang und Vogeljagd

Während Enten, Rebhühner oder Fasane der „Niederen Jagd" zugeordnet und damit der ländlichen Bevölkerung zumindest auf legalem Weg nicht zugänglich waren, war der Fang von Singvögeln früher in den Mittelgebirgen,

Krammetsvogelfang in Vadrup, Münsterland, 1916: Doppelseitige Schlagnetzanlage entlang beerentragender Büsche, im Hintergrund: wartender Vogelfänger in seiner Tarnhütte. Vadrup, Kreis Warendorf, Münsterland.

Erlegte Krammetsvögel an der Tragekiepe mit Lockkäfig. Unter den gefangenen Drosseln befindet sich auch eine Ringdrossel (zweite von links). Lienen-Kattenvenne, Kreis Steinfurt, Münsterland, November 1917.

Alpen und anderen waldreicher Landschaften weit verbreitet. Der Vogelfang diente zunächst vor allem der Nahrungsversorgung. Zeugnis davon legen unter anderem die „Thüringische Meisensuppe" oder andere Rezepte, etwa zur Zubereitung von „Krammetsvögeln", also Drosseln, ab, die sich in historischen Kochbüchern noch bis zum Anfang des 20. Jahrhunderts finden. Aber schon im 18. Jahrhundert regte sich in Europa nördlich der Alpen mehr und mehr Unbehagen gegenüber dem Verzehr von Singvögeln, war zum einen damit zusammenhing, dass man deren Nützlichkeit erkannte, aber auch die „gefiederten Freunde" ideell wertschätzte. So wurde der Singvogelfang zu Nahrungszwecken zumindest nördlich der Alpen allmählich mit einem Nahrungstabu belegt, und zwar schon bevor gesetzliche Regelungen dies einschränkten. Ein frühes Zeugnis des Singvogelschutzes ist die von Martin Luther wohl um 1534 verfasste und an sich selbst adressierte Klageschrift der „Drosseln, Amseln, Fincken, Henfflingen, Stiglitzen sampt andern frommen, erbarn Vögeln". Die Vögel beklagen darin, dass ihnen der aus München stammende Famulus von Luther, Wolfgang Sieberger, mit einem „Finckenherd" die Freiheit und das Leben nehmen will. Erst 1565 wurde dieser Klagebrief der Vögel veröffentlicht und kann wohl als die erste oder eine der ersten gedruckten Aufforderungen zum Vogelschutz gelten. Dennoch hielt sich der Krammetsvogelfang örtlich noch bis in die 1920er-Jahre, so im niedersächsischen Emsland, wo im Kreis Lingen der Fangertrag im Jahre 1899 noch mit 8000

Die Wacholderdrossel, der „Krammetsvogel", wurde bis Anfang des 20. Jahrhunderts auch in Mitteleuropa in Massen zu Speisezwecken gefangen. Steiermark.

Stichwort

Krammetsvogel

Volkstümliche, früher zumeist in kulinarischem Zusammenhang gebrauchte Bezeichnung für die Wacholderdrossel (*Turdus pilaris*). Etymologisch auf das mittelhochdeutsche *kranewitt* für den Wacholder (*Juniperus communis*) zurückzuführen, dessen Beeren von den Vögeln gerne gefressen werden und die dem Wildbret einen angenehmen, gewürzhaft bitteren Beigeschmack verleihen sollen. Am Vogelherd und beim Verkauf der Jagdbeute wurde freilich nicht zwischen den einzelnen Drosselarten unterschieden.

Krammetsvögel und Maronen. Stillleben von Georg Flegel (1566-1638).

Stück Krammetsvögeln angegeben wurde und im Kreis Hümming noch in den 1920er-Jahren 150 000–250 000 Dohnen in Betrieb waren. Solche Dohnen waren mit Vogelbeeren als Lockspeise beköderte Roßhaarschlingen, in denen sich die Drosseln grausam erhängten.

Heute ist dies – im Gegensatz zur Situation in Südeuropa – weitgehend Geschichte. Von den Vogelfangaktivitäten in früherer Zeit zeugt häufig noch der Flur- oder Waldabteilungsname „Vogelherd“ oder „Vogelfang“. Im Gelände sind diese Vogelfangplätze als rechteckige oder ovale, manchmal von einem Graben umgebene Erdhügel auszumachen. Allein für den Lorenzer Reichswald bei Nürnberg gibt das letzte Vogelzettelbuch des Waldamtes Laurenzi von 1800 bis 1808 158 solche Vogelherde an. Diese Einrichtungen waren langgestreckte Schlagnetzanlagen, auf denen die Vögel mit Vogelbeeren oder anderen für die Vögel attraktiven Beeren angelockt wurden. Der botanische Artname der Vogelbeere oder Eberesche – *Sorbus aucuparia* – setzt sich aus „au“ (avis = Vogel) und „cuparia“ (capere = fangen) zusammen und verweist auf diese traditionelle Verwendung der roten Apfelfrüchte. In einer benachbaren Tarnhütte wartete der Vogelfänger auf den richtigen Moment, um das Netz auszulösen.

Eine lokale Besonderheit stellte die Böhämmer-Jagd auf Bergfinken in der näheren Umgebung von Bad Bergzabern in der Pfalz dar. Dabei wurden die an den Massenschlafplätzen eingefallenen überwinternden Bergfinken nachts mit Zündpfannen, auf denen Kienholz verbrannt wurde, schwach beleuchtet und mit Tonkugeln erlegt, die durch etwa zwei Meter lange Blasrohre abgeschossen wurden. Die Kunst bestand darin, die einzelnen Vögel auf Anhieb so zu treffen, dass sie lautlos zu Boden fielen ohne die anderen schlafenden Vögel aufzuschrecken. Diese Tradition fand mit dem Reichsvogelschutzgesetz von 1908 ein Ende. In Bad Bergzabern erinnert heute noch der Name einer Schule und der Böhämmer-Brunnen an diese Tradition. Der Name „Böhämmer“ leitet sich übrigens von Beheim (= Böhmen) ab. Allerdings

Jagd auf Bergfinken mit Blasrohren (Böhämmerjagd) bei Bad Bergzabern (Pfalz). Historische Postkarte, um 1900.

ist damit weniger das Herkunftsgebiet dieser Wintervögel gemeint, denn sie kommen nicht aus den böhmischen, sondern aus den Wäldern Skandinaviens, Finnlands und Russlands. Es ist vielmehr eine allgemeine Bezeichnung für vagabundierende oder „Zigeunervögel", auch der französische Ausdruck „bohémien" steht für Zigeuner. Und auch der englische Name des Seidenschwanzes, *Bohemian Waxwing*, ist diesen Ursprungs.

Neben der Vogeljagd für Speisezwecke war stets auch der Fang für die Stubenvogelhaltung von Bedeutung. Dem Vogelfänger hat Wolfgang Amadeus Mozart mit der Rolle des Papageno in der „Zauberflöte" ein Denkmal gesetzt. Er erscheint auf der Bühne als bodenständiger Bauerntyp im

Ziel der Böhämmerjagd: überwinternde Bergfinken. Oschenberg, Oberfranken.

Hanswurstgewand, als Naturbursche, als gefiedertes Wesen zwischen Mensch und Vogel oder als tiefsinniger Clown. Papageno hatte viele Nachfolger in der Musik. Auch an frivolen Parallelen zwischen dem Anlocken und Fang der Vögel und dem von Frauen und Mädchen fehlt es nicht.

Legaler Vogelfang in Mitteleuropa ist heute nur noch in Zusammenhang mit der wissenschaftlichen Vogelberingung und die Haltung von Vögeln in Käfig und Voliere nur noch innerhalb enger gesetzlicher Grenzen zulässig. Wir wollen aber noch einmal einen Blick zurück werfen, in eine Zeit, in der die Haltung von Stubenvögeln weit verbreitet war.

Vogelliebhaberei

Im österreichischen Alpenraum, in den Mittelgebirgen wie dem Erzgebirge, dem Harz oder dem Thüringer Wald und anderen waldreichen Gegenden Mitteleuropas hatte die Stubenvogelhaltung lange Tradition. Erlenzeisig und Stieglitz, Birkenzeisig und Girlitz bildeten das häufig gehaltene „Waldvogelquartett", häufig kamen noch Fichtenkreuzschnabel, Gimpel, Buchfink und Bluthänfling dazu. Der Begriff „Waldvogel" wurde in Vogelhalterkreisen zu einem Synonym für die heimischen Finkenvögel, auch wenn diese, wie etwa der Girlitz, gar nicht im Wald vorkommen. Die empfindlicheren, schwieriger zu ernährenden „Weichfresser", also die insekten- und früchtefressenden Vögel wie Nachtigall, Gelbspötter, Mönchsgrasmücke oder Heidelerche, waren eher den Vogelliebhabern in den Städten vorbehalten. In den kargen, abgelegenen Gegenden war vor der Einführung von Rundfunk und Fernsehen der Stubenvogel oft eine der wenigen Abwechslungen und Zerstreuungen in den Handwerkerstuben und bei der in diesen Gebieten weit verbreiteten Heimarbeit. Auch wenn die Haltung in den engen Käfigen nicht mehr den heutigen Vorstellungen einer artgerechten Tierhaltung entspricht, wurden die Vögel doch von ihren Besitzern liebevoll gepflegt und erreichten oft ein beachtliches Lebensalter. Der Vogelfang im Salzkammergut und die Finkenmanöver im Harz wurden 2010 beziehungsweise 2014 in die UNESCO-Liste des immateriellen Kulturerbes aufgenommen. Bei den „Finkenmanövern" handelt sich um ein Wettsingen von gekäfigten Buchfinken, die nach Anzahl der vorgetragenen Gesänge und deren Qualität bewertet wurden. Als Hochburgen dieses Finkensports gelten die Harzorte Altenau, Hohegeiß und Thale. Eine weitere Besonderheit stellte das Abrichten von Gimpeln zum Nachpfeifen menschlicher Lieder dar. Dieses Brauchtum war vor allem im Vogelsberggebiet und

Die Stubenvogelhaltung war früher bei Handwerkern in den Mittelgebirgen weit verbreitet. Ulrich Grumal, Drechsler und Schnitzer in Seiffen, Erzgebirge, 1930.

Kurzcharakteristik

Gimpel *Pyrrhula pyrrhula* (L.)

Englisch: Bullfinch
Systematik: Sperlingsvögel (Passeriformes), Finkenvögel (Fringillidae)
Größe: 15 – 16 cm
Gewicht: 21 – 38 g
Verbreitung: Parks, Nadel- und Mischwälder von Westeuropa bis Kamtschatka
Zugverhalten: Stand- und Strichvogel, nordische und östliche Populationen auch als Invasionsvögel weiter ziehend.
Nahrung: (Baum)Samen und Knospen, zur Jungenaufzucht auch Wirbellose.
Lebenserwartung: bis 18 Jahre

in Teilen Thüringens verbreitet. Durch ständiges Vorpfeifen von Volksliedern wie „Tief drin im Böhmerwald“, „Abend wird es wieder“ oder „Ein Jäger aus Kurpfalz“ erlernten die jungen, handaufgezogenen Gimpel, das Lied perfekt in ihr eigenes Gesangsrepertoire aufzunehmen. Was zunächst wie eine verschrobene Liebhaberei anmutet, hatte tiefgehende wissenschaftliche Folgen. Anhand dieser handaufgezogenen, liedersingenden Gimpelmännchen konnte der 2006 verstorbene Ornithologe Jürgen Nicolai in den 1950er-Jahren zeigen, dass der Vogel Klangmuster als Einheit, als Melodie wahrnimmt und als Familientradition weitergibt, auch wenn es nicht die arttypischen sind. Die liedersingenden Gimpel sind heute noch ein Thema in der Kognitionsforschung.

Im Allgemeinen war die Vogelhaltung und -pflege aber eine volkstümliche Betätigung. Dass die Zahl der für die Vogelhaltung entnommenen Vögel für die Populationen der jeweiligen Arten unerheblich sind und die Vogelpflege eine genaue Kenntnis der jeweiligen Arten fördert, enthebt uns nicht der Verantwortlickeit für den Tierschutz. Das Halten in engen, nicht tiergerechten Käfigen sowie weitere Maßnahmen wie Abdunkeln der Behausungen und Futterentzug sowie das Fangen mit Leimruten sind zu recht nicht mehr zulässig und schaden dem Ansehen einer an sich naturverbundenen Tätigkeit. Es ist eigentlich schade, dass die vielen positiven Aspekte der Vogelhaltung zunehmend von dieser eher dunklen Seite verdeckt werden.

Von nützlichen, schädlichen und Arbeitsvögeln

Ein Grund für die zunehmende gesellschaftliche Ablehnung des Vogelfanges war der Anfang des 20. Jahrhunderts verstärkt aufkommende Vogelschutzgedanke. Dabei standen zunächst neben eher zaghaft aufkommenden

Ansichten zum Eigenrecht der Natur auf Existenz vor allem wirtschaftliche Erwägungen im Vordergrund. Man erhoffte sich von insektenfressenden Vogelarten eine wirkungsvolle Hilfe bei der Bekämpfung von schädlichen Insekten in Forst und Obstbau und setzte Maßnahmen in Gang, welche die Siedlungsdichte insbesondere der höhlenbrütenden Singvögel im Wald erhöhen sollten. Allein die bayerische Fabrik für Vogelschutzbedarf Peter Demmel in Moosach bei Grafing produzierte in zwei Jahrzehnten bis 1929 etwa eine Viertelmillion Nistkästen. Damit sah man sich im Stande, neben dem ideellen Wert auch wirtschaftliche Gesichtspunkte bei der gesellschaftlichen Begründung des Vogelschutzes anzuführen. Ein bayerisches Vogelschutz-Flugblatt titelte 1932 mit dem Satz „Vogelschutz ist keine fruchtlose Spielerei, Vogelschutz ist eine wirksame, wirtschaftliche Maßnahme!“. Der Leiter der Vogelschutzwarte für Hessen und Rheinland-Pfalz in Frankfurt am Main, Sebastian Pfeifer, räumte zwar 1957 ein, dass „[...] die Zeiten, wo man die Vögel nur um ihrer selbst willen schützt, Gott sei Dank noch nicht vorüber sind“, gab aber zu, dass „so wohl im technischen wie im biologischen Pflanzenschutz auch wirtschaftliche Gesichtspunkte geltend gemacht werden dürfen“. So führte er in einer Tabelle die prozentualen Anteile von Schädlingen, Nützlingen und indifferenten Arten in der Ernährung heimischer, insektenfressender Singvögel auf. Kohl- und Blaumeise sowie dem Kleiber und den Baumläufern wurde ein Anteil von 60 % Schädlingen, 18 % Nützlingen und 22 % indifferenten Arten attestiert, während bei Tannenmeise, Goldhähnchen und Gartenrotschwanz der Schädlingsanteil sogar mit 77 % angesetzt wurde, während die Singdrossel nur 37 % erreichte. Dennoch fehlte es frühzeitig nicht an Relativierungen: Martin Hiesemann wies in dem Buch „Die Lösung der Vogelschutzfrage nach Freiherrn von Berlepsch“ darauf hin, dass „bei dem heutzutage in allen Bevölkerungsschichten leider nur zu sehr vorherrschenden Nützlichkeitsprinzip“ man sich vor einer einseitigen Bewertung zu hüten habe. „Nicht nur des Nutzens wegen schützen wir die Vögel, sondern auch aus ethischen und ästhetischen Beweggründen. “. Gegenüber diesen 1911 geschriebenen Zeilen wirkt es geradezu wie ein Anachronismus, wenn im Jahr 1943 der damalige Leiter der Vogelschutzwarte Garmisch-Partenkirchen, Otto Henze, Vogelarten, welche Schadinsekten besonders gut vertilgten, als Arbeitsvögel betrachtete. Diese „Arbeitsvögel“ versuchte man durch das Aufhängen von Nistkästen und die Bekämpfung von sogenannten „Singvogelfeinden“ (Sperber, Eichelhäher, Siebenschläfer, Hornisse) einseitig zu fördern. Vogelschutz im Wald bedeutet aber wesentlich mehr, als nur Meisenkästen aufzuhängen.

Der Nistkasten galt über Jahrzehnte als das Symbol für den Schutz insektenfressender Singvögel im Wald. Hier ein fütternder Trauerschnäpper.

Nistkästen können im Wald bei Mangel an Nisthöhlen, Altbeständen und Totholz und für bestimmte Vogelarten (Hohltaube, Dohle) eine vorübergehende sinnvolle Alternative darstellen. Aber insgesamt kann jeder Förster oder Waldbesitzer durch Belassen und Erhalt von Specht- und Horstbäumen, Höhlenbäumen und Totholz im Rahmen eines naturnahen Waldbaus für den Schutz der Waldvögel dauerhaft mehr erreichen.

Besonders kritisch sind die aus ökologischer Sicht völlig veralteten und überholten Ausführungen und Empfehlungen von Henze zu „schädlichen" und „nützlichen" Vogelarten und zur Bekämpfung von Sperber und Eichelhäher zu werten. Obwohl dieses einseitige Schaden-Nutzen-Denken aus dem 19. Jahrhndert stammt, konnte Henze aufgrund seiner Veröffentlichungs-und Vortragstätigkeit lange Zeit fast bis zum Ende des 20. Jahrhunderts den forstlichen Vogelschutz, vor allem in Bayern, dominieren. Beim Eichelhäher zeigt sich besonders deutlich die Problematik derartiger Wertungen. Da er gegenüber nestjungen Singvögeln als Prädator auftritt, wurden er zu Henzes Zeiten als schädlich eingestuft und massiv verfolgt. Selbst im 5. Band der „Forstschädlinge Europas", der 1986 erschien, setzte sich sein Einfluss bei der angeblichen Schädlichkeit des Eichelhähers noch durch. Heute ist diese einseitige und monokausale Betrachtung des forstlichen Vogelschutzes seit Jahren überholt. Inzwischen wird zunehmend der Nutzen durch die Hähersaat (s. Kapitel 3.3) erkannt und auch wirtschaftlich belegt. Ein Beispiel aus Schweden beziffert den durch das Vergraben von Eicheln durch einen Eichelhäher erbrachten Wert auf 22 560 US$ Kritisch betrachtet erscheint aber die aktuell wieder diskutierte monetäre Inwertsetzung von Ökosystemleistungen durch Vögel allerdings gelegentlich doch wieder wie die alte Nützlichkeitsrechnung in neuem Gewand, die Wert und Preis gleichsetzt. Es

Der Mensch schrieb ihm viele Rollen zu: Gottes erster Förster, Ökosystemdienstleister, Feind aller Singvögel, Wächter des Waldes? Oder nur ein Eichelhäher?

ist auch ohne die pekuniäre Benennung der entgangenen Wirtschaftsleistungen nicht mehr zeitgemäß, dass Eichelhäher im Gegensatz zu allen anderen Bundesländern in Bayern noch regulär bejagt werden.

Was macht also den Wert eines Vogels aus? Neben dem wirtschaftlichen Nutzen ist es vor allem ein ideeller. Vögel bereichern den Lebensraum des Menschen. Die Zeiten, in denen man Vögel nur um ihrer selbst willen schützt, sind Gott sei Dank noch nicht vorüber.

Waldwege beeinflussen die Verteilung der Reviere von Singvögeln. Frankenwald

Störungen durch Menschen

Vögel reagieren in der Regel auf das Auftauchen des Menschen mit Ausweichbewegungen. Die Fluchtdistanz, also die Entfernung, bis zu der der Vogel das Auftauchen eines Menschen toleriert und dann abfliegt, ist vor allem von der Körpergröße des Vogels abhängig. Große Vögel haben eine größere Fluchtdistanz als kleine. Untersuchungen zur Störungsökologie haben daher meist größere Vogelarten, wie Gänse, Schwimmvögel, Limikolen oder Raufußhühner zum Gegenstand, da aufgrund ihrer Störanfälligkeit Ruhezonen für Schutzkonzepte entscheidend sind. Die kleinen waldbewohnenden Singvögel wirken dagegen geradezu arglos gegenüber dem Menschen, Goldhähnchen und Schwanzmeisen scheinen ihn manchmal sogar zu ignorieren.

Zunehmende Freizeitaktivitäten bringen Menschen auch in abgelegenere Gebiete. Eine sorgfältige Planung der Wegestrecken ist nötig, um Freizeit und Vogelschutz in Einklang zu bringen. Trotz kleiner Ungenauigkeiten gibt es hier bereits gute Ansätze. Rhön.

Dennoch gibt es Hinweise darauf, dass die Arten- und Individuenzahlen auch häufiger Vogelarten in der Nähe von Waldwegen insbesondere in viel besuchten Waldgebieten abnehmen, was nicht allein auf die unterschiedliche Biotopausstattung, sondern sehr wahrscheinlich auf die Störung durch Waldbesucher zurückzuführen ist. Eine Trennung von einfachen Reaktionen und Auswirkungen auf die Fitness von Vogelpopulationen ist jedoch wichtig, denn Waldwege ermöglichen andererseits interessierten Waldbesuchern Naturbegegnungen auf „geregelten Bahnen“. Es ist daher nötig, die quantitativen Auswirkungen der Störungen durch menschliche Freizeitaktivitäten weiter zu erforschen, um für die Planung und Konzeption von Wegeerschließungen ausreichende Informationen zur Verfügung zu haben. Durch die zunehmende Freizeit-

Die Winterfütterung bringt Waldvögel in beobachtbare Nähe. Erlenzeisige, Oschenberg, Bayreuth.

Vogelstimmen bereichern auch den menschlichen Lebensraum. Singende Singdrossel, Ökologisch-Botanischer Garten Bayreuth.

aktivität in auch abgelegeneren Gebieten und nachts, neue Sportarten, aber auch die Suche nach Naturgenuss und Naturerleben wird dies in Zukunft umso bedeutungsvoller, wenn man berechtigte menschliche Bedürfnisse nach Erholung und Freizeitgestaltung und effektiven Vogelschutz in Einklang bringen will.

Naturgenuss und Vögel

Vogelgesang gehört zu den wichtigen Komponenten, welche die Erholungswirkung eines Waldbesuches ausmachen. In einer Umfrage, auf was sich Berliner Bürger am meisten bei einem Waldbesuch freuen, wurden die gute, frische Luft und zwitschernde Vögel im Umfeld eines Ruhepunktes, an dem man zu sich selbst findet und „die Seele baumeln lassen kann", als vorrangig genannt. Vogelstimmenexkursionen erfreuen sich seit Jahrzehnten großen Interesses in der Bevölkerung. Neben dem Lerneffekt steht dabei das Erleben von Tieren in der freien Natur im Vordergrund. Nicht die Betroffenheit über die Zerstörung der Natur durch menschliche Aktivitäten, sondern vor allem die reine Freude an der Vogelbeobachtung sind hier wichtige Triebfedern. Es ist keine Schande, wenn sich auch Erwachsene am lebhaften Treiben der bunten Vogelvielfalt am Winterfutterplatz vor dem Fenster erfreuen. Die Futterstelle bringt uns die Vögel näher, im tatsächlichen und im übertragenen Sinn. Neuere Untersuchungen zeigen auf, dass Vogelbeobachtung die Lebenszufriedenheit fördert. Aber auch jede Begegnung mit einem Goldhähnchen oder einer Haubenmeise beim Winterspaziergang, jeder Beginn eines Vogelkonzert bei der ersten Morgendämmerung im Wald sind Naturbegegnungen, die dem Bewusstsein für die Schönheit der Natur und dem Schutz der Vögel nur förderlich sein können. 10 % mehr Vogelarten im Umfeld machen Menschen in Europa genauso zufrieden wie ein höheres Einkommen. Die große Bereicherung, die Vögel in das menschliche Umfeld bringen, sollte als Argument für ihren Schutz eigentlich bereits völlig ausreichen. Der Blick in ein Vogelnest, eine Mauserfeder mitzunehmen oder die sorgfältige Pflege eines Singvogels im Käfig oder der Voliere sind Erlebnisse, die aufgrund gesetzlicher Restriktionen heute nur noch einem kleinen Kreis vorbehalten bleiben. Zu Zeiten, als es unseren Vögeln noch gut ging, waren dies volkstümliche Aktivitäten. Der Vogelfänger kannte die Vogelarten, ihre Lebensweise und ihr Verhalten ganz genau. Leider vermitteln die Umweltbildungsprogramme der Naturschutzverbände zwar allgemeine Erlebnisse in der Natur, aber häufig keine Artenkenntnisse mehr. Wir sollten daher überlegen, ob uns nicht wieder etwas mehr Nähe zum Tier und zur Pflanze gut täte. Es geht eigentlich nur darum, etwas genauer hinzuschauen. Lässt man sich darauf ein, eröffnet sich ein vielschichtiges, faszinierendes Beziehungsgeflecht zwischen Vögeln und ihrer Umwelt. Davon handeln die nächsten Kapitel.

Vogelstimmenwanderungen locken alljährlich Tausende von Menschen in die Natur. Das unmittelbare Erleben freilebender Vögel ist für viele neben dem Lernen ein wichtiger Beweggrund zur Teilnahme. Moritzburg, Sachsen.

Zum Weiterlesen

Rausch (1900), Loch (2018), Schmoll (2004), Becker (1878), Knolle (1980), Uekötter (2020), Blumstein (2006)

2 Singvögel und Wälder

„Da Mitteleuropa während der letzten Eiszeit völlig waldfrei war, ... sind alle Waldgemeinschaften hier verhältnismäßig jung. (...) Die Organismen, die heute in einer Gemeinschaft zusammenleben, können also ganz andere Schicksale gehabt haben und sind auch in Zukunft nicht untrennbar miteinander verbunden."

Heinz Ellenberg 1986

Der Waldlaubsänger – eine typische Vogelart europäischer Wälder. Bayreuth.

2.1 Die Waldvogelwelt Mitteleuropas – eine Einwanderungsfauna

Ein Waldrefugium. Die artenreichen Wälder der Schwarzmeerküste – hier im pontischen Gebirge – waren auch zum Höhepunkt der Vereisung stets baumbestanden. Sie beherbergen noch heute eine artenreiche Waldvogelwelt.

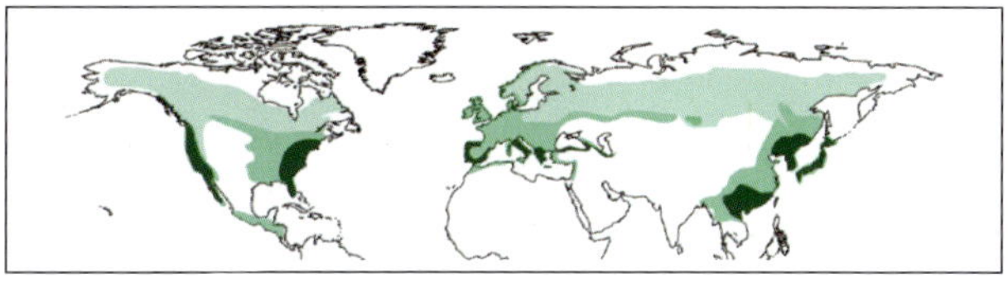

Waldrefugien auf der Nordhalbkugel während der Eiszeit (dunkelgrün) und aktuelle Verbreitung temperater (mittelgrün) und borealer Wälder (hellgrün). Aus Ghobad-Nejhad (2011).

Die letzten große Einschnitte in die Flora und Fauna Mitteleuropas waren die Eiszeiten, deren letzte Kaltzeit, in Süddeutschland Würm-, in Nordeuropa Weichsel-Kaltzeit genannt, vor etwa 11700 Jahren zu Ende ging. Während ihr, wie auch in den vorangegangenen Kaltzeiten, war Mitteleuropa als waldfreie Steppen- und Tundralandschaft Lebensraum von Schneehühnern, Mornellregenpfeifern und Ohrenlerchen. Noch heute können wir sie als Eiszeitrelikte in kleinen Restbeständen in den Hochlagen europäischer Gebirge antreffen. Seit die Wälder Mitteleuropa zurückeroberten haben sie dort, oberhalb der Baumgrenze, bis heute überdauert. Dagegen waren während der Kaltzeiten die Wälder mit ihrer Fauna und Flora auf wenige, mehr oder weniger isolierte Refugien in südlicheren Regionen zurückgedrängt. In ihnen hat ein Teil der einst in den tertiären Wäldern weit verbreiteten Vogelarten ausgeharrt. Mit der Rückkehr der Bäume wanderten sie aus westlichen und östlichen Richtungen ein, sodass sich in Mitteleuropa heute östliche und westliche Formen treffen und ihre Verbreitungsgebiete übereinanderschieben. Es entstand ein Gebiet der Faunenmischung. Trotzdem ist die Artenzusammensetzung der europäischen Waldvogelfauna vom Mediterran bis nach Osteuropa erstaunlich gleichförmig. Die Artengemeinschaft wird in den geschlossenen Wäldern von den so waldtypischen wie häufigen Arten Buntspecht, Blau- und Kohlmeise, Zaunkönig, Buchfink, Rotkehlchen, Mönchsgrasmücke, Amsel und Ringeltaube bestimmt, egal ob wir uns in der Camargue oder in Polen befinden. Sie sind „Erfolgsmodelle" und haben Mitteleuropa nach der Rückkehr der Bäume rasch und flächendeckend besiedelt – von der Provence bis zur Ostsee.

Natürliche Artenarmut in Mitteleuropa

Insgesamt gesehen ist Mitteleuropa relativ artenarm. Der Ab- und Rückwanderung aus den südlich gelegenen Refugien stellten sich die in West-Ost-Richtung streichenden Gebirgsketten der Pyrenäen, Alpen und Karpaten als wirksame Barriere entgegen. Daher war es für die Gehölze und die mit ihnen verbundene Tierwelt nicht einfach, nach der letzten Vereisung nach Mitteleuropa einzuwandern. Von Westen konnte die Einwanderung durch die Burgundische Pforte zwischen den Vogesen und dem Jura erfolgen, im Osten durch die Hainburger und Ungarische Pforte zwischen den Ostalpen und dem Karpatenbogen. Nicht alle Arten haben so den Weg nach Mitteleuropa gefunden.

Zu dieser geomorphologischen Besonderheit Europas kommt, dass das Potenzial zur Ausbildung von Waldrefugien im Süden Europas im Vergleich zu Nordamerika und Ostasien relativ klein ist und keine direkte Anbindung an tropische Waldgebiete besteht. Im Vergleich dazu ist die Artenfülle in Ostasien und in Nordamerika deutlich größer. In den Wäldern Nord-, Mittel- und Osteuropas finden wir 124 Baumarten, im Gegensatz dazu wachsen in den temperaten Wäldern des östlichen Nordamerika 253 und im östlichen Asien 729 Baumarten. Das sind die herrlichen Wälder im fernen Osten Russlands mit ihrer faszinierenden Artenvielfalt an Singvogelarten mit Blaunachtigallen, Narzissen-, Hainparadies- und Japanblauschnäppern, Rubinkehlchen, Rostflanken-Brillenvögeln und vielen Laubsängerarten, dem Zauberland, dem Juri Pukinski mit seiner „Suche nach dem Riesenfischuhu"

Erst die Wiederbewaldung Mitteleuropas nach der letzten Eiszeit ermöglichte waldbewohnenden Vogelarten die Einwanderung. Litauen.

ein literarisches Denkmal gesetzt hat. Dabei liegen sie auf gleicher geografischer Breite wie Bayern! In der Westpaläarktis leben rund 50 % weniger waldgebundene Vogelarten wie in Ostasien und rund 40 % weniger als im östlichen Nordamerika. Obwohl ungefähr gleich groß, beherbergt China ungefähr doppelt so viele Vogelarten wie Europa mit seinen rund 500 Arten. Sowohl in Ostasien als auch in Amerika stellten sich den Einwanderern keine Barrieren entgegen. Sie hatten freie Bahn und konnten auch aus den Tropen nach Norden vordringen.

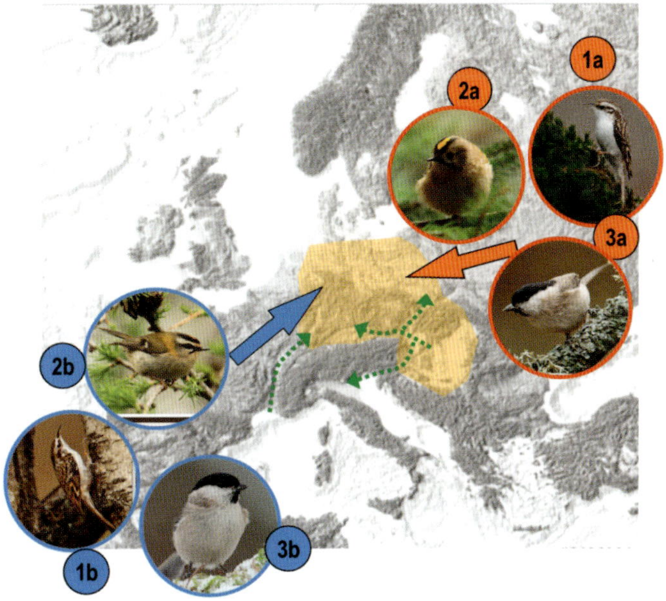

Gebiet der Faunenmischung in Mitteleuropa (gelb) und die wichtigsten Einwanderungswege der Gehölzflora aus den Refugialgebieten (grüne Pfeile). Stellvertretend für die westlichen Vogelarten (blau) stehen Gartenbaumläufer (1b), Sommergoldhähnchen (2b) und Sumpfmeise (3b), für die östlichen (orange) Waldbaumläufer (1a), Wintergoldhähnchen (2a) und Weidenmeise (3a). Karte kombiniert nach Haffer et al. (2000) und Küster (2005).

Spuren der Einwanderung

Noch heute lassen sich in der Waldvogelwelt Mitteleuropas die Spuren der Einwanderung nachverfolgen. Wir finden östliche und westliche Zwillingsarten – im nächsten Kapitel

Die Pfortenlandschaften westlich und östlich der Alpen, hier die Hainburger Pforte an der Donau, bildeten Einwanderungswege für Pflanzen und Tiere nach der Eiszeit nach Mitteleuropa. Gleichzeitig sind sie aber auch ein Nadelöhr, das nicht alle Arten passieren konnten.

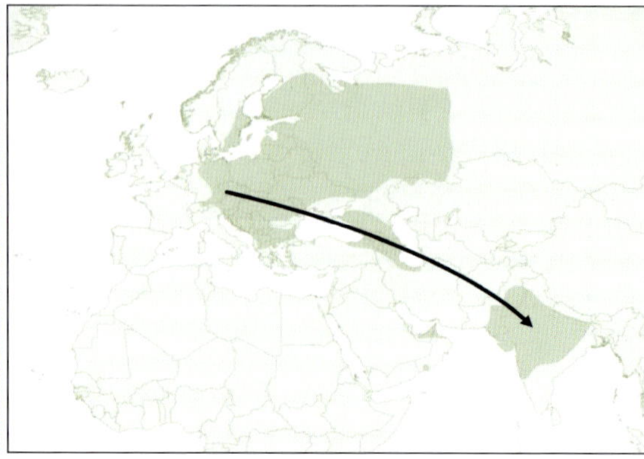

Zwergschnäpper vom westlichsten Arealrand ziehen nach wie vor zur Überwinterung nach Nordindien. Sie sind aus Asien nach Europa eingewandert.

wird davon ausführlicher die Rede sein. Auch die Entwicklung der Vogelzugwege im eurasisch-afrikanischen Raum geht im Wesentlichen auf die Eiszeit zurück und dauert bis heute noch an. Aus dem Osten eingewanderte mitteleuropäische Zwergschnäpper und Grünlaubsänger ziehen immer noch in ihre angestammten Winterquartiere im tropischen Ostasien, ebenso wie aus dem Westen eingewanderte sibirische Fitislaubsänger noch immer in Afrika überwintern (s. Kapitel 2.4). Die Amsel war nach der Einwanderung nach Mitteleuropa bis weit in das 19. Jahrhundert hinein Zugvogel und entwickelt sich nun über Teilzieherverhalten hin zum Standvogel. Besonders interessant sind in diesem Zusammenhang die Zwillingsarten, von denen es in Mitteleuropa etliche gibt und denen wir uns in den nächsten Kapiteln zuwenden werden.

2.2 Zwillingsarten – ihre Entstehung und ihre Erforschungsgeschichte

Den Doppelgängern auf der Spur

Anfang des 19. Jahrhunderts kam Thomas Conrad von Baldenstein, der sich nach seiner militärischen Laufbahn der Verwaltung seiner Güter in Graubünden und seinen Leidenschaften, der Ornithologie und der Imkerei widmete, der Artverschiedenheit der beiden heimischen Graumeisen auf die Spur. 1827 veröffentlichte er an versteckter Stelle, in der „Neuen Alpina", einer der schweizerischen Naturgeschichte, Alpen- und Landwirtschaft gewidmeten Schrift, seine Neuentdeckung. Detailfreudig stellte er die Merkmale beider Formen gegenüber und beschrieb bereits sehr genau die Gesänge sowie die Eigenart der Weidenmeise, ihre Bruthöhle in morschem Holz selbst zu

Mit geübtem Blick erkannte der evangelische Pfarrer und Ornithologe Christian Ludwig Brehm (1787 – 1864) in seiner thüringischen Heimat die feinen Unterschiede zwischen den Zwillingsarten: Sumpf- und Weidenmeise, Nachtigall und Sprosser, Garten- und Waldbaumläufer, Sommer- und Wintergoldhähnchen.

Mönch und Nonne: Die beiden mitteleuropäischen Graumeisen, die Weiden- oder Mönchsmeise (links) und die Sumpf- oder Nonnenmeise (rechts) unterscheiden sich äußerlich nur geringfügig. Dennoch sind es zwei gut getrennte Arten, die auch zusammen in einem Lebensraum vorkommen können. Oschenberg, Bayreuth.

hacken. Conrad nannte seine neue Meise Mönchsmeise, ein Name, der ebenso wie das Synonym Nonnenmeise für die zweite Art, die Sumpfmeise, heute noch in der Schweiz gebräuchlich ist. Fast gleichzeitig wurde im Thüringischen Renthendorf der Pfarrer und Ornithologe Christian Ludwig Brehm darauf aufmerksam, dass es neben der Sumpfmeise noch eine weitere, bisher verborgene Meisenart gibt, die sich nicht mit der Sumpfmeise vermischt und mit ihr im gleichen Verbreitungsgebiet und teilweise sogar im gleichen Lebensraum vorkommt. In seinem 1831 erschienen „Handbuch der Naturgeschichte aller Vögel Deutschlands" erkannte er nicht nur die Artverschiedenheit von Sumpf- und Weidenmeise, die Conrad schon aufgefallen war. Mit Blick fürs Detail identifizierte er auch die beiden Baumläuferarten, die europäischen Goldhähnchen sowie Nachtigall und Sprosser als jeweils zwei Arten.

Conrads und Brehms Entdeckungen an den Graumeisen gerieten schnell wieder in Vergessenheit. Erst 1897 brachte Otto Kleinschmidt, ein evangelischer

Kurzcharakteristik

Weidenmeise *Poecile montanus* (CONRAD VON BALDENSTEIN)

Englisch: Willow Tit
Systematik: Sperlingsvögel (Passeriformes), Meisen (Paridae)
Größe: 10 – 12 cm
Gewicht: 8 – 15 g
Verbreitung: Totholzreiche Wäder Eurasiens von Westeuropa bis Japan, von der Ebene bis ins Gebirge.
Zugverhalten: Jahresvogel, überwiegend standorttreu.
Nahrung: Überwiegend Insekten und deren Larven, außerhalb der Brutzeit Samen.
Lebenserwartung: bis 9 Jahre

Kurzcharakteristik

Sumpfmeise *Poecile palustris* L.

Englisch: Marsh Tit
Systematik: Sperlingsvögel (Passeriformes), Meisen (Paridae)
Größe: 11 – 12 cm
Gewicht: 8,9 – 15 g
Verbreitung: Laubwälder des Tieflandes und der submontanen Stufe in Europa, getrennt davon weitere Vorkommen in Ostasien.
Zugverhalten: Jahresvogel, überwiegend standorttreu.
Nahrung: Überwiegend Insekten und deren Larven, außerhalb der Brutzeit Samen.
Lebenserwartung: bis 11 Jahre

Einige Zwillingsarten in mitteleuropäischen Wäldern: oben Sommer- und Wintergoldhähnchen, mitte Garten- und Waldbaumläufer, unten Sumpf- und Weidenmeise. Die eher westlich verbreitete Art ist links, die östliche rechts abgebildet.

Pastor und Ornithologe, das Thema wieder zur Sprache und wies nochmals auf die Eigenständigkeit von Sumpf- und Weidenmeise als getrennte Arten hin. Akribisch, wie es Conrad von Baldenstein siebzig Jahre zuvor getan hatte, stellte er die Merkmale beider Formen gegenüber, vor allem die deutlich verschiedenen Stimmen beider Arten. Schon frühzeitig wurde so erkannt, dass es innerhalb der mitteleuropäischen Weidenmeisen verschiedene Gesangsformen gibt: die normale im Tiefland und eine alpine Gesangsform. Am Alpennordrand treffen sie aufeinander.

Die beiden Graumeisen sind kein Einzelfall. In den Wäldern Mitteleuropas leben Artenpaare aus verschiedenen Singvogelfamilien: die beiden Laubsängerarten Fitis und Zilpzalp sind optisch im Gelände so gut wie nicht zu unterscheiden, ähnliches gilt für die beiden heimischen Baumläuferarten und für Nachtigall und Sprosser. Etwas einfacher ist es bei den beiden schwarzweißen Fliegenschnäppern, dem Trauer- und dem Halsbandschnäpper sowie den beiden Goldhähnchen. Auch wenn sich die optische Bestimmung im Feld schwierig gestaltet und selbst für erfahrene Feldornithologen manchmal nicht eindeutig lösbar ist, gibt es doch ein Merkmal, das die Zwillingsarten jeweils eindeutig trennt: den Gesang. Schon nach wenigen Vogelstimmenexkursionen werden auch vogelkundliche Einsteiger in der Lage sein, die Gesänge von Fitis und Zilpzalp zu unterscheiden, auch die beiden Graumeisen und Baumläufer können mit etwas Übung eindeutig bestimmt werden. Eigentlich ist es erstaunlich, dass diese stimmlichen Unterschiede vielen Ornithologen so lange verborgen geblieben sind – wohl deswegen, weil früher das Studium des Vogelbalges im Vordergrund stand und das Zeitalter der Feldornithologie noch nicht angebrochen war. Der Schlüssel liegt nämlich darin, dass sich Vögel in ihrem Lebensraum eben mit genau denjenigen Sinnen erkennen und unterscheiden, mit denen wir es auch tun. Lange Zeit verließ man sich aber vor allem auf die Augen. Erst später kam die Erkenntnis dazu, dass auch die Stimmen der Vögel wichtige Artmerkmale sind. So hat die bioakustische Forschung sehr viel zum Verständnis von Artgrenzen und kryptischen Arten beigetragen, in Europa, aber noch viel mehr in den Wäldern des Himalaya und Chinas. Wegweisend waren hier die Arbeiten von Jochen Martens und seinen Schülern an der Universität Mainz, auf deren Ergebnissen die nachfolgenden Kapitel aufbauen.

Stichwort

Zwillingsarten

Zwillingsarten (engl. *Sibling species*) sind Paare oder Gruppen meist nahe verwandter und morphologisch sehr ähnlicher Arten. Sie sind durch wirksame Isolationsmechanismen, bei Singvögeln häufig den Gesang, voneinander getrennt obwohl sie oftmals das selbe Gebiet besiedeln. Diese Artbarriere verhindert die Vermischung, d. h. den Genfluss zwischen den beiden Arten. Häufig wurden Zwillingsarten lange Zeit übersehen.

Mit dem Bekanntwerden der Zwillingsarten regte sich schon frühzeitig die Frage nach deren Entstehung. Noch heute ist die Diskussion um dieses Thema nicht beendet. Es ist klar, dass es sich bei Zwillingsarten um sehr nahe verwandte Arten handelt, die auf eine gemeinsame stammesgeschichtliche Wurzel zurückgehen. Aber wann und wo finden wir diese?

Wälder, Waldrefugien und Zwillingsarten

Langfristiger Klimawandel ist ein natürlicher Prozess, der nicht zwangsläufig nur zu Artverlusten führen muss. Die klimabedingte Zerteilung bewohnbarer Lebensräume, verbunden mit der Auftrennung der darin lebenden Tierpopulationen war in der Entwicklungsgeschichte ein wichtiger Treiber zur Entstehung und Evolution neuer Formen. Voraussetzung dafür ist aber, dass die abgetrennten Teilpopulationen groß genug sind, um längere Zeiträume zu überdauern, gleichzeitig muss die Verbreitungsinsel auch isoliert genug sein, damit es nicht zum Genfluss mit benachbarten Populationen kommt.

Lange Zeit wurden die eiszeitlichen Prozesse als Ursache für die Artbildung von alt- und neuweltlichen Singvögeln angesehen. Durch die Kältesteppe voneinander isoliert, so die Idee, entwickelten sich in den Waldrefugien die Ausgangsformen weiter und gingen evolutiv eigene Wege. Neue genetische Untersuchungen mithilfe sogenannter Molekularer Uhren (s. Kasten), etwa an Meisen und den Goldhähnchen deuten aber darauf hin, dass die Aufspaltung vieler Zwillingsarten viel länger zurückliegt und bis ins Pliozän (5,3 bis 2,6 Mio. Jahre vor heute) oder noch weiter zurückreicht. Sommer- und Wintergoldhähnchen oder Garten- und Waldbaumläufer sind wahrscheinlich bereits seit über 6 Mio. Jahren getrennt. Andere erdgeschichtliche Ereignisse, wie das Ende der Messinischen Salinitätskrise mit der Flutung des bis dahin ausgetrockneten Mittelmeeres vor etwa fünf Millionen Jahren oder die letzte Öffnung der Beringstraße mit der Trennung von Ostasien von Nordamerika vor 4,7 bis 7,4 Millionen Jahren, mögen die Bildung neuer Arten begünstigt haben. In jedem Fall muss während der Trennung genügend Zeit für die Entwicklung von Merkmalsunterschieden vorhanden sein, damit sich die beiden Zwillingsarten nicht wieder vermischen, wenn sich deren Areale bei einer späteren Ausbreitung treffen und überlappen.

Stichwort

Molekulare Uhr

Der Begriff bezeichnet eine Methode, bei der mithilfe von DNA-Sequenzierung der Zeitpunkt der Aufspaltung zweier Arten aus einem gemeinsamen Vorfahren bestimmt wird. Je größer die Anzahl der Nucleotidunterschiede in einem Markergen, desto länger hat die Entwicklungszeit gedauert. Das Ergebnis ist eine relative Zeitaussage, die über das Alter von Fossilien oder durch die für viele Gene und Organismen abschätzbare Mutationsrate kalibriert werden kann. Voraussetzung ist die Annahme, dass die Mutationsrate über die Zeit konstant ist.

Dennoch blieb auch das Pleistozän nicht ohne Auswirkungen auf die biologische Vielfalt. Zuallererst führte es zu einer Verarmung der mitteleuropäischen Gehölzflora durch gewaltige Aussterbeprozesse. Die Verbreitungsgebiete waldbewohnender Singvögel wurden in kleine Verbreitungsinseln aufgesplittert. In diesen Arealen entwickelten sich beispielsweise die Unterarten des Wintergoldhähnchens und die verschiedenen Unterarten der Kohlmeise. Die Unterschiede zwischen den Formen sind gering und die Übergänge oft fließend, daher werden sie nicht als eigene Arten betrachtet. Manchmal sind die Unterschiede sogar fast unsichtbar - und doch vorhanden. Das nächste Beispiel soll dies zeigen.

Eine unsichtbare Grenze

Tannenmeisen sind weit verbreitet. Ihr Areal reicht von den Nadelwäldern des nordafrikanischen Atlas über den Mittelmeerraum, Mittel- und Osteuropa bis in den Himalaya und nach Japan. Neuere genetische Untersuchungen zeigten, dass sich mitten in Deutschland zwei genetische Linien treffen: eine große, nordöstlich verbreitete, die aus Ostasien kam, und eine zweite, eher mediterran und nordafrikanisch verbreitete. Der Unterschied ist nicht groß genug, um die beiden Formen als verschiedene Arten zu betrachten. Sie vermischen sich großflächig, trotz des bei genauem Hinsehen erkennbaren farblichen Unterschiedes, der übrigens auch Christian Ludwig Brehm schon aufgefallen war. An der Stimme lassen sie sich nicht unterscheiden. Im genetischen Stammbaum zeigt sich aber, dass die westlichen Tannenmeisen mit ihren Artgenossen aus Zypern, Sardinien und sogar Nordafrika näher verwandt sind, die östlichen jedoch mit Tannenmeisen aus China und dem Himalaya. Im Mediterran und in Ostasien lagen ihre Refugien, in denen sie die Eiszeiten überdauerten und nach Rückwanderung der Bäume wieder nach Mitteleuropa vordrangen. So betrachtet, leben in den Wäldern Deutschlands zwei verschiedene Tannen-

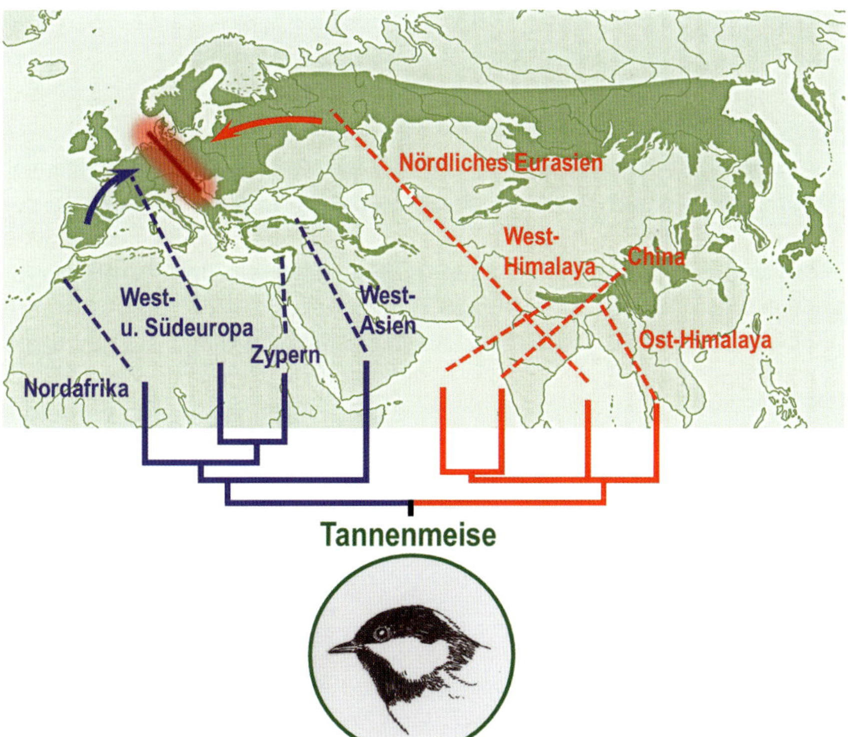

Tannenmeisen leben in Nadelwäldern von Nordafrika über Mitteleuropa bis China und Japan. In Deutschland treffen zwei im genetischen Stammbaum gut unterscheidbare Linien (blau und rot) aufeinander und vermischen sich in dem mit einem roten Balken markierten Gebiet. Abbildung in Anlehnung an Pentzold et al. (2018).

Kurzcharakteristik

Tannenmeise
Periparus ater (L.)

Englisch: Coal Tit
Systematik: Sperlingsvögel (Passeriformes), Meisen (Paridae)
Größe: 10 – 12 cm
Gewicht: 7,2 – 12 g
Verbreitung: Nadel- und Mischwälder der alten Welt vom Mittelmeerraum ostwärts bis Japan.
Zugverhalten: Jahresvogel, Kurzstreckenzieher.
Nahrung: Überwiegend Insekten und deren Larven, außerhalb der Brutzeit Samen.
Lebenserwartung: bis 8,5 Jahre

meisen. Die Zeit der Trennung hat nur nicht gereicht, um sie zu eigenen Arten nach unserem biologischen Artbegriff werden zu lassen. Betrachtet man die Genetik der beiden Formen, so unterscheiden sie sich deutlich.

Die Baumläufer

Im Gegensatz zu den Tannenmeisen sind die beiden europäischen Baumläuferarten sehr gut voneinander getrennt. Sie untscheiden sich in der Stimme so eindeutig, dass es praktisch nicht zur Vermischung der beiden Arten kommt. Sie sind „gute“ Arten. Äußerlich sind sie sich allerdings sehr ähnlich und im Freiland nicht immer sicher zu bestimmen. Dies trifft übrigens auf alle Arten dieser Familie zu. Da sie ihre Nahrung fast ausschließlich an Baumstämmen und dicken Ästen suchen, haben sich Körperfärbung und -gestalt eng an diesen Lebensraum angepasst und es blieb nicht viel Spielraum für Gestaltsveränderung. Mit dem feinen Stocherschnabel holen sie Spinnen, Insekten und deren Larven aus Rindenspalten und unter Moosen und Flechten hervor, der Stützschwanz hilft ähnlich wie bei den Spechten beim Klettern in der Vertikalen.

Verbreitungbilder von Garten- (links) und Waldbaumläufer (rechts). Der Gartenbaumläufer ist eine in Europa fast endemische, westlich verbreitete Art, während der Waldbaumläufer östlich bis nach Japan verbreitet ist. In Mittel- und Südosteuropa überschneiden sich die Areale. Verbreitungskarten aus Glutz von Blotzheim & Bauer (1993).

Gestaltsauflösung an der Baumrinde: alle Baumläuferarten sind ausgeprägte Klettervögel, deren Gefieder sich kaum vom Untergrund abhebt. Beim Gartenbaumläufer (links) fällt der im Vergleich zum Waldbaumläufer (rechts) längere Schnabel und die kürzere Hinterkralle auf. Im Englischen heißt der Gartenbaumläufer daher *Short-toed Treecreeper*.

Die meisten Baumläuferarten leben im Himalaya, die Familie hat dort ihren Diversitätsschwerpunkt. In den Bergwäldern Nepals überschneiden sich die Verbreitungsgebiete von vier Arten, die allerdings unterschiedliche Höhenstufen bewohnen. In Nordamerika ist nur eine Art heimisch, die wahrscheinlich über die Landbrücke im Beringmeer eingewandert ist. In Europa ist der Gartenbaumläufer die westliche, der Waldbaumläufer die östliche Art. Dort, wo sich die Areale beider Arten überlappen, bewohnt der Garten-

In Parkanlagen mit altem Baumbestand können die beiden mitteleuropäischen Baumläuferarten nebeneinander vorkommen. Potsdam.

baumläufer lichte, wärmebegünstigte Laubwälder, Alleen, Parks, Ufer- und Feldgehölze. Er ist eine typische Art der atlantischen Laubwälder Südwesteuropas, die grobborkige Gehölze wie Eichen, Edelkastanien und vor allem im Mittelmeerraum auch Kiefern bevorzugt. Am Nordrand der Alpen erreicht er schon bei rund 800 m Meereshöhe seine obere Verbreitungsgrenze, in den Mittelgebirgen sogar noch tiefer bei etwa 500 m. Während der Gartenbaumläufer auch kleinere Gehölzinseln und Alleen bewohnt, ist der Waldbaumläufer ein echter Waldvogel, der Waldflächen unter 10 Hektar Größe nur ausnahmsweise besiedelt. Er ist eine typische Art geschlossener Nadel- und Mischwälder. Je weiter er westlich in das Verbreitungsgebiet des Gartenbaumläufers eindringt, umso mehr wird der Waldbaumläufer ein Vogel des Bergwaldes. Möglicherweise wird er vom Gartenbaumläufer in diese Lebensräume gedrängt, denn letzterer ist die aggressivere Art von beiden.

Im Vergleich zum Fitis (rechts) hat der Zilpzalp (links) kürzere und rundere Flügel. Der Fitis ist ein Langstreckenzieher mit erstaunlichen Zugleistungen, der Zilpzalp hingegen ein Mittel- und Kurzstreckenzieher.

Kurzcharakteristik

Zilpzalp
Phylloscopus collybita (VIEILLOT)

Englisch: Common Chiffchaff
Systematik: Sperlingsvögel (Passeriformes), Laubsänger (Phylloscopidae)
Größe: 11 – 12 cm
Gewicht: 6 – 10,9 g
Verbreitung: Wälder, Parks und Feldgehölze von Westeuropa bis Ostsibirien.
Zugverhalten: In Mitteleuropa Kurzstreckenzieher.
Nahrung: Überwiegend Insekten und deren Larven, Spinnen.
Lebenserwartung: 1 – 4, maximal 7 Jahre

Kurzcharakteristik

Fitis
Phylloscopus trochilus (L.)

Englisch: Willow Warbler
Systematik: Sperlingsvögel (Passeriformes), Laubsänger (Phylloscopidae)
Größe: 11 – 12,5 cm
Gewicht: 6,3 – 14,6 g
Verbreitung: Nadel- und Mischwälder von Westeuropa bis Ostsibirien.
Zugverhalten: Langstreckenzieher.
Nahrung: Überwiegend Insekten und deren Larven, Spinnen.
Lebenserwartung: 1 – 4 Jahre maximal bis 7 Jahre, 10 Monate

Ein weiteres Artenpaar: Zilpzalp und Fitis

Die beiden Laubsängerarten Zilpzalp und Fitis gleichen sich, ähnlich wie die Baumläufer, in Färbung und Gestalt frappierend. Sie gehören zu den *little brown birds* (LBB's), die den Vogelbeobachtern so viel Kopfzerbrechen bereiten – wenn sie nicht singen. Denn auch diese beiden Arten trennt der Gesang eindeutig – noch viel klarer als bei den beiden Baumläufern. Das weiche, melodisch-schmelzende Lied des Fitislaubsängers hat keine Ähnlichkeit mit dem monoton vorgetragenen Gesang aus wiederholten Einzelelementen, die dem Zilpzalp seinen Namen gaben. Trotzdem sind die beiden Arten nächstverwandte Geschwisterarten, wie die äußere Ähnlichkeit und die genetischen Befunde nahelegen. Beide haben riesige Verbeitungsgebiete, die von Westeuropa bis weit nach Sibirien reichen und im Norden an der Waldgrenze enden. Fitisse unterscheiden sich in diesem großen Gebiet nur gering. Sie sind Langstreckenzieher, die im tropischen Afrika überwintern. Selbst Vögel aus dem fernen Osten Asiens ziehen über 13 000 Kilometer nach Süd-Tansania oder Mozambique. Wahrscheinlich besiedelten sie das nördliche Asien

Zwillingsarten bei waldbewohnenden Singvogelarten in Europa.

westliche Form	östliche Form	Lage und Größe der Überlappungszone	Grad der Vermischung
Rabenkrähe	Nebelkrähe	schmale Kontaktzone entlang der Elbe	regelmäßige Vermischung entlang der Kontaktzone, Hybriden fertil
Trauerschnäpper	Halsband-schnäpper	mosaikartige Überlappung im südlichen und südöstlichen Mitteleuropa	selten, aber regelmäßig Hybriden an der Kontaktzone
Blaumeise	Lasurmeise	Kontaktzone in Osteuropa	selten, aber regelmäßig Hybriden an der Kontaktzone („Pleske-Meise")
Nachtigall	Sprosser	schmale Kontaktzone in Osteuropa	regelmäßige Vermischung entlang der Kontaktzone, Fertilität der Hybriden vermutlich eingeschränkt
Orpheusspötter	Gelbspötter	schmale Kontaktzone im westlichen Mitteleuropa	selten Hybriden an der Kontaktzone
Sumpfmeise	Weidenmeise	weiträumige Überlappung in ganz Mitteleuropa	Hybriden nur ganz ausnahmsweise
Gartenbaum-läufer	Waldbaumläufer	weiträumige Überlappung in ganz Mitteleuropa	Hybriden nur ganz ausnahmsweise
Zilpzalp	Fitis	weiträumige Überlappung in ganz Mitteleuropa	keine Hybriden aus dem Freiland bekannt
Sommergold-hähnchen	Wintergold-hähnchen	weiträumige Überlappung in ganz Mitteleuropa	keine Hybriden aus dem Freiland bekannt
Berglaubsänger	Balkanlaubsänger	Areale großräumig getrennt	Keine

von Westen aus. Die Zugwege skandinavischer Fitisse zeichnen noch heute die Besiedlungswege nach: Vögel der Unterart *Phylloscopus trochilus acredula* ziehen östlich um die Ostsee herum und wandern über Osteuropa nach Ostafrika, während die westlichen Fitisse der Nominatform *Phylloscopus trochilus trochilus* nach Westen abziehen und über Südwesteuropa ihre Winterquartiere im Savannengürtel Westafrikas erreichen.

Beim Zilpzalp hingegen sind die Verhältnisse komplizierter. Er galt lange Zeit als eine in sich geschlossene Art, bis bioakustische und molekulargenetische Forschungen in den letzten Jahrzehnten ein klareres Bild der tatsächlichen Diversität des Zilpzalps zeichneten. Er besteht aus mehreren gut unterscheidbaren Teilarten. Von den Kanarischen Inseln über die Iberische Halbinsel, Mitteleuropa, den Kaukasus bis weit nach Ostsibirien leben klar abgrenzbare Zilpzalp-Formen, denen inzwischen in vielen Fällen der Rang eigener Arten zugestanden wird. Hier wird angenommen, dass sich die verschiedenen Zilpzalp-Populationen während mehrerer Trocken- und Kältephasen während der Eiszeiten in verschiedenen Waldrefugien entwickelt haben. Die Trennung von Zilpzalp und Fitis liegt hingegen deutlich länger zurück.

Mögen auch manche Details wie akademische Spitzfindigkeiten wirken – die Erforschung und Beschreibung der Zwillingsarten ist nicht nur eine spannende Aufgabe, sondern bietet Einsichten in die Entstehung der Vielfalt des Lebens auf unserer Erde. Das nächste Kapitel wird zeigen, dass sich auch heute noch Einwanderungsprozesse unmittelbar vor unserer Haustüre abspielen.

Zum Weiterlesen

Newton 2003

Mit nur rund 8 Gramm Körpergewicht ist der Zilpzalp einer unserer kleinsten Singvögel. Bayreuth.

Der Grünlaubsänger – ein unscheinbarer Vogel mit charakteristischer Stimme auf dem Vormarsch. Kaltenbronn (Schwarzwald).

2.3 Aktuelle Dynamik: die Wege des Grünlaubsängers

„06.35 Uhr: Auf der Spitze einer dürren Fichte singt in 30 m Höhe ein laubsängerartiger Vogel. Der laute, auffällige Gesang wird von schlagenden „zip-zip"-Serien eingeleitet, die letztlich sirrend und klappernd abfallen. ... Der Gesang ist fast pausenlos bis 07:45 Uhr zu hören.". So beschreibt der Zoologe Wolfgang Scherzinger seine erste, überraschende Begegnung mit dem Grünlaubsänger am 15. Juni 1979 im Naturschutzgebiet Bärenriegeln im Bayerischen Wald. Einen konkreten Brutnachweis konnte man damals und auch in den Folgejahren nicht erbringen, obwohl man sich darum bemühte und immer wieder singende Grünlaubsänger in den Bergwäldern an der bayerisch-tschechischen Grenze auftraten. Es fehlten noch 40 Jahre bis 2018. In diesem Jahr konnte das lange vermutete Brüten endlich bestätigt werden. Bis 1979 gab es überhaupt erst zwei Hinweise auf das Auftreten dieser Art in

Kurzcharakteristik

Grünlaubsänger
Phylloscopus trochiloides (SUNDEVALL)

Englisch: Greenish Warbler

Systematik: Sperlingsvögel (Passeriformes), Laubsänger (Phylloscopidae)

Größe: 10 – 11,5 cm

Gewicht: 6,5 – 10,5 g

Verbreitung: Wälder vom östlichen Mitteleuropa bis Sibirien, ringförmig um das Hochland von Tibet bis zum Himalaya.

Zugverhalten: Zugvogel, Überwinterungsgebiet der westlichen Populationen vorwiegend in Indien, der östlichen in Indochina.

Nahrung: Überwiegend Insekten und Spinnen.

Lebenserwartung: bis 6 Jahre

Lebensräume des Grünlaubsängers im kasachischen Tien-Shan (links), im Harz (Mitte) und im Nationalpark Sächsische Schweiz (rechts).

Bayern, sie galt als „Irrgast". Dennoch kam das Auftreten des kleinen grünen Singvogels nicht ganz unerwartet.

Die stammesgeschichtliche Wiege des Grünlaubsängers steht im Himalaya. Während der Eiszeiten war der größte Teil seines heutigen Verbreitungsgebietes vergletschert oder glich einer für die Art unbewohnbaren Steppen- und Tundralandschaft (s. Kapitel 1.2). In den Waldrefugien des Himalaya hat

Täuschend ähnlich und doch verschieden – die fünf mitteleuropäischen Laubsänger auf einen Blick. Links oben: Fitis (*Phylloscopus trochilus*), links unten Zilpzalp (*P. collybita*), Mitte oben: Berglaubsänger (*P. bonelli*), Mitte unten: Waldlaubsänger (*P. sibilatrix*), rechts oben der neu nach Mitteleuropa eingewanderte Grünlaubsänger (*P. trochiloides*).

die Ausgangsform des heutigen Grünlaubsängers die Eiszeit überdauert. Im Zuge der Erwärmung und der Ausbreitung der Wälder folgten die Grünlaubsänger dem Weg der Bäume, östlich und westlich vorbei am heute baumfreien, für sie unbesiedelbaren Hochland von Tibet. Durch diese räumliche Isolation gingen die beiden Populationsgruppen evolutiv getrennte Wege. Eine besiedelte über China den ostsibirischen Nadelwaldgürtel, die andere westlich am Hochland von Tibet vorbei Westsibirien. Im Norden des Tibetplateaus trafen sich die beiden Formen wieder. Inzwischen hatten sie sich sowohl gesanglich als auch genetisch deutlich differenziert, sodass sie sich in der Überlappungszone nicht mehr nennenswert vermischen. Je nach Artabgrenzung handelt es sich um zwei Unterarten (Grünlaubsänger *Phylloscopus trochiloides viridanus* und Middendorff-Laubsänger *Phylloscopus trochiloides plumbeitarsus*) oder zwei getrennte Arten. Eine sogenannte Ringspezies ist entstanden.

Stichwort

Ringspezies

Eine Art mit annähernd ringförmigem Verbreitungsgebiet, dessen entfernteste Populationen sich sekundär geografisch überlappen. In der Vogelwelt finden sich nur wenige Beispiele für solche Ringspezies. Lange Zeit wurden die Großmöwen (Gattung *Larus*) entlang des Polarkreises als eine solche Ringspezies betrachtet. Die Verhältnisse sind aber bei dieser Artengruppe deutlich komplizierter, wie genetische Untersuchungen zeigten.

Bemerkenswert ist nun, dass das westsibirische Taxon *Phylloscopus trochiloides viridanus* sein Areal beständig weiter nach Westen ausdehnte. 1916 erreichte es Polen, 1933 Deutschland. Ein Einwanderungsweg folgte vom Baltikum aus der Ostseeküste, ein weiterer führte in die östlichen Mittelgebirge Tschechiens und Südostdeutschlands. Zumeist sind es unverpaarte Männchen, welche als Neubesiedler auftreten. Der erste Brutnachweis gelang bereits 1962 im Westerwald, damals noch eine ganz große Besonderheit. Danach konnte erst wieder in den 1990er-Jahren das Brüten der Art in Deutschland zweifelsfrei belegt werden: 1990 an etwas ungewöhnlicher Stelle auf der Nordseeinsel Helgoland, dann ab 1998 im Nationalpark Harz, 1999 im Nationalpark Sächsische Schweiz, später in Sachsen und auf der Greifswalder Oie. Inzwischen hat sich die Art in einigen Gebieten, vor allem im östlichen Mitteleuropa, fest etabliert. Im tschechisch-polnischen Riesengebirge wurde 2014 der Bestand schon auf 70 bis 120 „Paare" geschätzt, im Harz gilt die Art zwar noch nicht als regelmäßiger Brutvogel, tritt aber stetig auf. Aus Österreich gibt es vorerst wenige Nachweise, zumeist ebenfalls singende Männchen, in der Schweiz wurde die Art 2010 überhaupt zum ersten Mal festgestellt, bis 2017 kamen dann allerdings gleich sechs weitere Nachweise dazu.

Dennoch stehen den bis 2013 in Deutschland nachgewiesenen fast 600 Grünlaubsängern, davon viele singende zur Brutzeit, nur elf Brutnachweise gegenüber. Warum ist das so? Der Grünlaubsänger trifft in Mitteleuropa relativ spät, oft erst im Juni, im Brutgebiet ein. Das liegt daran, dass die Vögel genauso wie ihre Ahnen aus den asiatischen Gebirgen und der Zwergschnäppper, weit entfernt auf dem indischen Subkontinent überwintern.

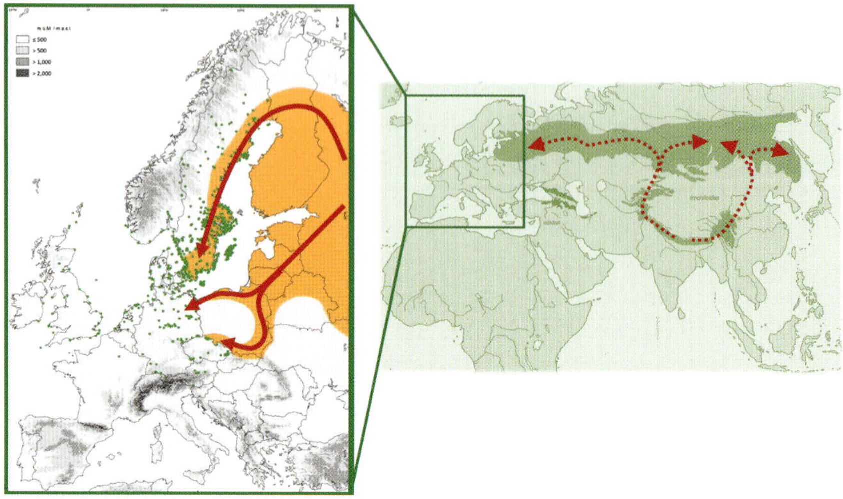

Vom Himalaya in den Harz: Ausbreitungswege des Grünlaubsängers in Eurasien. Für Europa sind die Nachweise (grüne Punkte) und das geschlossene Verbreitungsgebiet (gelb) vergrößert dargestellt. Karten aus Glutz & Bauer (1991) und Thoma & Althaus (2015), um die Ausbreitungswege ergänzt.

Viele Vogelkundler haben die Kartierarbeit bereits abgeschlossen, wenn die Grünlaubsänger aus Indien zurückkommen. Zum anderen treten als Pioniere tatsächlich oft ledige Männchen auf, die längere Zeit besonders intensiv singen und daher leichter festgestellt werden. Das setzt natürlich voraus, dass die Vogelbeobachter den typischen Grünlaubsänger-Gesang kennen. Gute Tonaufnahmen, die auch im Internet verfügbar sind, helfen dabei. Auf den Seiten von xeno-canto.org lässt sich sogar die Variation des Gesanges entlang des Arealringes in Asien und bis nach Europa verfolgen.

Seinem Brutlebensraum blieb der Grünlaubsänger übrigens entlang seines weiten Weges vom Himalaya bis in die mitteleuropäischen Wälder treu: es sind zumeist gut strukturierte Misch- und Nadelwälder oder alte Nadelwälder in der montanen Stufe. Nicht selten sind es steile Hänge mit Felsen, an denen die Lebensraumansprüche am besten erfüllt werden. All diese Gebiete gehören nicht gerade zu den Lieblingsplätzen von „Birdern“ und anderen Vogelbeobachtern. Wir wissen daher nicht wirklich, wie viele Grünlaubsänger jedes Jahr im Böhmerwald, im Fichtelgebirge, in den Alpen oder in anderen großen Waldgebieten Mitteleuropas singen und brüten, ohne dass jemals Vogelkundige davon erfahren. Eigentlich schön, dass es auch noch Unbekanntes in der heimischen Avifauna gibt.

Zum Weiterlesen

Koschkar & Dierschke 2014, Irwin et al. 2005, Price 2008, Thoma & Althaus 2015, www.xeno-canto.org (*Phylloscopus trochiloides* und *P. plumbeitarsus*).

2.4 Wanderer zwischen den Welten

Altweltliche und neuweltliche Zugvögel

Zugvögel verbinden mit ihren Wanderungen die Kontinente und Biome. Überall auf der Erde finden irgendwann Tierwanderungen statt, sie sind ein stammesgeschichtlich uraltes Phänomen. Die Vogelzugsysteme auf der Nordhalbkugel sind wahrscheinlich nach der letzten Eiszeit entstanden, wobei lange Zeit die Frage diskutiert wurde, ob die Zugvögel in südlichen oder in den nördlichen Breiten entstanden sind. Vieles spricht für einen tropischen oder zumindest subtropischen Ursprung der nördlichen Zugvogelarten, sodass man heute davon ausgeht, dass Zugvogelarten nach der letz-

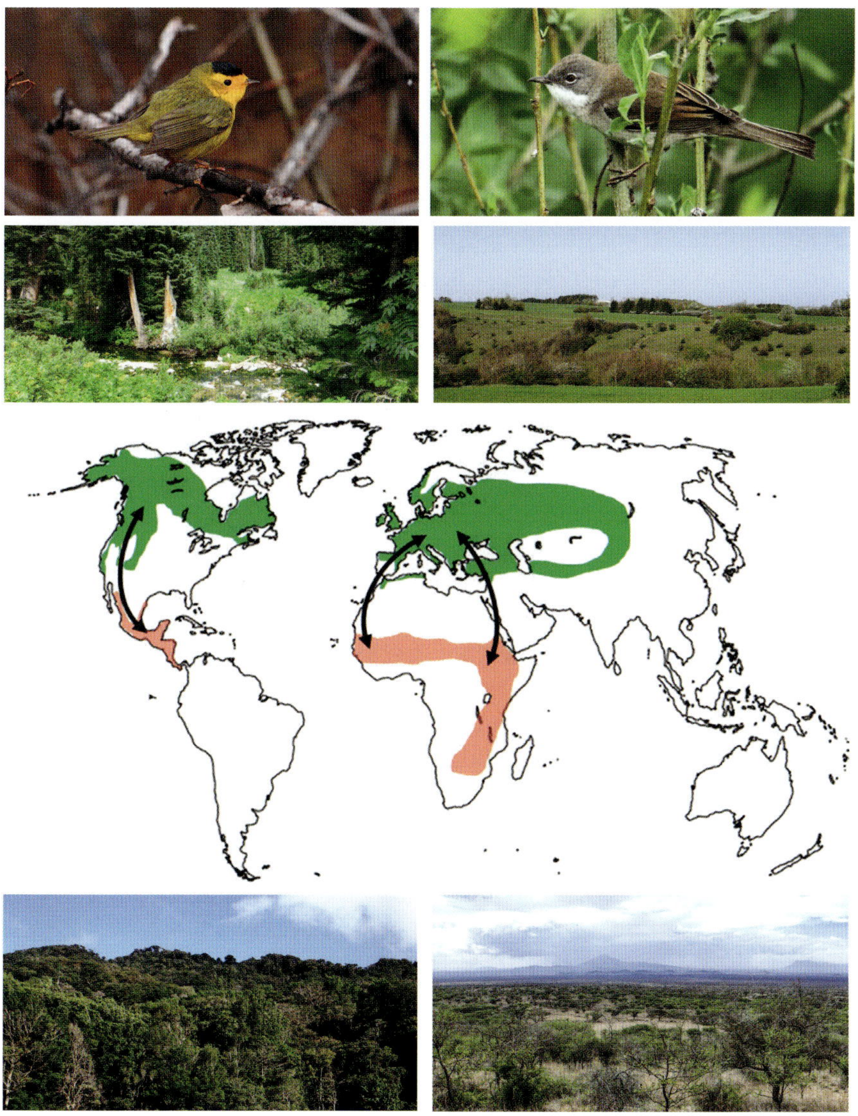

Zwei Zugvogelarten, zwei Welten: der neuweltliche Mönchswaldsänger (*Wilsonia pusilla*) bewohnt im Brutgebiet Wälder Nordamerikas und überwintert in den Feuchtwäldern Mittelamerikas, während die altweltliche Dorngrasmücke (*Sylvia communis*) aus den Hecken- und Gebüschlandschaften zur Überwinterung in die Dornbuschsavannen Afrikas zieht. Oben links: Rocky Mountains, Idaho; oben rechts: Bindlacher Berg, Oberfranken; unten links: Selva negra, Nicaragua; unten rechts: Sinya, Tanzania.

ten Eiszeit von Süden nach Norden vorgedrungen sind. Manche Arten tun es heute noch. So besiedelte das Sommergoldhähnchen erst seit 1900 – 1930 Belgien, die Niederlande, Schleswig-Holstein und Dänemark und seit 1962 England. Wir wollen das große Thema des Vogelzuges hier nur unter dem Aspekt der waldbewohnenden Singvögel behandeln.

Ganz grob kann man Zugvögel in Langstreckenzieher, Mittel- und Kurzstreckenzieher und Standvögel einteilen. Betrachtet man die Langstreckenzieher Mitteleuropas, so fällt auf, dass es sich vor allem um Arten offener Landschaften handelt: Grasmücken, Rohrsänger, Schwalben, Braunkehlchen, Neuntöter, Schafstelzen und andere. Sie ziehen im Herbst aus der Kulturlandschaft Mitteleuropas ins tropische Afrika und überwintern dort in ähnlichen Offenland-Lebensräumen, zumeist im Savannengürtel zwischen der Sahara und dem zentralafrikanischen Regenwaldgebiet. Anders in der neuen Welt: dort überwintert das Gros der Langstreckenzieher in den Wäldern Mittel- und Südamerikas. In einer makroökologischen Studie konnten Katrin Böhning-Gaese und Reik Oberrath zeigen, dass sich im Vergleich zwischen neu- und altweltlichen Vogelgemeinschaften die Lang- und Mittelstreckenzieher hinsichtlich ihrer Brutlebensräume deutlich unterscheiden: in Europa bewohnen sie offene Landschaften, in Nordamerika Wälder. Bei den Kurzstreckenziehern und den Standvögeln tritt dieser Unterschied nicht auf. Bei den Kurzstreckenziehern und Standvögeln sind die Gattungen zudem häufig holarktisch verbreitet, es kommt also eine Art oder mehrere nahe verwandte Arten so wohl in Eurasien als auch in Nordamerika vor. Singvogel-Beispiele hierfür sind die Baumläufer, die Goldhähnchen, Zeisige, Kreuzschnäbel oder die Graumeisen der Gattung *Poecile*. Im Gegensatz dazu sind die Gattungen der Langstreckenzieher auf das jeweilige Zugsystem beschränkt: Grasmücken, Laub- und Rohrsänger auf die alte Welt mit Zugwegen von Eurasien nach Afrika, Waldsänger, Vireos oder Stärlinge auf die neue Welt mit Wanderungen von Nord- nach Mittel- und Südamerika. Dieses biogeografische Muster stärkt die Annahme, dass die Langstreckenzieher auf tropische Vorfahren zurückgehen. Im Vergleich ist der aktuelle Waldanteil an der Landfläche des tropischen Amerika mindestens doppelt so groß wie in der Afrotropis. Dies trifft auch auf die potenziell natürliche Vegetation und den Waldanteil während des Maximums der letzten Eiszeit zu. Während des letzten glazialen Maximums vor etwa 18 000 Jahren lag der Waldanteil in Europa geschätzt nur bei 2,4 %, ebenso im tropischen Afrika, während in der Neotropis der Anteil auf 18 %, für das gemäßige Nordamerika sogar auf 30,9 % geschätzt wird. Wenn Langstrecken ziehende Vögel in der Wahl ihrer Lebensräume eher „konservativ“ sind und aus den Tropen heraus neue Lebensräume im Norden besiedelten, so kamen die Vögel aus den Wäldern des tropischen Südamerikas in die Wälder Nordamerikas und die Vögel aus den Savannen Afrikas nach Mitteleuropa, auch wenn dort der Waldanteil in der potenziell natürlichen Vegetation bei über 90 % liegt. Nicht die Wälder, sondern die

Kulturlandschaft mit den Offenlandlebenräumen schuf ihnen Lebensraum in größerem Umfang.

Ausnahmen von der Regel

Kaum eine Regel bleibt ohne Ausnahme. So gibt es in Mitteleuropa einige wenige waldbewohnende Singvogelarten, die in Afrika ebenfalls in Waldlebensräumen überwintern. Einer davon ist der Pirol. Pirole gelten gemeinhin als Vögel der tropischen Regenwälder, ihr melodischer Ruf, ihr farbenprächtiges Federkleid und ihr bevorzugter Aufenthalt in den hohen Baumkronen wecken beim Beobachter solche Assoziationen. Und der Pirol ist der einzige europäische Vertreter einer Vogelfamilie, die ansonsten ganz überwiegend tropische Wälder der alten Welt bewohnt. Nur der asiatische Schwarznackenpirol dringt im fernen Osten Russlands ähnlich weit nach Norden vor. Zur Brutzeit bewohnen unsere heimischen Pirole strukturreiche Wälder, meist Laubwälder und insbesondere Auwälder, die tatsächlich an tropische Regenwälder erinnern, denn sie sind die struktur- und artenreichste Waldformation in Mitteleuropa. Den Winter verbringen unsere europäischen Pirole während der Regenzeit in den laubabwerfenden Trockenwäldern im südlichen und südöstlichen Afrika und bewohnen dort aber Lebensräume, die offener sind als die im Brutgebiet. Hier leben sie mit bis zu zwei weiteren Pirolarten zusammen, welche in dieser Zeit brüten. Untersuchungen von Sabine Baumann zeigen, dass unser heimischer Pirol vom afrikanischen Mas-

Pirole bewohnen in Mitteleuropa vor allem Laubwälder. Den Winter verbringen sie in den Baumsavannen Afrikas. Illmitz, Burgenland.

Kurzcharakteristik

Pirol *Oriolus oriolus* (L.)

Englisch: Eurasian Golden Oriole

Systematik: Sperlingsvögel (Passeriformes), Pirole (Oriolidae)

Größe: 24 – 25 cm

Gewicht: 42 – 102 g

Verbreitung: Laub- und Mischwälder von Westeuropa bis Mittelasien.

Zugverhalten: Zugvogel, Weitstreckenzieher.

Nahrung: Insekten und deren Larven, auch behaarte Raupen, Früchte.

Lebenserwartung: bis 11 Jahre im Freiland

kenpirol gut hinsichtlich der Lebensraumnutzung getrennt ist, während sich die ökologische Nische des europäischen Pirols mit der des Goldpirols zwar überlappt, sich die Siedlungsdichten in verschiedenen Lebensraumtypen aber deutlich unterscheiden. Möglicherweise ist das ein Hinweis auf Konkurrenz zwischen den beiden nahe verwandten Arten. Vielleicht ist aber auch das Nahrungsanbebot in den Baumsavannen groß genug, um ein Nebeneinander der afrikanischen Brutvögel und des flexibleren, umherstreifenden paläarktischen Überwinterers zu ermöglichen.

Strukturreiche Laubwälder sind der Hauptlebensraum des Pirols in Mitteleuropa. Garstädter Holz, Unterfranken.

Eine weitere Vogelart, die in afrikanischen Waldgebieten überwintert, ist der Waldlaubsänger. Der herbstliche Zug führt ihn in die Tropen Afrikas, allerdings liegen für Waldlaubsänger aus Deutschland bisher keine Ringfunde aus dem Winter vor, ganze vier Ringvögel aus Mitteleuropa wurden bisher überhaupt im tropischen Afrika wiedergefunden. Es bedarf also anderer Tricks, um der Antwort auf die Frage nach ihrem Winterquartier näherzukommen. Erst moderne Methoden machten es möglich.

Stichwort

Analyse stabiler Isotope

Die Analyse von stabilen Isotopen, die über die Nahrung in die Federn eingelagert werden, können Rückschlüsse auf die Lage des Ortes geben, an dem die Feder gewachsen ist. Dabei hinterlässt die Nahrung in der Feder eine Art chemischen Fingerabdruck. Je nach Breitengrad und Lebensraum finden sich in den Pflanzen unterschiedliche Kombinationen von schwereren und leichteren Varianten des Kohlenstoffatoms und des Wasserstoffatoms. Dieses Verhältnis überträgt sich über die Nahrungskette auf Pflanzenfresser und weiter auf die anderen Glieder der Nahrungskette. Das Verhältnis lässt auf die Region schließen, in der die Feder gewachsen ist. Jedes Gebiet der Erde hat eine charakteristische Kombination von stabilen Isotopen, die sich während der Mauser in die neu wachsende Feder einlagern. Sie zeigt an, wo die Feder gewachsen ist.

Wohin ziehen die Waldlaubsänger?

Dass Waldlaubsänger im Regenwaldgürtel Afrikas und den anschließenden Feuchtsavannen überwintern, ist durch Sichtbeobachtungen vor Ort schon seit längerem angenommen worden. Aber wo genau? Erst die ausführlichen Studien eines internationalen Wissenschaftlerteams brachte mithilfe der Analyse stabiler Isotope in den Federn von Waldlaubsängern Licht ins Dunkel. Dabei ist von Vorteil, dass Waldlaubsänger eine Vollmauser im Winterquartier vollziehen und sich daher im darauffolgenden Frühjahr die im Winter gewachsenen Federn mittels ihrer Isotopenzusammensetzung analysieren lassen (s. Kasten). So kam man den Winterquartieren auf die Spur. Über 300 Waldlaubsängern im ostpolnischen Urwald von Bialowieza wurden Federn entnommen und entsprechend untersucht. Hinzu kamen weitere Federproben aus England, den Niederlanden, Deutschland, der Schweiz und Karelien (Russland), sodass insgesamt über 400 Proben zur Verfügung standen. Es stellte sich heraus, dass die stark bewaldeten Regionen des Kongobeckens zwischen Ostkamerun und der Demokratischen Republik Kongo für die Waldlaubsänger ein entscheidendes Winterquartier darstellen. Es ist noch nicht genau bekannt, aus welchen Brutgebieten die weiter westlich überwinternden Waldlaubsänger kommen. Hier besteht noch Forschungsbedarf. Eine erste Studie aus Kamerun konnte zeigen, dass vor allem die Übergangszone vom Wald zu Savannenlebensräumen für überwinternde Waldlaubsänger wichtig ist und deren Vorkommen vom Bedeckungsgrad der Bäume und des Unterholzes abhängt: je mehr höhere Bäume und je weniger Unterholz im Wald, desto wahrscheinlicher ist das Auftreten des Waldlaubsängers. Kürzlich ist es auch gelungen, mithilfe eines 0,3 g schweren Geolokators den Zugweg eines Waldlaubsängers von Dänemark bis an die Elfenbeinküste nachzuverfolgen.

Der Waldlaubsänger bleibt seinem namensgebenden Lebensraum auch in Winterquartier treu: die Überwinterungs- und Mausergebiete von 314 Waldlaubsängern aus dem Urwald von Bialowieza (Polen) decken sich mit den Gebieten mit höchster Waldbedeckung in Zentralafrika. Karten aus Hobson et al. 2014, leicht verändert.

Solch intensive Forschung am Waldlaubsänger ist dringend nötig, denn seine Bestände gehen fast europaweit drastisch zurück (s. Kapitel 5.2) und viele Zusammenhänge sind noch nicht richtig verstanden. Seine Brutverbreitung ist auf Europa beschränkt, er repräsentiert den seltenen europäischen Faunentyp. Somit tragen die europäischen Länder für seinen und den Schutz der anderen wenigen Endemiten in der Vogelfauna unseres Kontinents, von denen im nächsten Kapitel die Rede sein wird, eine hohe Verantwortung.

Zum Weiterlesen

Böhning-Gaese 2012, Hobson et al. 2014, Mason & Allsop 2009

Bonellis Laubvogel. Louis Jean Pierre Vieillot beschrieb 1819 den Berglaubsänger *(Phylloscopus bonelli)* anhand eines Belegexemplars aus dem Piemont und benannte ihn nach dem italienischen Ornithologen und Entomologen Franco Andrea Bonelli (1784-1830).

2.5 Bonellis Laubvogel und das Zitrönle: zwei Endemiten

Die Singvogelwelt Europas ist nicht gerade reich an Endemiten (Definition s. Kasten), was zum einen auf die oben geschilderten großräumigen Aussterbeprozesse während der letzten Eiszeiten zurückzuführen ist, zum anderen aber auch auf die Tatsache, dass unser Kontinent genau genommen nur ein Anhängsel an die riesige Landmasse Asiens ist. Arten mit auf Europa und das Mediterran einschließlich Nordafrika und Kleinasien beschränkter Verbreitung haben wahrscheinlich alle die Eiszeiten in einem in Südwesteuropa gelegenem Refugium überdauert. Entsprechend sind sie vor allem im (südlichen) Westeuropa zu finden. Der Berglaubsänger ist einer dieser Arten, er erreicht im Mahgreb gerade noch afrikanisches Gebiet. Ein anderer, der im Allgäu liebevoll „Zitrönle“ genannte Zitronenzeisig ist dagegen eine der wenigen ausschließlich in Europa verbreiteten Vogelarten. Auch die Haubenmeise und der Waldlaubsänger, deren Verbreitungsgebiete westlich des Urals enden, sind europäische Endemiten. Fast jede dieser Arten hat übrigens auch eine nahe verwandte Zwillingsart (s. Kapitel 2.2) von meist östlicher Verbreitung, manchen wird erst seit kurzem anhand von genetischen Untersuchungen der Rang einer Art zugewiesen. Der

Stichwort

Endemismus

Das ausschließlich Vorkommen einer Art oder eines andern Taxons in einem bestimmten, meist eng begrenzten Verbreitungsgebiet. Diese Taxa bezeichnet man als Endemiten. Besonders viele Endemiten finden sich auf Inseln, Einzelbergen oder in isolierten Seen. Entdeckt und erstmals beschrieben wurde das Phänomen des Endemismus von dem Schweizer Botaniker Augustin Pyramus de Candolle (1778–1841).

Balkanlaubsänger vertritt den westlichen Berglaubsänger im östlichen Mittelmeerraum und in der Türkei, der Korsenzeisig den Zitronenzeisig auf Korsika und einigen umliegenden Inseln. Die Verbreitungsgebiete der europäischen Endemiten sind allesamt klein. Beim Zitronenzeisig umfasst es nur etwas über eine Million Quadratkilometer. Im Vergleich: das Artareal des Erlenzeisigs ist etwa 33 mal so groß. Für den Erhalt dieser Endemiten tragen die Länder, welche das Verbreitungsgebiet umfasst, weltweite Verantwortung. Endemiten sind die Kronjuwelen in den jeweiligen Avifaunen. Leider ist man sich dieses Schatzes nur eingeschränkt bewusst. Erst in letzter Zeit rückte die Frage mehr in den Mittelpunkt der Prioritätendiskussion im Vogelschutz (s. Kapitel 5.5).

Berglaubsänger an ihrer Verbreitungsgrenze in Mitteleuropa

Der Berglaubsänger ist ein typischer Westeuropäer, dessen Verbreitungsgebiet vom Mahgreb über Spanien und Italien durch die Alpen nach Mitteleuropa hineinragt. Im Westen reicht es nach Norden und erreicht die Niederlande, östlich des Rheins bilden der südliche Schwarzwald, das Ries, die Schwäbische und früher auch die Fränkische Alb die nördlichsten Vorkommensgebiete. Ansonsten ist die Art auf die Alpen und ihr unmittelbares Vorland beschränkt. In früherer Zeit bestand möglicherweise eine Verbreitungsinsel im Thüringer Wald und Frankenwald, die aber heute nicht mehr nachweisbar ist. Die Bestände auf der Schwäbischen Alb gehen stark zurück, aus der Fränkischen Alb ist er wahrscheinlich ganz verschwunden. Woran mag das liegen? Es lohnt sich ein Blick auf die ökologischen Bedingungen, unter denen Berglaubsänger an ihren nordöstlichen Vorposten leben.

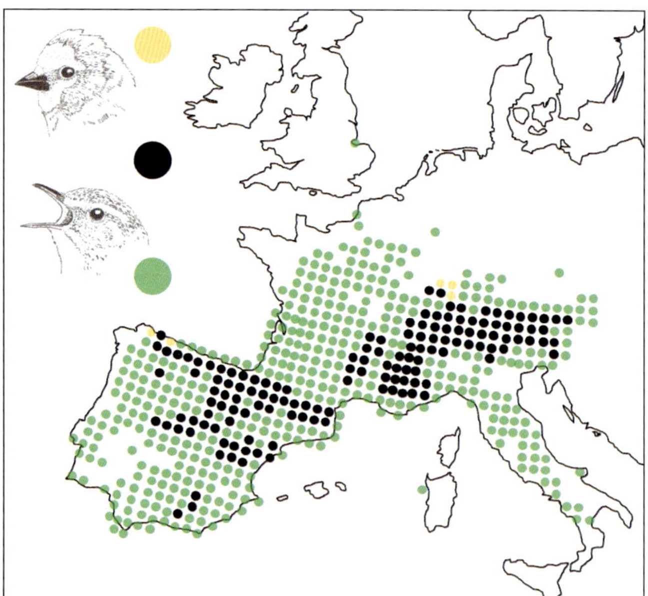

Die Verbreitung zweier typischer Westeuropäer. Das europäische Verbreitungsgebiet des Berglaubsängers (grün) schließt das deutlich kleinere Areal des Zitronenzeisigs fast vollständig mit ein (schwarze Punkte: gemeinsames Vorkommen). Nur im Nordschwarzwald reicht es ein wenig über das Berglaubsängergebiet hinaus (gelb). Stand 2013-2017, Daten aus dem 2. Europäischen Brutvogelatlas (Keller et al. 2020).

Phylloscopus bonelli besiedelt vor allem warme, meist nach Süden ausgerichtete, felsige Steilabhänge mit lichtem Kiefern-, Eichen oder Buchenwald mit Strauch- und reichlicher Krautschicht. Dazu stehen die Vorkommen in feuchten, mit Bergkiefern, Fichten und Birken durchsetzten Mooren des Schwarzwaldes und des Voralpenlandes nicht im Widerspruch. Wesentlich sind vor allem die Sturktureigenschaften des Lebensraumes, die sich überall dort

Kurzcharakteristik

Berglaubsänger
Phylloscopus bonelli VIEILLOT

Englisch: Western Bonelli's Warbler
Systematik: Sperlingsvögel (Passeriformes), Laubsänger (Phylloscopidae)
Größe: 11,5 cm
Gewicht: 7 – 11,5 g
Verbreitung: (Süd)Westeuropa und westliches Nordafrika
Zugverhalten: Langstreckenzieher, überwintert in der südlichen Sahelzone zwischen Senegal- und Gambiamündung und Tschadseebecken in Akaziensavannen
Nahrung: Insekten und Spinnen
Lebenserwartung: nicht bekannt

Die fast weiße Unterseite sowie die gelben Außensäume der Flügelfedern sind typische Merkmale des Berglaubsängers.

einstellen, wo die Baumschicht lückig wird – also bei sehr feuchten oder sehr trockenen Bodenverhältnissen.

Viele der trocken-warmen Berglaubsänger-Habitate entsprechen der „Steppenheide", anhand derer der Geograf und Botaniker Robert Gradmann (1865-1950) in den 1930er-Jahren die Steppenheide-Theorie entwickelte. Gradmann ging

Lockere, lichtdurchflutete Waldbestände mit reicher Krautschicht sind der Lebensraum des Berglaubsängers. Dobratsch, Kärnten.

davon aus, dass diese sonnigen und feinerdearmen Standorte mit Trockenrasen, wärmeliebenden Säumen, Gebüschen und Trockenwäldern während der nacheiszeitlichen Wiederbewaldung weitgehend waldfrei geblieben sind. Die Steppenheidetheorie gilt inzwischen als widerlegt. Der Forstmann, Ornithologe und Entomologe Wulf Gatter konnte am Beispiel der Schwäbischen Alb eindrucksvoll zeigen, dass bei rückläufiger Nutzung langfristig auch diese Standorte von der Buche dominiert werden. Fehlt die Nutzung, entstehen Hangbuchenwälder. Der „urtümliche" Steppenheidewald ist daher meist kein Naturzustand, sondern das Ergebnis jahrhundertelanger Übernutzung durch Schafweide und Brennholznutzung. Bleibt diese aus, so werden durch die sich schließende Kronenschicht die lichtliebenden Gehölze wie Feldahorn oder Mehlbeere und die Krautschicht stark „ausgedunkelt". Es entstehen Lebensräume, die eher vom Waldlaubsänger als vom Berglaubsänger besiedelt werden. Wulf Gatter resümiert: *„Der Berglaubsänger ist ein Gast, dem auf dem Weg von der Schafweide zum naturnahen Wald in einer Landschaft mit klar getrennten Nutzfunktionen nur wenig Raum bleibt*".

Buchenprachtkäfer – hier ein Weibchen bei der Eiablage – befallen vor allem in trocken-warmen Sommern die Buchenbestände.

Diese Entwicklung kann zeitweise durch Massenvermehrungen von rindenbewohnenden Käfern, unter anderem des Buchenprachtkäfers (*Agrilus viridis*) durchbrochen oder gebremst werden. Die zur Familie der Buprestiden gehörenden metallisch grün schillernden Käfer können bei anhaltender Trockenheit Buchenbestände befallen, vor allem dann, wenn die Bestände durch mehrjährige Dürre geschwächt sind. Hinzu kommen weitere Prachtkäfer-Arten wie *Agrilus sulcicollis*, *A. angustulus* und *A. olivicolor* und vor allem Borkenkäfer (*Taphrorychus bicolor* und *Ernoporicus fagi*). In Extremtrockenphasen „befällt" auch der Eichensplintkäfer *Scolytus intricatus* massiv die Rotbuche.

In den 1940er und 1950er-Jahren war dies in Baden-Württemberg der Fall, allerdings gab es in Südwestdeutschland in diesem Zeitraum wohl keine Massenvermehrung des Buchenprachtkäfers, welche die Bestände flächig entmischt hätte. Es gab aber die große Borkenkäferkalamität von 1944-1951. Die Fichte wurde eingeschlagen, die beigemischte Buche war jetzt radikal freigestellt und nach Verlust eines Waldinnenklimas, Sonnenbrand und Bodentrockenheit starb sie mit und ohne Beteiligung von Buchenprachtkäfern ab. Welche Käferarten auch immer daran beteiligt waren, nach Aufforstung der Käferfraßflächen mit Kiefer und Schwarzkiefer entstanden auf flachgründigen Felsböden vorübergehend hervorragende Berglaubsänger-Lebensräume, die aber später wieder verschwanden.

Es wird spannend sein zu beobachten, ob sich durch den zunehmenden Trockenstress der Buche aufgrund von Hitzesommern und Niederschlagsarmut, wie etwa in den Jahren 2018-2020, die Berglaubsänger wieder ver-

Kurzcharakteristik

Zitronenzeisig
Carduelis citrinella PALLAS

Englisch: Citril Finch
Systematik: Sperlingsvögel (Passeriformes), Finkenvögel (Fringillidae)
Größe: 11,5 – 12 cm
Gewicht: 12 – 14 g
Verbreitung: endemisch in Südwesteuropa.
Zugverhalten: Kurzstreckenzieher, überwintert in Südfrankreich und Spanien
Nahrung: Samen von Bäumen, Kräutern und Gräsern, Insekten.
Lebenserwartung: 5 Jahre und 8 Monate

Die leuchtend gelbe Unterseite, die gelbe Gesichtsmaske und der gelbe Bürzel gaben dem Zitronenzeisig seinen Namen. Dobratsch, Kärnten.

mehrt einfinden. Sie wären dann Profiteure des Klimawandels und der damit verbundenen Veränderung unserer Wälder.

Zitronenzeisige, Gräser, Kräuter und Almen

Zitronengirlitz, Zitronfink, Zitronenzeisig – der Vogel hatte schon viele Namen, da man sich über seine systematische Einordnung lange Zeit nicht

Zitronenzeisige bewohnen lichte, sonnendurchflutete Wälder an der Baumgrenze. Die üppige Krautschicht ist für die sommerliche Nahrungssuche wichtig. Lechtaler Alpen.

Gräser- und kräuterreiche Wiesen mit hohem Samenangebot sind wichtige Lebensraumelemente des Zitronenzeisigs. Oben ein mauserndes Männchen, unten ein Jungvogel.

im klaren war. Heute wird er der Gattung *Carduelis* zugerechnet – steht also in der Verwandtschaft des Stieglitzes. Namensgebend waren in jedem Fall die an die Färbung einer (unreifen) Zitrone erinnernde grüngelbe Unterseite, der gelbgrüne Bürzel und die gelbe Gesichtsmaske.

Der Zitronenzeisig ist ein echter europäischer Endemit, sein Verbreitungsgebiet ist viel kleiner als das des Berglaubsängers. Er ist der einzige in den Alpen und den Gebirgen Mittel- und Südwesteuropas endemische Vogel. Im Norden reicht seine Verbreitung nur im Schwarzwald über die Alpen hinaus. Es liegen zwar Nachweise aus anderen Mittelgebirgen wie dem Harz, dem Thüringer Wald und dem Fichtelgebirge vor, in keinem Fall konnte dort aber eine Brutansiedlung dokumentiert werden.

In den letzten Jahrzehnten war eine drastische Abnahme der Zitronenzeisige in den nördlichsten Vorkommen im Schwarzwald zu beklagen. Der Bestand in der Schweiz und in Bayern ist insgesamt einigermaßen stabil, jedoch lassen sich auch hier örtlich Bestandsabnahmen nachweisen. So nahmen im Werdenfelser Land (Oberbayern) und parallel dazu in Vorarlberg (Österreich) die Zahlen an Futterplätzen schon in den 1970er und 1980er-Jahren ab.

In den Alpen leben Zitronenzeisige vor allem in Höhenlagen zwischen 950 m über dem Meeresspiegel in Deutschland und etwa 1000 m üNN in der Schweiz bis hinauf zur Baumgrenze und sind somit Vögel der subalpinen Stufe. Die zentral-südwesteuropäische Verbreitung deckt sich weitgehend mit der Verbreitung der Spirke oder Hakenkiefer (*Pinus mugo uncinata*), deren Samen eine wichtige Nahrung darstellen. In den Alpen sind es meist sonnige, lockere Fichtenbestände, unter denen sich eine üppige Krautflora entwickeln kann, die für die sommerliche Ernährung der Zitronenzeisige wichtig ist. Ab Juni, nach dem Flüggewerden der Jungvögel, sind sie Nahrungsgeneralisten, die ein breites Spektrum von Gras- und Kräutersamen nutzen. Über 30 Pflanzenarten sind bisher als Zitronenzeisig-Nahrung in den Monaten Juli und August nachgewiesen, vor allem Korbblütler und Süßgräser. Diese krautigen Pflanzen profitieren von der traditionellen Almwirtschaft an der Waldgrenze, die blütenreiche Wiesen und Staudenfluren fördert. Während der Wintermonate ändert sich die Zusammensetzung der Zitronenzeisig-Nahrung. Alpine Zitronenzeisige überwintern überwiegend in einem kleinen Gebiet in Südfrankreich, harren aber gelegentlich auch in der Nähe der Brutgebiete aus oder werden nach der Rückkehr in die Brutreviere im Frühjahr mit Wintereinbrüchen und Schneefällen konfrontiert. Als Winternahrung spielt der Salbeiblättrige Gamander (*Teucrium scorodonia*) eine wichtige Rolle. Er ist ein sogenannter Wintersteher, bei dem die Klausenfrüchte über den Winter hinweg lange an den Samenständen verbleiben und damit den Zitronenzeisigen auch bei Schneelage als Nahrungsquelle zugänglich sind. Eine weitere wichtige Winter- und Frühjahrsnahrung sind die bereits erwähnten Samen der Bergkiefern (Hakenkiefer *Pinus mugo uncinata* und Spirke *Pinus mugo rotundata*). In der Schweiz deckt sich sogar das Verbreitungsgebiet des Zitronenzeisigs weitgehend mit dem der Hakenkiefer. Im Schwarzwald zeichnet sich ein bisher unbekanntes Problem in Zusammenhang mit dieser Pflanze und dem Klimawandel ab: in den zunehmend warmen Wintern öffnen sich die Zapfen der Hakenkiefern zu früh und die Samen stehen dann bei Nahrungsengpässen der Zitronenzeisige im Frühling nicht mehr in den benötigten Mengen zur Verfügung.

Kurzcharakteristik

Hakenkiefer *Pinus mugo* ssp. *uncinata* (DC.) DOMIN

Englisch: Mountain Pine

Systematik: Koniferen (Coniferales), Kieferngewächse (Pinaceae)

Wuchshöhe: bis 25 m

Wuchsverhalten: aufrecht wachsende, einstämmige Unterart der Bergkiefer, Lichtholzart

Standortansprüche: Wälder, Felsen, Torfmoore

Verbreitung: südwest-mitteleuropäisch, ausgedehnte Bestände in den Pyrenäen und Westalpen (bis 1200 m ü. NN), im Schwarzwald am Rand von Hochmooren

Nutzung: forstliche Nutzung unbedeutend

Frucht und Ausbreitung: 3 bis 7 cm lange Zapfen, Windverbreitung (Anemochorie)

Neben der Pflanzennahrung ist die Verfügbarkeit von frei zugänglichem Wasser ein wichtiger Bestandteil des Zitronenzeisig-Lebensraumes. Weil sich Zitronenzeisige weit überwiegend von Samen ernähren, können sie ihren Wasserbedarf nicht über die mit der über die Nahrung aufgenommene Feuchtigkeit decken, wie dies manche Insektenfresser tun. Sie benötigen eine regelmäßige Wasserzufuhr und müssen fehlende Mineralien zusätzlich aufnehmen. Pflanzenfresser weisen einen futterbedingten Überfluss an Kalium auf, während es an Natrium mangelt. Viele überwiegend Samen fressende Finkenvögel wie Fichtenkreuzschnäbel, Birkenzeisige und eben auch Zitronenzeisige nehmen daher Natriumchlorid aus Tierharn, in Form von Streusalz auf Straßen oder den Mauersalpeter (Kalziumnitrat) aus Salzausblühungen an Mauerwerk auf. Die Salzaufnahme bedingt dann einen erhöhten Wasserbedarf, um die Osmoregulation aufrecht zu erhalten. Versiegen Quellaustritte in Hitzesommern, könnte das auch zum Rückgang der Zitronenzeisige beitragen, da das lebensnotwendige Trinkwasser dann nicht mehr in ausreichendem Maß zur Verfügung steht.

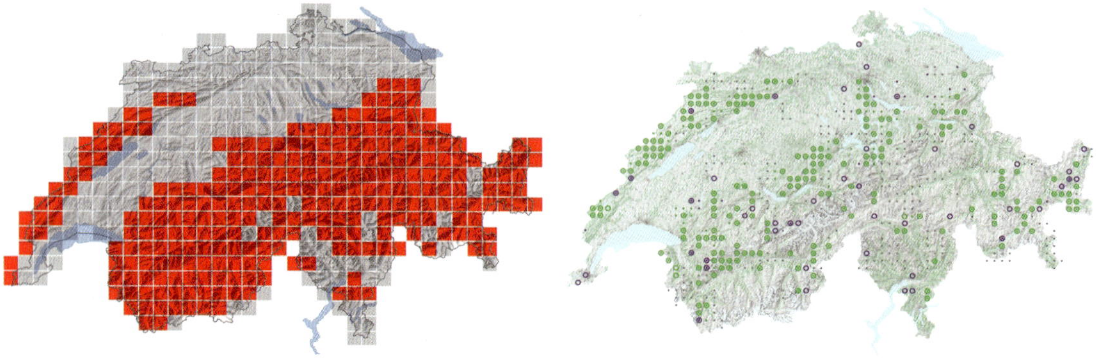

Die Verbreitungsgebiete des Zitronenzeisigs (*Carduelis citrinella*, links) und der Hakenkiefer (*Pinus mugo* ssp. *uncinata*, rechts) in der Schweiz sind nahezu deckungsgleich. Karten der Schweizerischen Vogelwarte Sempach und info flora, Daten- und Informationszentrum der Schweizer Flora.

Der Lebensraum des Zitronenzeisigs umfasst im Wesentlichen folgende Komponenten, die durch die traditionelle Almwirtschaft in den Alpen und im Schwarzwald über Jahrhunderte gefördert wurden: erstens Flächen mit Bergkiefern als Nahrungs- und Bruthabitat vor allem im Frühjahr, zweitens lockere Hochwaldränder mit Fichten als Bruthabitat, drittens blütenreiche Wiesen mit einer reichen Krautflora, Quellaustritte und schüttere Bodenstellen als Nahrungshabitat sowie viertens Quellaustritte, Bäche oder kleine Teiche zur Wasseraufnahme. Diese Lebensraumbestandteile müssen mosaikartig miteinander verzahnt sein, damit sie in der Brutzeit leicht erreichbar sind. Zusätzlich sind Ausweichlebensräume in der Nähe von Bedeutung, damit die Vögel auf spätwinterliche Schlechtwettereinbrüche mit entsprechenden Ausweichbewegungen reagieren können.

Der Erhalt der traditionellen Weidewirtschaft in den Bergen mit bunten Almwiesen mit einer artenreichen subalpinen Flora und einer aufgelockerten, grenzlinienreichen Waldgrenze nützt also nicht nur Birkhühnern, Ringdrosseln und Kreuzottern, sondern auch dem einzigen endemischen Singvogel der westeuropäischen Gebirge.

Am Arealrand

In den beiden vorherigen Abschnitten haben wir die Bestandsrückgänge von Berglaubsängern und Zitronenzeisigen am nördlichen Arealrand in Mitteleuropa betrachtet. Menschliche Landnutzuung, vor allem die Waldnutzung, haben ihr Vorkommen dort über Jahrhunderte beeinflusst, in manchen Zeiten positiv, dann wieder zum Nachteil der jeweiligen Arten. Es muss jedoch berücksichtigt werden, dass Vorkommen am Arealrand häufig in einer Verschleißzone liegen, die vom Nachschub aus dem Kernareal abhängig sind. Bestandsveränderungen im Hauptareal einer Art können daher zu einem Vor- oder Zurückweichen der Arealgrenze führen, je nachdem, ob im Kern-

Frei zugängliches Trinkwasser ist ein wichtiger Aspekt im Lebensraum des Zitronenzeisigs. Spanien.

areal ein Überschuss an Nachkommen ensteht oder nicht. Dieser kann die Vorkommen am Arealrand speisen und eventuell sogar zu einer Ausweitung des Verbreitungsgebietes führen. Im anderen Fall führt der fehlende Nachschub dazu, dass Vorkommen an der Verbreitungsgrenze ausdünnen und erlöschen, auch wenn dort zunächst noch günstige Voraussetzungen für das Vorkommen vorhanden sind. Menschliche Aktivitäten und die damit zusammenhängenden Landschaftsveränderungen können diesen Prozess verstärken.

Zum Weiterlesen

Gatter 1997, Förschler 2006

Mitteleuropäische Waldvogelarten mit auf Europa und den Mittelmeerraum beschränkter Verbreitung. Die Orpheusgrasmücke erreicht Mitteleuropa nur am Rande in der Südschweiz.

Art	Verbreitung	Lebensraum	Geschwisterart
Orpheusgrasmücke	westliches Mediterran	Laubwald, hohes Gebüsch, sonnige Hänge, gelegentlich Kiefernwald	Nachtigallengrasmücke
Orpheusspötter	Westeuropa	Wälder, Gebüsch	Gelbspötter
Waldlaubsänger	Europa	geschlossene Wälder	
Berglaubsänger	Westeuropa	lockere Wälder	Balkanlaubsänger
Sommergoldhähnchen	Europa	Nadel- und Mischwälder	Wintergoldhähnchen
Halsbandschnäpper	Südosteuropa	Laubwald	Trauerschnäpper
Haubenmeise	Europa	Nadel- und Mischwälder	
Sumpfmeise	Europa	Laubwald	Weidenmeise
Gartenbaumläufer	Europa, Nordafrika	Laub- und Mischwälder	Waldbaumläufer
Zitronenzeisig	Südwesteuropa	Bergwälder mit Bergwiesen	Korsenzeisig
Kiefernkreuzschnabel	Nordosteuropa	Kiefernwald	Fichtenkreuzschnabel
Zaunammer	Mediterran, südwestliches Mitteleuropa	Waldränder, Gebüsch	Goldammer

3 Singvögel und Bäume

„Die Anpassungserscheinungen in der Morphologie, im Verhalten und im jahreszeitlichen Rhythmus sind gegenseitig, sodass sich beide Arten in der Gemeinschaft fördern, ohne allerdings völlig aufeinander angewiesen zu sein."
Hermann Mattes 1982

Kiefernkreuzschnabel mit Waldkiefernzapfen.

3.1 Kreuzschnäbel und Koniferen – ein Thema mit Variationen

Warum haben Kreuzschnäbel einen gekreuzten Schnabel?

Die außergewöhnliche und in der europäischen Vogelwelt einmalige Schnabelform der Kreuzschnäbel beschäftigte schon von altersher Naturfreunde und Vogelliebhaber. Auch durch ihr unregelmäßiges, mitunter massenhaftes Auftreten in manchen Jahren und das Fehlen dieser „Zigeunervögel" in anderen regte die Phantasie der Menschen stark an. Dass Kreuz-

Alte männliche Fichtenkreuzschnäbel sind kräftig ziegelrot gefärbt. Der gekreuzte Schnabel ist ein typisches Merkmal der Gattung *Loxia*. Frieder, Bayern.

Kurzcharakteristik

Kiefernkreuzschnabel
Loxia pytyopsittacus BORKHAUSEN

Englisch: Parrot Crossbill
Systematik: Sperlingsvögel (Passeriformes), Finkenvögel (Fringillidae)
Größe: 17 – 18 cm
Gewicht: 44 – 69 g
Verbreitung: relativ kleines Verbreitungsgebiet von Fennoskandien und dem Baltikum bis Südwestsibirien
Zugverhalten: Jahresvogel, in weiten Teilen des Verbreitungsgebietes aber nomadisierender Strichvogel
Nahrung: Überwiegend Koniferensamen und -triebe, speziell Kiefern, gelegentlich Insekten
Lebenserwartung: 12 Jahre

Kurzcharakteristik

Fichtenkreuzschnabel
Loxia curvirostra L.

Englisch: Red Crossbill
Systematik: Sperlingsvögel (Passeriformes), Finkenvögel (Fringillidae)
Größe: 14 – 20 cm
Gewicht: 23 – 53 g
Verbreitung: Nadelwaldzone der Nordhalbkugel mit Ausläufern nach Südostasien, Mittelamerika und in den Mittelmerraum
Zugverhalten: Jahresvogel, in weiten Teilen des Verbreitungsgebietes nomadisierender Strichvogel mit irruptiven Wanderungen
Nahrung: Überwiegend Koniferensamen und -triebe, gelegentlich Insekten
Lebenserwartung: ältester Ringvogel 16 Jahre

schnäbel überwiegend von Koniferensamen leben, ist seit langem bekannt. Aber auch andere Vogelarten der Nadelwälder nutzen diese Nahrungsquelle: Tannenmeisen, Erlenzeisige und Buntspechte beispielsweise. Warum haben dann aber nur die Kreuzschnäbel einen gekreuzten Schnabel?

Die Zapfen der für die Kreuzschnäbel wichtigen Fichten, Kiefern und Lärchen öffnen sich nur bei trockenem Wetter. Dann sind die Voraussetzungen für die Verbreitung der geflügelten Samen günstig, die durch den Wind verbreitet werden (Anemochorie). Bei hoher Luftfeuchte, etwa bei Regen oder Nebel, bleiben die Zapfen geschlossen. Der Baum steuert so den für die Ausbreitung der Samen besten Zeitpunkt. Hinter diesem Phänomen steckt ein einfaches, mechanisches System, ähnlich wie bei einem Bimetall: die Zapfenschuppen bestehen aus zwei Zellschichten, die unterschiedlich auf die Veränderung der Luftfeuchte reagieren. Die unterschiedliche Ausdehnung der Zellschichten bedingt eine Verbiegung der Zapfenschuppe – und der Zapfen öffnet sich. Dieses System ist übrigens sehr stabil und konnte kürzlich auch an 11,5 bis 16,5 Millionen Jahre alten fossilen Stechtannen- und Kiefernzapfen nachgewiesen werden.

Die Nadelwälder der Mittelgebirge und der Alpen sind der natürliche Lebensraum des Fichtenkreuzschnabels. Bei hoher Luftfeuchtigkeit, Nebel oder Regen bleiben die Zapfen der Gemeinen Fichte geschlossen. Garmisch-Partenkirchen, Bayern.

Für Meisen und Finken sind Samen in einem geschlossenen Zapfen unerreichbar. Buntspechte lösen das Problem, indem sie die die Zapfen in speziellen Spechtschmieden bearbeiten. Durch das Einklemmen des Zapfens in eventuell vorher bearbeiteten Baumspalten schafft der Specht ein Widerlager für das kraftvolle Hacken, das die Samen zutage fördert. Kreuzschnäbel setzen zur Öffnung der Zapfen den spezialisierten Schnabel ein. Mit dem gekreuzten Schnabel können sie die Zapfenschuppen aufspreizen und in Verbindung mit der sehr beweglichen Zunge die Samen herausholen. Sie tun das sehr effizient und benötigen im Mittel nur zwischen 1,13 und 1,84 Sekunden, um einen Samen aus dem Zapfen zu lösen, je nachdem, ob der Zapfen offen oder geschlossen ist. Die Art der Nahrungsaufnahme hat Christian Ludwig Brehm, einer der Altmeister der Vogelkunde in Deutschland, vor rund 200 Jahren bereits fast richtig beschrieben. Wie mag sie aber evolutiv entstanden sein? Craig W. Benkman und Anna K. Lindholm von der University of British Columbia in Vancouver konnten in einem Experiment die Evolution der Gattung *Loxia* nachvollziehen. Durch Abfeilen der ständig nachwachsenden Hornscheide am Schnabel von Fichtenkreuzschnäbeln konnten sie, ohne den Vogel zu schädigen, den „Kreuzschnabel“ in die Form eines unspezifischen Finkenschnabels bringen. Bei der Nahrungsaufnahme aus geöffneten Zapfen hatte dies praktisch keine Auswirkungen auf die Effizienz der Nahrungsaufnahme, die Vögel mit den abgefeilten Schnabelspitzen waren aber nicht mehr in der Lage, die Samen aus geschlossenen Zapfen zu gewinnen. Die ursprüngliche Effizienz bei den geschlossenen Zapfen wurde erst annähernd wieder erreicht, als 95 % des „Kreuzschnabels“ wieder nachgewachsen waren. Gekreuzte Schnäbel kommen ausnahmsweise bei verschiedenen Finkenarten vor. Es ist vorstellbar, dass sich ausgehend von diesem Potenzial durch Selektion aus einer unspezifischen Schnabelform eine auf das Öffnen geschlossener Zapfen spezialisierte Form entwickelt hat. Damit konnten sich die Kreuzschnäbel die nahezu konkurrenzfreie Nahrungsressource der Samen aus den geschlossenen Zapfen verschiedenster Koniferen erschließen. Der gekreuzte Schnabel ist damit ein Schlüssel zum Verständnis der adaptiven Radiation der Gattung *Loxia*. Die Möglichkeit der Ernährung aus geschlossenen Zapfen ermöglichte wahrscheinlich auch, dass sich die Brutperiode in die Wintermonate verschieben konnte. Im Gegensatz zu anderen europäischen Singvögeln können Kreuzschnäbel praktisch zu allen Jahreszeiten zur Fortpflanzung schreiten, in Mitteleuropa allerdings meist von Januar bis Juni.

Koniferenzapfen öffenen sich bei Trockenheit (rechts) und schließen sich bei Feuchtigkeit (links). Hier zwei Zapfen der Schwarzkiefer *Pinus nigra ssp. nigra*. Oschenberg, Bayreuth.

Stichwort

Adaptive Radiation

Die Entstehung mehrerer Arten durch Auffächerung einer einzelnen Grundform (zumeist Art), bedingt durch die Nutzung verschiedener Ressourcen und ökologischer Nischen. Weitere Beispiele: „Darwinfinken“ auf Galapagos, Kleidervögel auf Hawaii.

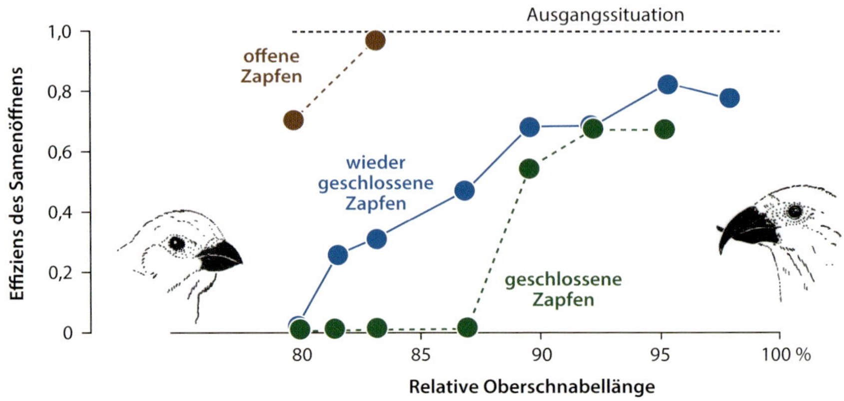

Evolution im Experiment: feilt man Fichtenkreuzschnäbeln die gekreuzten Schnabelspitzen ab, so beeinträchtigt das kaum die Effizienz der Samengewinnung bei offenen Zapfen (braune Punkte), geöffnete Zapfen, die sich nach Feuchtigkeitseinwirkung wieder geschlossen hatten, waren nur mit Mühe zu bearbeiten (blaue Punkte), am extremsten fiel der Unterschied bei geschlossenen Zapfen aus: erst als der abgefeilte Schnabel zu 95 % nachgewachsen war, wurde die alte Effizienz annähernd wieder erreicht (nach Benkman & Lindholm 1991).

Kiefernkreuzschnäbel und Fichtenkreuzschnäbel

In Europa leben vier Arten Kreuzschnäbel: die weit verbreiteten Fichtenkreuzschnäbel, der nordische Kiefernkreuzschnabel und der kleine, holarktisch verbreitete Bindenkreuzschnabel, der eigentlich Lärchenkreuzschnabel heißen müsste. Hinzu kommt noch der endemisch in Schottland brütende Schottische Kreuzschnabel. Manche Namen deuten bereits grob an, auf welche Hauptnahrung sich die einzelnen Arten spezialisiert haben. Es sind die in den Zapfen verborgenen Samen von Fichte, Kiefer und Lärche,

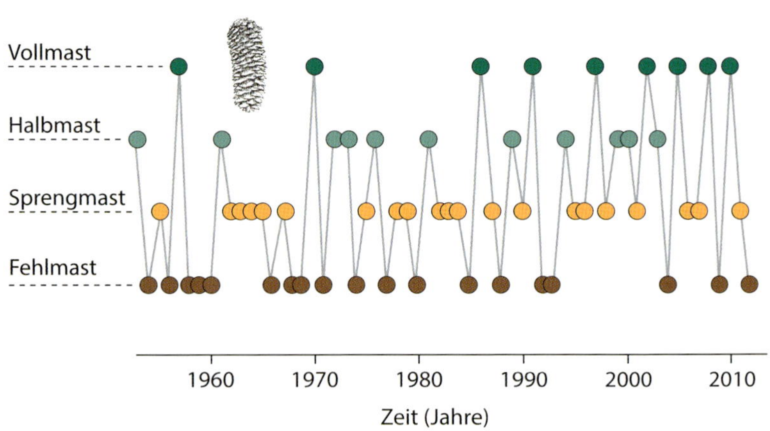

Fruktifikation der Fichte in Deutschland von 1954 bis 2013. Auf Jahre mit reichem Zapfenertrag („Vollmast", dunkelgrün) folgen solche mit mäßigem (hellgrün und orange) oder fehlendem Ertrag (braun). Entsprechend schwankt das Nahrungsangebot für Fichtenkreuzschnäbel (nach Konnert et al. 2014).

die nur zeitweise durch Insektennahrung und durch die frischen Triebe der Nadelbäume ergänzt werden, sodass es zeitlich begrenzt zu Verbiss an den Nadelholztrieben kommen kann.

Die Spezialisierung bringt aber auch eine Abhängigkeit von der Ressource mit sich. Das Verbreitungsgebiet des Fichtenkreuzschnabels deckt sich weitgehend mit dem natürlichen Areal der Gemeinen Fichte. Fichten setzen – wie viele andere Waldbäume auch – in den einzelnen Jahren sehr unterschiedlich stark Samen an. „Vollmast", „Halbmast", „Sprengmast" und „Fehlmast" sind die forstlichen Fachausdrücke für den unterschiedlichen Samenertrag. Mitunter folgt auf ein Jahr mit überreichem Samenertrag eines mit völligem Ausfall des Zapfenansatzes. Damit kann sich das Nahrungsangebot für den Fichtenkreuzschnabel schlagartig von einem Jahr zum nächsten ändern. Die Kreuzschnäbel reagieren darauf mit weiträumigen Wanderbewegungen und regionalem Wechsel der Brutgebiete in Abhängigkeit von der örtlichen Nahrungsverfügbarkeit. Die Daten von in Deutschland beringten oder gefundenen Fichtenkreuzschnäbeln belegen jährliche Wanderungen vom Mittelmeerraum bis weit nach Sibirien, ein Fund stammt sogar aus Turkmenistan in fast 4300 km Entfernung vom Beringungsort im Fichtelgebirge.

Der nordeuropäisch-westsibirisch verbreitete Kiefernkreuzschnabel ist im Gegensatz zum Fichtenkreuzschnabel viel sesshafter und neigt deutlich weniger zu Evasionswanderungen. Dementspechend selten tritt die Art in Mitteleuropa auf. Dies mag unter anderem daran liegen, dass Kiefernkreuzschnäbel mit ihren mächtigen Schnäbeln nicht nur die Zapfen der Waldkiefer, sondern auch Fichten- und Lärchenzapfen öffnen können, während umgekehrt mitteleuropäische Fichtenkreuzschnäbel in der Regel nicht zum

Kurzcharakteristik

Gemeine Fichte *Picea abies* KARST

Englisch: Norway Spruce
Systematik: Koniferen (Coniferales), Kieferngewächse (Pinaceae)
Wuchshöhe: über 50 m
Wuchsverhalten: flachwurzelnde Halbschattholzart
Standortansprüche: pH-Optimum 4 – 5, aber auch auf sauren und alkalischen Böden, beste Wuchsleistung auf frischen Lehmen, mindestens 40 mm Niederschlag pro Monat in der Vegetationsperiode
Verbreitung: Natürliches Areal von Mitteleuropa (höhere Mittelgebirge und Alpen) bis ins kontinentale Asien, nördlich bis Skaninavien und Sibirien. Höhengrenze in den Zentralalpen 2000 m NN, in den Mittelgebirgen 950 – 1400 m NN.
Nutzung: wichtigste Wirschaftsholzart Eurasiens, daher auch weit außerhalb des natürlichen Areals im Flachland fostlich angebaut
Frucht und Ausbreitung: bis 20 cm lange Zapfen, 1-jährig, Windverbreitung (Anemochorie)
Lebenserwartung: bis 600 Jahre

Öffnen geschlossener Kiefernzapfen in der Lage sind und bei Nahrungsmangel zu Ausweichwanderungen gezwungen werden.

Das natürliche Verbreitungsgebiet der Fichte erreicht seine südliche Grenze am Südrand der Alpen und auf dem Balkan in den Rhodopen. Dennoch leben auch südlich des Fichten-Areals Fichtenkreuzschnäbel in zersplitterten Populationen. Im Maghreb erreicht die Art in den Kiefernwäldern des Atlas sogar afrikanisches Gebiet, weitere Unterarten leben in Spanien, auf den Balearen, Korsika, Zypern und in der Türkei. In Asien reicht das Verbreitungsgebiet sogar nach Süden bis in die *Pinus kesiya*-Wälder auf der Philippineninsel Luzon und in Amerika bis nach Honduras. Das Areal der Kiefern (Gattung *Pinus*), auch das unserer heimischen Waldkiefer, reicht deutlich weiter nach Süden als das der Fichte. Am Mittelmeer sind es vor allem die Seekiefer, Korsische Kiefer, Kalabrische Kiefer, in den Pyrenäen die Hakenkiefer und

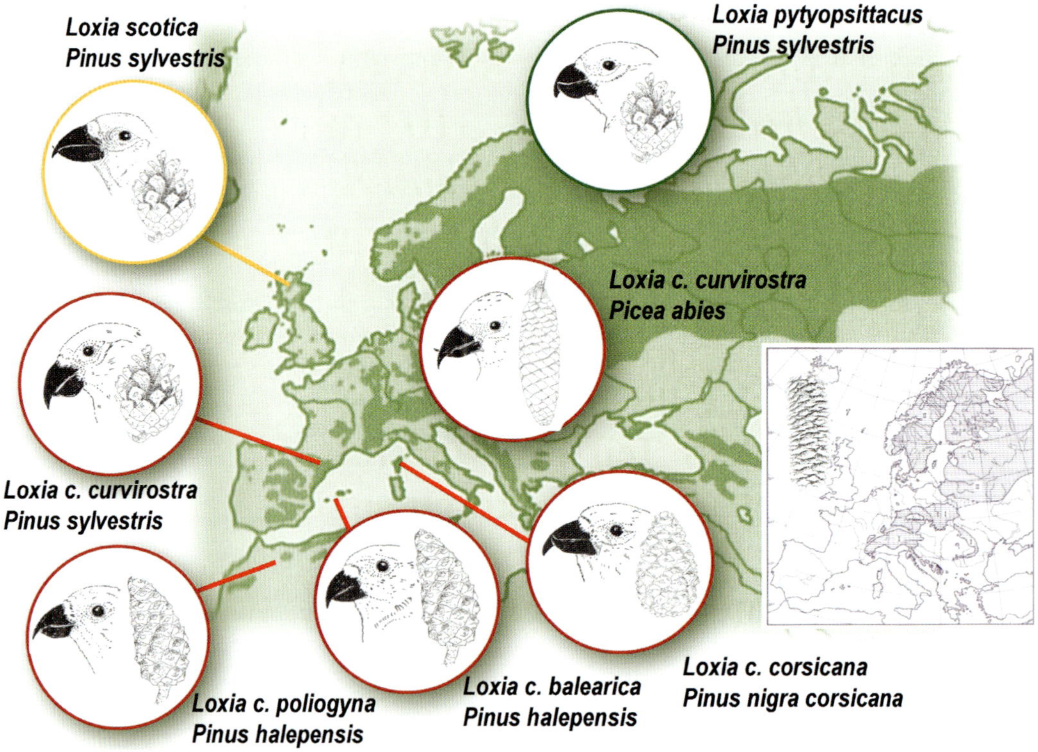

Verbreitungsgebiet des Fichtenkreuzschnabels in Europa. Im Verbreitungsgebiet der Fichte (kleine Grafik) sind die Vögel relativ schlankschnäblig, im Süden reicht das Verbreitungsgebiet des Fichtenkreuzschnabels über das Areal der Fichte hinaus und die Vögel sind relativ starkschnäblig, da sie sich von mediterranen Kiefernarten ernähren. Sie ähneln den nordischen Kiefernkreuzschnäbeln (grün) oder Schottischen Kreuzschnäbeln (gelb). Eingezeichnet sind die jeweiligen Arten und Unterarten und die ihnen als Hauptnahrung dienenden Koniferenzapfen. Karten aus Glutz von Blotzheim & Bauer 1997 und Schmidt-Vogt 1977).

die auch in Mitteleuropa heimische Waldkiefer, welche den mediterranen Kreuzschnäbeln als Nahrungsgrundlage dienen. In Anpassung an die harten, schwer zu öffnenden Kiefernzapfen ähneln die Schnäbel der südlichen Unterarten des Fichtenkreuzschnabels eher denen der nordischen Kiefern- und Schottischen Kreuzschnäbel. Die Länge der Zapfenschuppen dieser Kiefern korreliert mit dem Maß der Krümmung des Schnabels der auf die jeweilige Kiefernart spezialisierten Art. Je länger der Zapfenschuppen, desto krummer der Schnabel.

Es kann nun darüber spekuliert werden, ob die Radiation der Kreuzschnäbel in Mitteleuropa ihren Ausgang nahm, und die Vögel von dort aus nord- und südwärts die Randgebiete ihres Verbreitungsareals besiedelten, oder ob sich die Kiefernkreuzschnäbel vom Mediterran aus nach der letzten Eiszeit nach Norden ausgebreitet haben. Fossilfunde aus dem Glazial belegen das Vorkommen von Vögeln, die eher Fichtenkreuzschnäbeln ähneln, aus Südeuropa, und solche, die eher Kiefernkreuzschnäbeln ähneln, aus den Westalpen. Alle müssen sich von Kiefern ernährt haben, da die Fichte damals in Mitteleuropa noch fehlte. Genetisch unterscheiden sich die Fichtenkreuzschnäbel innerhalb ihres Verbreitungsgebietes nur wenig, was auf einen starken, wohl durch das nomadisierende Verhalten bedingten Genfluss zwischen den Populationen zurückzuführen ist und darauf hinweist, dass die Gattung *Loxia* insgesamt stammesgeschichtlich sehr jung ist.

Auch in Mitteleuropa unterscheiden sich heute die Schnabelformen der Fichtenkreuzschnäbel, wenn auch nur geringfügig. Schon C. L. Brehm beschrieb neun Kreuzschnabel-Formen, die heute alle dem Fichtenkreuzschnabel zugeordnet werden. Neuere Studien deuten darauf hin, dass sich die unterschiedlichen Ruftypen, welche die alten Kreuzschnabel-Liebhaber in den Gebirgen und auch C. L. Brehm bereits kannten, bestimmten Schnabelformen zuordnen lassen. Es gibt inzwischen viele Hinweise darauf, dass sich Fichtenkreuzschnäbel nur innerhalb der Populationen eines Ruftyps verpaaren, auch wenn unterschiedliche Genotypen durch das nomadisierende Verhalten zeitweise in einem Gebiet nebeneinander vorkommen. Es gibt noch viele spannende Erkenntnisse zu erwarten. Die Forschung an diesen außergewöhnlichen Bewohnern unserer Nadelwälder kann daher auch nach 200 Jahren nicht als abgeschlossen betrachtet werden. Eigentlich hat sie gerade erst begonnen.

Zum Weiterlesen

Benkman & Lindholm 1991, Edelaar 2008, Münch 2003, Poppinga et al. 2017, Sacher & Torkler 2018, Tyrberg 1991

3.2 Samenmast und Vögel

Blühen und Fruchten der Hauptbaumarten in den Wäldern Deutschlands

Viele Waldbaumarten bilden nur alle paar Jahre massenhaft Früchte aus, was als Samenmast oder Vollmast bezeichnet wird. Dazwischen liegen dann wieder Jahre mit geringerer Samenproduktion. Im forstlichen Sprachgebrauch unterscheidet man daher auch Fehl-, Spreng-, Halb- und Vollmasten. Heute geht man davon aus, dass im Wesentlichen die saisonale Witterung (Wärme, Wasser), ausreichende Nährstoffverfügbarkeit und das Alter der Bäume für die massenhafte Produktion von Früchten maßgeblich sind. Schaut man sich die Energiegehalte der Baumsamen von 5 – 7 Kilokalorien pro Gramm an und weiß um die enormen Samenmengen pro Hektar in einem Mastjahr, so kann man die Auswirkung auf die samenfressenden Tiere, auch Vögel, nachvollziehen.

Für die Hauptbaumarten Fichte, Kiefer, Buche und Eiche kann man in Deutschland die Mastjahre durch die jahrzehntelangen Aufzeichnungen der Forstverwaltungen über das Blühen und Fruchten der Waldbäume gut nachvollziehen. Für die natürliche Verjüngung des Waldes sind Blühen und Fruchten von Waldbäumen von entscheidender Bedeutung.

Fichtenzapfen entwickeln sich zunächst aufrecht, neigen sich später zur Seite und nehmen die typische hängende Position ein. Kleinhül, Fränkischer Jura.

Bei der **Fichte** zeigt sich nach jahrzehntelanger Beobachtung, dass etwa in einem Drittel der Jahre Halb- und Vollmasten auftraten, die auch gute Erntemöglichkeiten für Fichtensaatgut eröffneten. Mit einer wirklichen Vollmast ist bei der Fichte nur etwa einmal im Jahrzehnt zu rechnen. Dann steigen von Ende April bis Anfang Juni unübersehbar gelbe Pollenstaubwolken aus den Fichtenwäldern auf und werden vom Wind weit verfrachtet. Nach Regen sind dann oft gelbe Pollenstaubschichten auf Pfützen und stehenden Gewässern zu sehen. Daher nennt der Volksmund diese Naturerscheinung der massenhaften Fichtenblüte auch „Schwefelregen“. Die weiblichen, rötlichen Blüten befinden sich meist nur im oberen Kronenbereich. Nach der Bestäubung und Befruchtung der weiblichen Samenanlagen in den weiblichen Blütenständen ändern diese bald ihre aufrechte Stellung und neigen sich zur Seite. Die im Herbst reifenden Fichtenzapfen hängen dann an den Ästen nach unten. Bei Vollmast können zwischen 25 und 50 kg Zapfen an einer Fichte hängen.

Ein Fichtenzapfen enthält rund 1 – 1,7 g Samen. Von Natur aus erfolgt die Verbreitung der geflügelten Fichtensamen durch den Wind. Bei einem Wassergehalt unter 18 % öffnet sich der Fichtenzapfen, um die Samen zu entlassen, die dann vom Wind verbreitet werden. Viele samenfressende Singvogelarten nutzen diese weiträumig vorhandene Nahrungsquelle gerne. Der Fichtenkreuzschnabel

Stichwort

Tausendkorngewicht

Das Tausendkorngewicht, oder neuerdings Tausendkornmasse, ist das Gewicht bzw. die Masse von 1000 voll ausgebildeten Samen oder Früchten unter standardisierten Bedingungen. Diese Zahl ist eine Kenngröße im Saatguthandel, bei der Saat, bei der Saatgutlagerung und in der Pflanzenzüchtung. Bei unseren Waldbäumen reicht die Spanne von 0,14 g bei der Sandbirke bis zu 10–20 kg bei der Edelkastanie. Je größer das Tausendkorngewicht, desto schwerer und größer ist der Samen.

Kennzahlen für die Samen einiger Waldbaumarten. Tausendkorngewichte nach Rohmeder 1972, Nährwerte nach Grodzinski & Sawicka-Kapusta 1970.

Baumart	Tausendkorngewicht (TKG) in g	Nährwert in kcal/g
Fichte	7,7	6,5
Kiefer	6,3	6,1
Buche	192	6
Eiche	3030	4,4
Tanne	43,5	6,7
Lärche	5,9	5,5
Zirbe	252	7,7
Sandbirke	0,14	5,2
Bergahorn	83	4,6
Esche	59	5,3
Winterlinde	40	5,1
Hainbuche	33,3	4,9
Hasel	1700 – 2250	6,1

ist aufgrund seiner Schnabelform in der Lage, den Samen auch aus noch geschlossenen Fichtenzapfen zu holen (s. Kapitel 3.1).

Insgesamt sind 39 Vogelarten bekannt, die Fichtensamen verzehren, darunter allein 32 Singvogelarten, wie Tannenhäher, Meisen, Grünfink, Gimpel, Buch- und Bergfink. Für das Eichhörnchen sind Fichtensamen eine wichtige Nahrungsquelle, vor allem im Winter. Die von den Eichhörnchen in typischer Art abgefressenen Spindeln der Fichtenzapfen findet man unter bestimmten Bäumen oft massenhaft.

Auch die **Kiefer** ist windblütig, das heißt die weiblichen, dunkelroten Blütenstände, die an der Spitze der diesjährigen Triebe aufrecht stehen, werden im Mai und Juni von den Pollen bestäubt. Nach der Bestäubung krümmen sich

Stichwort

Samenmast – Mastjahre

Der Begriff „Mast“ im Zusammenhang mit der Samenproduktion der fruchttragenden Waldbäume, insbesondere der Eichen und Buchen, geht auf frühere Zeiten zurück, wo es üblich und notwendig war, das Vieh in den Wald zur Waldweide zu treiben. Besonders die Schweine fraßen gerne die nahrhaften Eicheln und Bucheckern und waren dann wohl „gemästet“.

Ergiebige Samenjahre der Waldbäume waren daher auch gute Jahre für die örtliche Bevölkerung. Im forstlichen Sprachgebrauch hat sich daher der Begriff Mastjahre für Jahre mit großer Samenproduktion der Waldbäume, in Anlehnung an die früher übliche Schweinemast bei der Waldweide, seit vielen Jahrzehnten etabliert. Dabei werden Jahre mit maximaler Samenproduktion als Vollmasten, und Jahre mit geringerer bis keiner Samenproduktion als Halb-, Spreng- oder Fehlmasten bezeichnet.

die weiblichen Zäpfchen durch Wachstum des Stiels nach unten und werden grün. Als Besonderheit ist hier zu erwähnen, dass die Befruchtung erst ein knappes Jahr nach der Bestäubung erfolgt. Erst daraufhin beginnt der Zapfen deutlich zu wachsen und reift im darauffolgenden Oktober/November. Meist öffnen sich die Kiefernzapfen an den ersten warmen Tagen des folgenden Frühjahrs und entlassen dann die geflügelten Samen. Das heißt, der Kiefernzapfen reift im Unterschied zu Fichte und Tanne in zwei Jahren und entlässt die Samen im dritten Jahr, um dann abzufallen. In Mastjahren können an einer alten Kiefer um die 15 kg Zapfen hängen. Aus der Vogelwelt nutzen 30 Arten die Samen der Kiefer als Nahrung, darunter 22 Singvogelarten. Hier sind es vor allem Meisen, Grünfink, Kleiber, Stieglitz, Erlenzeisig, Gimpel und die Kreuzschnäbel.

Unsere beiden **Eichenarten**, Stiel- und Traubeneiche, haben in den letzten 20 Jahren jedes zweite bis dritte Jahr reichlich geblüht. Allerdings bedeutet eine reiche Blüte nicht zwangsläufig eine gute Eichelmast, denn die Blüten können durch Spätfröste und durch Fraß von Raupen des Eichenwicklers oder der Frostspanner geschädigt und vermindert werden. Auch anhaltende Trockenheit, wie im Jahr 2003, kann sich negativ auf die Samenausbildung der Eichen auswirken und trotz guter Blüte nur zu Sprengmasten führen. Eicheln der Stiel- und Traubeneiche sind deutlich größer und schwerer als die Samen der meisten anderen Baumarten. Das drückt sich deutlich im Tausendkorngewicht aus: hier liegen die Werte für unsere Eichenarten, je nach Autor, zwischen 2 und 5 kg. Bei Vollmasten rechnet man im Wald mit ca. 30 – 50 kg Eicheln pro Baum. Überschlägig bedeutet das bei 100 älteren und fruktifizierenden Eichen eine Menge von ca. 3000 – 5000 kg Eicheln pro Hektar Wald, eine riesige Nahrungsressource für die verschiedensten Tierarten. Selbst die Reproduktionsrate der Wildschweine wird durch diese Nahrungsquelle positiv beeinflusst. Nach Eichel-Mastjahren reagieren Wildschweine mit deutlich erhöhter Jungenzahl. Aus der Vogelwelt nutzen 28 Arten, darunter 17 Singvogelarten, Eicheln als Nahrung. Es sind, neben dem Eichelhäher, vor allem Meisenarten und der Kleiber.

Bei der **Buche** gab es in den letzten Jahrzehnten etwa in einem Drittel der Jahre Halb- und Vollmasten. In einem Mastjahr produziert eine Buche etwa 15 – 20 kg (maximal 30 kg) Bucheckern und bei 100 – 130 gut bekronten und masttragenden Buchen pro Hektar sind das Bucheckern-Mengen von 1500 – 2000 kg pro Hektar, in extremen Fällen sogar bis 3000 kg pro Hektar und ähnlich wie bei der Eiche ein enormes Nahrungsangebot für alle samenfressenden Tierarten wie Eichhörnchen, Wald-, Gelbhals- und Rötelmäuse, Bilche, Wildschweine, Kleiber, Meisen, Buch- und Bergfinken. Buchen tragen aber nicht jedes Jahr so große Mengen an Bucheckern. Seit Ende der 1980er-Jahre zeigen die Ergebnisse der Fruktifikationserhebungen die Tendenz zu kürzeren Abständen der Fruktifikation. Für Hessen ergibt sich für den Zeitraum von 1988 – 2010 rechnerisch alle 2,6 Jahre eine starke Buchenmast. Auch die Auswertungen zur Fruktifikation der Buche über einen Zeitraum von 60 Jahren hinweg zeigen etwa in einem Drittel der Jahre starke Masten. Auf jedes gute Blüh- bzw. Mastjahr folgen bei der Buche meist zwei Jahre mit schwacher Blüte. Von den Vogelarten sind 26 Arten bekannt, die Bucheckern als Nahrung aufnehmen, darunter 18 Singvogelarten. Hier sind vor allem Meisen, Kleiber, Kernbeißer, Gimpel, Buch- und Bergfink zu nennen.

Bucheckern, die Samen der Rotbuche, sind relativ schwere, nährstoffreiche Baumsamen.

Kleiber und Buchenmast

Der Kleiber ist ein weithin bekannter Singvogel unserer Wälder und im Winter ein beliebter und gern gesehener Besucher an den Vogel-Futterstellen. Als Indikator-Art hat der Kleiber jedoch hohe Bedeutung für alte, strukturreiche und naturnahe Laubwälder. Häufig waren das früher Buchenwälder mit unterschiedlichen Anteilen anderer Baumarten. Der Kleiber bevorzugt ältere und totholzreiche Waldentwicklungsphasen. Hier findet er genügend Spechthöhlen und auch natürliche Höhlungen, wie z. B. ausgefaulte Astlöcher (s. Kapitel 4.2). Selbst in naturnahen Fichtenwäldern kommt der Kleiber dagegen nur in sehr geringen Dichten vor. Im Frühjahr und Sommer stellen Insekten, ihre Entwicklungsstadien und Spinnen seine Hauptnahrung dar.

Im Herbst und Winter stellt er seine Ernährung auf pflanzliche Kost um und ernährt sich von den Samen vieler Laub- und Nadelbäume (s. Kapitel 4.5). Hier kommt der Buche mit ihren ölhaltigen Bucheckern und ihrer weiten Verbreitung eine Schlüsselrolle für die Ernährung der Kleiber zu. Um an den nahrhaften Inhalt der Bucheckern zu gelangen, müssen die Samen aber erst geöffnet werden. Der Kleiber steckt daher zur Bearbeitung die Buchecker in eine Borkenritze oder in einen Felsspalt, um sie in Ruhe öffnen zu können.

Die Bedeutung der Buche und ihrer Mastjahre für den Kleiber, insbesondere im Winter sowie in den raueren Lagen der Mittelgebirge, wurde wiederholt herausgestellt, doch meist fehlten bisher konkrete Daten. In verschiedenen Untersuchungen zeigte sich, dass gute Buchenmasten sich offensichtlich günstig auf die Überlebensrate der Kleiber im Winter auswirken. In Jahren mit guter Buchenmast kam im Herbst eine höhere Anzahl von Jungvögeln vor. Allerdings wird die Sterblichkeit der Vögel im Winter hauptsächlich durch die Härte des Winters bestimmt. Insgesamt sind die Zusammenhänge sehr komplex und nicht monokausal. Jungvögel überleben den Winter umso besser, je ergiebiger die Buchenmast des vorangegangenen Herbstes gewesen ist. Gerade nach Mastjahren erhöhen sich die Chancen für Jungvögel, ein eigenes Revier zu erobern und zu besetzen. In Jahren mit guter bis starker Buchenmast ist die Wintermortalität geringer als in Jahren mit Fehl- oder Sprengmasten. Die beiden Einflussfaktoren Buchenmast und Winterhärte wirken etwa in gleicher Größenordnung auf die Kleiber-Populationen ein. Das kann auch Auswirkungen auf andere Vogelarten haben, denn nimmt die Kleiber-Population nach einer Buchenmast zu, geht im Folgejahr die Trauerschnäpper-Population zurück, weil dieser nicht mehr genügend Bruthöhlen findet (s. Kapitel 4.2).

Bergfinken – Wintergäste in Buchenwäldern

Ein besonderer Liebhaber der Bucheckern ist der aus Nordeuropa in manchen Samenjahren der Buche massenhaft einfliegende Bergfink. Über die spektakulären Einflüge und vor allem über die Massenschlafplätze dieser Art wird in den Medien immer wieder berichtet (s. Kapitel 4.6). Die Bucheckern in unseren mitteleuropäischen Buchenwäldern sind im Winter die Hauptnahrung für diese aus den Nadel- und Birkenwäldern Nordeuropas und Asiens stammende Vogelart. Wegen des massenhaften Einfalls von Bergfinkenschwärmen in Buchenwälder und des Verzehrs von Bucheckern wurde diese Vogelart im älteren forstlichen Schrifttum meist als „forstschädlich“ eingestuft, da man ein Ausbleiben der Buchen-Naturverjüngung befürchtete. Eine Einschätzung, die in heutiger Zeit als überholt gilt.

Weitere Baumarten in deutschen Wäldern (Nebenbaumarten)

Die **Baumarten mit niedriger Lebensdauer** (ALN) nehmen nach der Bundeswaldinventur 2012 rund 11 % der Waldfläche Deutschlands ein. Unter diesen Baumarten befinden sich vor allem Sand- und Moorbirke, Weiden, unter diesen vor allem die Salweide, Pappeln, darunter vor allem die Zitterpappel, Traubenkirsche und die Vogelbeere. Diese Baumarten mit Pionieralso Erstbesiedlungscharakter, daher auch Pionierbaumarten genannt, spielen wegen ihrer Insektenvielfalt (Weiden) und ihrer Früchte (z. B. Vogelbeere) für Vogelarten eine wichtige ökologische Rolle in unseren Wäldern. Früher wurden diese auch als „Weichlaubholzarten“ beschriebenen Baumarten als „forstliches Unkraut“, weil sie angeblich die Hauptbaumarten bedrängen oder verdämmen, oft entfernt. Der erfreulich hohe Anteil dieser Baumarten an der Waldfläche Deutschlands kann auch als Indiz gewertet werden, dass bei Forstleuten und Waldbesitzern und -innen hier seit Jahren ein Umdenken eingesetzt hat. Heute weiß man um die hohe ökologische Bedeutung dieser Pionierbaumarten in unseren Wäldern.

Andere **Baumarten mit hoher Lebenserwartung** (ALH) nehmen in Deutschland rund 7 % der Waldfläche ein. Zu diesen langlebigeren Baumarten zählen v. a. Berg-, Spitz- und Feldahorn, Sommer- und Winterlinde, Berg-, Feld- und Flatterulme, Robinie, Esche, Elsbeere und Hainbuche. Auch diese Baumarten sind für die Biodiversität unserer Wälder von hoher Bedeutung. Gerade die

Baumarten, die bei der Ausbreitung ihrer Samen auf den Wind setzen, produzieren oft jedes Jahr eine große Anzahl von Samen, die dann auch der Vogelwelt als Nahrungsressource dienen können.

Kernbeißer und Hainbuche

Auch die Hainbuche produziert jährlich eine große Anzahl von Früchten, die sehr lange, zum Teil bis ins nächste Frühjahr, am Baum hängen bleiben. Sie stehen damit samenfressenden Vogelarten lange zur Verfügung. In einem Mastjahr kann man mit ca. 10 – 12 kg Hainbuchennüsschen pro Hainbuche rechnen. Von den Vogelarten ist es vor allem der Kernbeißer, der gerne diese Hainbuchennüsschen verzehrt. Im Reifezustand fallen bei der Hainbuche die herabhängenden Fruchtstände auf. Die eigentliche Frucht, ein Nüsschen, wird von einem dreilappigen Tragblatt umschlossen, das mit ihr abfällt und als Flugorgan dient. Diese kleinen, außerordentlich hartschaligen Nüsschen werden allerdings nur von wenigen Vogelarten gefressen. Dabei ist besonders der Kernbeißer hervorzuheben. Mit einer Größe von 18 cm und einem Gewicht von 60 g ist er der größte einheimische Finkenvogel. Trotz seiner Größe und seines charakteristischen Aussehens ist der Kernbeißer im Wald sehr leicht zu übersehen, da er scheu und versteckt lebt. Er verrät sich oft durch seinen kurzen und metallischen Ruf „Zick-Zick“ oder durch das knackende Geräusch beim Öffnen von hartschaligen Nüsschen und Kernen.

Hainbuchen-Fruchtstände. Döhlau, Oberfranken.

Bereits mit der Reifezeit ab Ende August über den Herbst und Winter bis zum März und April des nächsten Jahres spielen Hainbuchennüsschen in der Ernährung des Kernbeißers die größte Rolle. Am liebsten sucht er seine Nahrung während des größten Teils des Jahres in den Kronen der Bäume. Im Herbst und Winter liest er jedoch auch abgefallene Samen und Hainbuchennüsschen vom Boden auf. In der Krone der Hainbuchen wird der Samen von den Fruchtständen mit dem Schnabel abgerissen und auf einem Ast sitzend verzehrt. Innerhalb einer Minute kann der Kernbeißer so drei bis sechs Hainbuchennüsschen enthülsen und verzehren. Fütterungsversuche ergaben, dass Kernbeißer täglich im Durchschnitt 260 Samen der Hainbuche als Nahrung aufnehmen können.

Bekannter ist dagegen, dass der Kernbeißer auch die Samen von Ahorn und Buche sowie Kirsch- und Pflaumenkerne verzehrt. Durch seinen kräftigen Schnabel ist er in der Lage, selbst die Kerne von Steinobst zu knacken. Dabei muss er beim Brechen von Kirschkernen im Schnabel eine Kraft von 27 – 43 kg aufbringen.

Kurzcharakteristik

Hainbuche (Weißbuche, Hagebuche)
Carpinus betulus L.

Englisch: Hornbeam
Systematik: Buchenartige (Fagales), Birkengewächse (Betulaceae)
Wuchshöhe: Baum 2. Ordnung, bis 25 m, Stammquerschnitt oft sehr unregelmäßig (spannrückig)
Wuchsverhalten: langsamwüchsig, Halbschattholzart
Standortansprüche: frische bis mäßig trockene, nährstoffreiche, auch kalkreiche Standorte, kann strenge Tonböden erschließen, vom Tiefland bis in mittlere Berglagen
Verbreitung: West-, Mittel- und Osteuropa, Kleinasien bis Kaukasien

Wegen seiner Bevorzugung von Hainbuchennüsschen als Nahrung besitzt der Kernbeißer seine höchsten Siedlungsdichten in Eichen-Hainbuchenwäldern. Hier konnten Dichten bis zu 3,5 Brutpaaren pro 10 ha ermittelt werden. Auch als Niststandort wird die Hainbuche vom Kernbeißer gerne angenommen. Allerdings nistet er auch gerne in Pappeln, Birken, Kiefern, Eichen, Linden oder in Weißdornsträuchern. Seine Nester baut diese Finkenart in relativ niedriger Höhe, meist 1–4 m über dem Erdboden. Interessant ist auch, dass sich die Verbreitungsgebiete des Kernbeißers und der Gattung *Carpinus* in Europa sehr ähneln.

Neben dem Kernbeißer nimmt auch der Grünfink die Früchte der Hainbuche als Nahrung an. Er sammelt die abgefallenen Hainbuchennüsschen auch vom Boden auf. Von den anderen Singvogelarten sind noch vor allem Kleiber, Gimpel und Fichtenkreuzschnabel zu erwähnen, die ab und zu Hainbuchennüsschen als Nahrung aufnehmen.

Kurzcharakteristik

Kernbeißer
Coccothraustes coccothraustes (L.)

Englisch: Hawfinch
Systematik: Sperlingsvögel (Passeriformes), Finkenvögel (Fringillidae)
Größe: 17–18 cm
Gewicht: 60 g
Verbreitung: in ganz Europa, auf den Britischen Inseln, im Süden Skandinaviens und entlang des 60. Breitengrades durch ganz Asien bis Japan
Zugverhalten: Zugvogel, Kurzstreckenzieher
Nahrung: Hainbuchennüsschen, Kirschkerne, Bucheckern, Ahornfrüchte, Insekten, Knospen
Lebenserwartung: durchschnittlich 2–4 Jahre, aber auch bis 10 Jahre möglich.

Mit ihren kräftigen Schnäbeln knacken Kernbeißer die Kerne von Wildkirschen, aber auch Hainbuchen nüsschen und Ahornsamen.

Eichelhäher sind die buntesten Vertreter der heimischen Rabenvögel. Auffallend sind vor allem die blauen Hand-, Arm- und Carpaldecken.

3.3 Ornithochorie: Häher, Kleiber und Waldbäume

Eichelhäher – verhasst, verfolgt, verehrt

Obwohl man bereits in der klassischen Forstliteratur zu Beginn des 19. Jahrhunderts die Bedeutung des Eichelhähers erkannte, wurde er besonders nach dem zweiten Weltkrieg wegen seiner angeblichen Schädlichkeit durch Eierraub und Verzehr von Singvogeljungen von Förstern, Jägern und Vogelschützern regelrecht verfolgt. Es gab zwar auch immer wieder verhaltene Stimmen aus der Forstwissenschaft, die dem Eichelhäher insgesamt mehr Nutzen im Wald als Schaden bescheinigten, aber an der Einstellung der forstlichen Praktiker, die durch die einseitige Berichterstattung von Otto Henze weiterhin von der Schädlichkeit des Eichelhähers überzeugt waren, änderte sich nichts (s. auch Kapitel 1.3). Die grundlegenden ornitho-ökologischen Untersuchungen aus den 1970er-Jahren fanden damals leider keinen Widerhall in der Forstwirtschaft und bei den Jägern. Selbst in dem 1986 erschienen 5. Band von „Die Forstschädlinge Europas“ wird noch die Schädlichkeit des Eichelhähers betont.

Am Ende der 1970er und zu Beginn der 1980er-Jahre mehrten sich jedoch die Stimmen von waldökologisch aufgeschlossenen Forstleuten, die die Bedeutung des Eichelhähers bei der Ausbreitung von Waldbäumen, insbesondere der Eichen, betonten.

Eichelhäher – Waldbauer mit Orientierungssinn

Im Vergleich mit den anderen einheimischen Rabenvogelarten ist der Eichelhäher nicht nur der bunteste Vertreter, sondern er ist auch ein typischer Waldbewohner. Er besitzt ein breites Nahrungsspektrum und ernährt sich saisonal sehr variabel. Für erwachsene Vögel sind Eicheln das ganze Jahr über wesentlicher Teil der Nahrung. Für die Aufzucht der Jungen werden auch die Keimblätter von Eichenkeimlingen genutzt. Der Wirbeltieranteil in der Nahrung des Eichelhähers ist unbedeutend und liegt bei 3 – 5 %. Es ist landläufig bekannt, dass Eichelhäher im Herbst Eicheln sammeln und als Wintervorrat im Boden verstecken. Wobei der Eichelhäher bei seinen Transportflügen zwischen 1 – 6 (10) Eicheln in Schlund und Schnabel transportieren kann. Je mehr Eicheln der einzelne Vogel mit sich trägt, umso weiter führen seine Transportflüge weg vom Samenbaum. Während beim Transport einer Eichel der Eichelhäher fast 80 % der Eicheln im nahen Umfeld des Samenbaumes (0 – 20 m) versteckt, fliegt er beim Transport von 3 bis 5 Eicheln in über 70 % der Flüge weiter als 100 m, manchmal sogar kilometerweit. Pro Nahrungsversteck legt der Eichelhäher nur eine Eichel ab. Er nutzt dieses Versteck dann nur einmal. Meist beträgt der Abstand zwischen zwei Verstecken 0,5 – 1 m, maximal 15 m. Der Eichelhäher ist dabei ein typischer Vertreter der Tiere, die viele Einzelverstecke anlegen (engl. *Scatterhoarding*, s. auch Kapitel 4.5); im Gegensatz dazu steht das Anlegen eines einzigen, großen Samenversteckes, wie z. B. beim Feldhamster (engl. *Larderhoarding*). Für die Ausbreitung von Baumarten ist natürlich das Prinzip vieler Einzelverstecke hilfreicher, als nur ein großes Nahrungsdepot. Der Eichelhäher bevorzugt beim Verstecken vertikale Strukturen mit Jungwuchs. Daher gehen besonders in mittelalten bis älteren Kiefernwäldern häufig Eichen durch Hähersaat auf. Nach einschlägigen Untersuchungen versteckt ein Eichelhäher im Herbst ca. 4000 bis 5000 Eicheln. Trotz seines guten Gedächtnisses und Orientierungssinnes findet der Eichelhäher nicht alle Verstecke wieder. So keimen aus den von einem Eichelhäher versteckten und nicht wieder aufgefundenen Eicheln etwa 1400 bis 1600 Eichen. Sind diese aber waldökologisch wirksam und forstlich interessant? Dieser Frage wurde in vielen einzelnen Untersuchungen an forstlichen Universitäten und Hochschulen vor allem in den 1990er-Jahren nachgegangen. Einen Überblick über diese waldbaulichen Untersuchungen liefern Bernd Stimm und Thomas Knoke. Es zeigt sich in allen diesen Untersuchungen, dass die Hähersaat sehr wohl zu forstlich befriedigenden Eichenverjüngungen führen kann, sofern die Schalenwilddichten nicht erhöht sind. Sowohl die Anzahl von 500

Naturverjüngung von Stieleiche (links) und Roteiche (rechts). Die Stieleiche wird vom Eichelhäher, die Roteiche durch Mäuse ausgebreitet. Rußweiher, Oberpfalz.

bis 14500 Eichen pro ha als auch die Form und Qualität der jungen Eichen lassen diese Hähersaaten, v.a. beim Umbau reiner Nadelbaumforste in klimatolerante Mischwälder, als eine günstige waldbauliche Methode erscheinen. Sehr anschaulich wird das am Beispiel des Walddistriktes Weißwasser in Sachsen dargestellt. Folgende Ausgangsbedingungen sollten erfüllt sein, um die Hähersaaten möglichst gelingen zu lassen: eine ausreichende Anzahl von Alteichen als Samenbäume, angepasste Schalenwildbestände, ansonsten ist Zäunung nötig, und kein zu dichter Kronenschluss. Daher haben sich gerade Kiefernbestände mit ihren lichtdurchlässigen Kronen als besonders günstig für die Ausnutzung der Hähersaat erwiesen.

Bei Auswahlversuchen zeigte sich auch, dass der Eichelhäher die Eicheln der nordamerikanischen Roteiche eher verschmäht und nur zu einem sehr geringen Teil annimmt und versteckt.

Aber der Eichelhäher sät nicht nur Eicheln, sondern er verbreitet auch Edelkastanien und Walnüsse auf die gleiche Art und Weise wie Eicheln. Die Früchte der Edelkastanie, die Maroni, nimmt der Eichelhäher sehr gerne als Nahrung an und versteckt sie ebenso wie Eicheln. Im niederbayerischen Ort Saldenburg wurden vor ca. 100 Jahren zwei Edelkastanien gepflanzt, die auch später fruktifizierten. Bei einer eingehenden Untersuchung zur Ausbreitung

ichelhäher *Garrulus glandarius* (L.)

nglisch: Jay
ystematik: Sperlingsvögel (Passerifor-es), Rabenvögel (Corvidae)
röße: 32 – 35 cm
ewicht: 160 – 170 g
erbreitung: in vielen Unterarten von en Britischen Inseln, Europa, Teile ordafrikas, über den Nahen Osten, ordasien, Sibirien bis nach Indochina nd Japan
ugverhalten: in Mitteleuropa Stand-ögel, die nord- und osteuropäischen chelhäher sind eher Strichvögel und ilzieher
ahrung: pflanzliche und tierische ost, saisonal unterschiedlich und zeit-ch angepasst; i. W. Baumsamen und rüchte wie z. B. Eicheln, Bucheckern, asel- und Walnüsse, Edelkastanien, er auch Mais, Getreide, Beeren, einfrüchte, Pilze, Raupen, Larven, ngerlinge, Spinnen, Gliederfüßler, Eier nd Jungvögel
benserwartung: bis 17 Jahre

Eichelhäher finden trotz ihres ausgeprägten Orientierungsvermögens nicht alle Futterverstecke wieder.

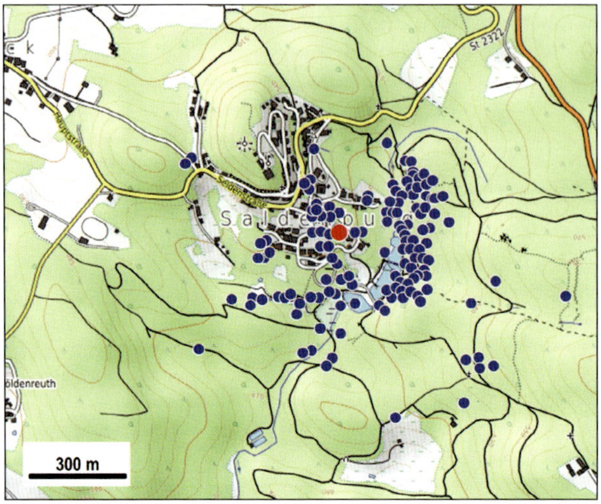

Ausbreitung durch Eichelhäher: Fundorte von Edelkastanien-Jungbäumen um Saldenburg, Niederbayern (blaue Punkte) ausgehend von zwei Ursprungsbäumen (roter Punkt). Nach Kutscher (2018).

der Edelkastanie dort durch den Eichelhäher konnten 205 jüngere Edelkastanien gefunden werden. Dabei betrug die größte Entfernung zum Mutterbaum 812 m.

In den letzten 15 – 20 Jahren wird immer wieder die spontane Verjüngung der Walnuß in Wäldern beobachtet. Neuere Untersuchungen im nördlichen Steigerwald (Bayern) zeigen auch hier den Einfluss des Eichelhähers. Er holt sich von den Walnussbäumen in Gärten und in der Feldflur die Walnüsse, um sie im Wald zu verstecken, und trägt damit zur Etablierung der Walnuss als Waldbaum bei.

Der Eichelhäher ist entgegen der häufigen Auffassung kein übler Nesträuber, sondern ein wichtiger Verbreiter von Baumarten. Er ist ein bedeutsames und wichtiges Glied der Waldlebensgemeinschaft. Aus seinen versteckten und vergessenen

Kurzcharakteristik

Stieleiche *Quercus robur*

Englisch: English oak, Common oak

Systematik: Buchenartige (Fagales), Buchengewächse (Fagaceae)

Wuchshöhe: bis über 40 m Höhe

Wuchsverhalten: sehr lichtbedürftig, erträgt tiefere Wintertemperaturen als die Traubeneiche

Standortansprüche: erträgt Staunässe und Überflutung, daher oft im Auwald, erschließt mit ihrem Wurzelsystem auch strenge Tonböden

Verbreitung: West-, Mittel- und Osteuropa bis nach Moskau

Nutzung: Eichenholz ist hart, schwer, dauerhaft und vielseitig nutzbar; z. B. Möbel, Treppen, Fenster, Türen, Furniere, Konstruktionsholz

Frucht und Ausbreitung: die Eichel ist eine einsamige Nussfrucht, meist 2 – 4 cm groß, im reifen Zustand braun, meist mit Längsstreifen; die Eicheln sind lang gestielt (Name!); Die Ausbreitung erfolgt i. W. durch Tiere (zoochor), über größere Entfernungen v. a. durch Eichelhäher

Kurzcharakteristik

Traubeneiche *Quercus petraea*

Englisch: Sessile oak

Systematik: Buchenartige (Fagales), Buchengewächse (Fagaceae)

Wuchshöhe: bis 40 m

Wuchsverhalten: lichtbedürftig, geringe Nährstoff-Ansprüche, höherer Wärmebedarf als Stieleiche

Standortansprüche: gedeiht auch auf nährstoffärmeren Standorten, z. B. auf Buntsandstein, auch auf trockenen und wechseltrockenen Standorten

Verbreitung: hauptsächlich in West- und Mitteleuropa, im Süden in Nordspanien, Mittelitalien und Nordgriechenland, im Osten bis Polen und rund um das Schwarze Meer

Nutzung: Eichenholz ist hart, schwer und dauerhaft und vielseitig nutzbar; Möbel, Treppen, Fenster, Türen, Konstruktionsholz und besonders bei der Traubeneiche auch Furniere

Frucht und Ausbreitung: Die Eichel ist eine einsamige Nussfrucht; meist 1 – 3 cm groß, einfarbig braun, nicht oder nur kurz gestielt, im Fruchtstand traubig angeordnet (Name!). Die Ausbreitung erfolgt i. W. durch Tiere, über größere Entfernungen v. a. durch Eichelhäher.

Baumsamen, vor allem Eicheln, sprießen an den entlegensten Stellen des Waldes neue Laubbäume. So entsteht Mischwald zum Nulltarif und bei Beachtung der Standorte und bei tragbaren Schalenwildbeständen kann diese Hähersaat den notwendigen klimatoleranten Waldumbau effektiv und kostengünstig unterstützen. Aus waldökologischer und forstlicher Sicht ist eine Bejagung des Eichelhähers daher unnötig, ja sogar überflüssig.

Ein Eichelhäher nimmt eine Marone in den Schnabel und trägt sie zu einem Versteck. Bonn-Duisdorf.

Gefiederter Förster im Bergwald

Von der großen Leistung, die unser einheimischer Eichelhäher für die Ausbreitung unserer schwersamigen Baumarten, allen voran den Eichen, aber auch der Walnuss und der Edelkastanie erbringt, sind unterdessen viele Förster, Waldbesitzer und Naturfreunde unterrichtet. In noch stärkerem Maße stehen aber der Tannenhäher und die Zirbelkiefer in einer engen ökologischen Beziehung, die in diesem Kapitel näher beleuchtet werden soll.

Die Zirbe – Königin der Alpen

Die Zirbe, Zirbelkiefer oder Arve besitzt ein kleines, zersplittertes Areal in den Alpen, Karpaten und den Transsilvanischen Bergen. Sie kommt hauptsächlich in Höhenlagen von 1600 bis 2400 Metern vor. In Deutschland finden wir sie vor allem im Allgäu am Falkensteinkamm, im oberbayerischen Wetter-

Zirbelkiefern an der Waldgrenze. Ofenpass, Schweiz.

Kurzcharakteristik

Zirbelkiefer, Zirbe, Arve
Pinus cembra L.

Englisch: Swiss Stone Pine
Systematik: Koniferen (Coniferales), Kiefern (Pinaceae)
Wuchs: Höhe bis 25 m, Durchmesser bis 1,7 m
Wuchsverhalten: langsamwüchsig, lichtliebend, frosthart
Standortansprüche: frische, aber auch versauerte Böden auf Granit, Gneis, Schiefer und auch Kalkgestein, geringe Nährstoffansprüche, liebt kontinentales Klima
Verbreitung: in Europa zwei Teilareale, das größere in den Alpen und das kleinere in den Karpaten
Nutzung: Holz ist weich, leicht, lässt sich gut bearbeiten, duftet würzig, wird gerne zum Innenausbau für Vertäfelungen, Verkleidungen und zum Möbelbau benutzt
Frucht und Ausbreitung: die Zapfen reifen erst im dritten Jahr; die Samen (sog. „Zirbelnüsschen") werden hauptsächlich durch den Tannenhäher verbreitet (Zoochorie)

steingebirge am Schachen und in den Berchtesgadener Alpen (Reiteralpe, Steinernes Meer) mit einer gesamten Fläche von ca. 300 ha. Ihre sibirische Schwesternart *Pinus sibirica* hat hingegen ein riesiges Verbreitungsgebiet, das sich östlich des Urals bis weit östlich des Baikalsees, also von West- nach Ostsibirien, erstreckt. Aufgrund ihres knorrigen und malerischen Wuchses und des hohen Alters, das die Zirbe im Alpenraum erreichen kann (bis 700 Jahre), gilt sie als „die Königin der Alpen". Mindestens 40, meist 50 Jahre oder länger dauert es, bis Zirben die ersten Zapfen tragen, die im dritten Jahr reifen. Ihre aufrechtstehenden, eiförmigen etwa 7 bis 8 cm langen Zapfen sind anfangs violett, später zimtbraun gefärbt. Im Gegensatz zur Waldkiefer und zur Latsche sind die Samen („Zirbelnüsse") der Zirbe ungeflügelt und relativ schwer. Während Kiefernsamen ein Tausendkorngewicht von ca. 4 – 6 Gramm, Fichtensamen ein solches von ca. 7 – 10 Gramm erreichen, wiegen 1000 Zirbensamen zwischen 300 – 400 Gramm.

Tannenhäher bei der Zapfenernte.

Kurzcharakteristik

Tannenhäher *Nucifraga caryocatactes* (L.)

Englisch: Northern Nutcrack
Systematik: Singvögel (Passeriformes), Rabenvögel (Corvidae)
Größe: 22 – 33 cm, etwas kle ner als Eichelhäher
Gewicht: 120 – 170 g (250 g)
Verbreitung: von Südskandinavien über Mitteleuropa, das Baltikum den Balkan und über Sibirien bis nach Japan in mehreren Unte arten.
Zugverhalten: in Mitteleuro Jahresvogel.
Nahrung: im Sommer hauptsächlich Insekten, kleine Reptilien und Amphibien, Vogeleier, Beeren und im Wi ter Sämereien und Nüsse, z. Zirbensamen und Haselnüss
Lebenserwartung: bis 15 Jal

Anders als die geflügelten Samen der Waldkiefer, der Fichte oder der Lärche werden die deutlich schwereren Samen der Zirbelkiefer fast ausschließlich vom Tannenhäher verbreitet.

Im Energiegehalt sind die Samen der Nadelbaumarten pro Gewichtseinheit durchaus mit Haselnüssen und Eicheln vergleichbar. Die großen Samen der Zirbe sind daher für weitere Tierarten neben dem Tannenhäher, wie z. B. Eichhörnchen, Fichtenkreuzschnabel, Buntspecht und dem Kleiber als Nahrung von großem Interesse. Ja selbst der Mensch nutzt die Zirbelnüsse zur Ernährung.

Tannenhäher und Zirbe

Ein reichliches Samen- oder Mastjahr tritt bei der Zirbe nur alle 5 bis 7 Jahre auf. Dann kann man den Tannenhäher bei der Zapfenernte und beim Transport zu einem für die Bearbeitung geeigneten Ort beobachten. Dort, in der Zirbenschmiede, meißelt er mit seinem kräftigen Schnabel die Schuppen vom Zirbenzapfen weg, um die Nüsschen herauszupicken, im Unterzungensack zu verstauen und manchmal weitab von der Zirbe im Boden zu verstecken.

Aus dieser Tätigkeit schlossen Forstleute und Waldbesitzer in früheren Jahren eine schädliche Auswirkung des Tannenhähers auf die Verjüngung der Zirbe. Man bezeichnete ihn sogar als gefährlichsten Feind der Zirbe, als

Der Tannenhäher verstaut die Nüsschen in seinem geräumigen Unterzungensack.

Bis zu 15 Kilometer weit transportieren Tannenhäher die Samen in die Verstecke. Burgenland, Österreich.

schlimmen Räuber und unmöglichen Gesellen. Aber bereits im 19. Jahrhundert gab es Forstleute, die sehr genau die Natur beobachteten und erkannten, dass der Tannenhäher für die Verjüngung der Zirbe im Hochgebirge von größter Bedeutung ist. Insbesondere die Untersuchungen von Hermann Mattes (1982) zeigten eindrucksvoll die forstliche Bedeutung, die der Tannenhäher vor allem im Gebirgsraum für die Verjüngung der Zirbe besitzt. Die Zirbe ist bei ihrer Ausbreitung aufgrund ihrer schweren Samen auf den Tannenhäher angewiesen, insbesondere entgegen der Schwerkraft bergauf! Ein einzelner Tannenhäher kann bei schlechter Samenernte im Durchschnitt 47 000 und bei guter Samenernte etwa 109 000 Zirbensamen in ca. 6000 Depots verstecken. Dabei konnten als größte Transportdistanz 15 km festgestellt werden. Selbst unter einer bis zu 50 cm dicken Schneedecke finden die Tannenhäher drei Viertel ihrer Nahrungsvorräte wieder. Wie viele andere Vögel aus der Familie der Rabenvögel, besitzt auch der Tannenhäher ein ausgeprägtes räumliches Orientierungsvermögen. Neuere Untersuchungen zeigen jedoch, dass der Tannenhäher die Zirbensamen meist an Stellen versteckt, die für die Keimung der Samen eher ungünstig sind. Man geht davon aus, dass Tannenhäher dank ihres exzellenten Erinnerungsvermögens 80 Prozent der von ihnen versteckten Zirbensamen wieder findet. Obwohl der Beitrag des Tannenhähers an der Verjüngung der Zirbelkiefer damit geringer ist als bisher angenommen, ist er nach wie vor der einzige wirkungsvolle Ausbreitungsvektor für diese Baumart. Der relativ geringe Anteil von Zirbensamen, der vom Tannenhäher in günstige Habitate ausgebreitet wird, reicht offensichtlich aus, um eine nachhaltige Verjüngung und Ausbreitung der Zirbelkiefer sicherzustellen.

Am Versteckplatz würgt er die Nüsschen wieder aus und vergräbt sie in der Erde.

Die Samen der Zirbelkiefer stellen die wichtigste Nahrungsquelle des Tannenhähers dar, dem gleichzeitig die größte Rolle bei Ausbreitung der Zirbensamen im Bergwald zukommt. Für den Forstmann und den Naturfreund ist es faszinierend zu beobachten, wie unsere beiden Häherarten, der Tannen- und der Eichelhäher, als einzige Vogelarten in Europa, Samen in der Erde verstecken, um sie später wieder auszugraben und zu fressen. Ein Verhalten, das man sonst vor allem von Nagetieren kennt.

Häher- und Kiefernverwandschaft

In Mitteleuropa kommen zwei Häherarten vor: Der Eichelhäher und der weniger bekannte Tannenhäher. Der nordische Unglückshäher, eine typische Art der Taiga, konnte im östlichen Mitteleuropa bisher nur ganz ausnahmsweise nachgewiesen werden. Der Tannenhäher besiedelt in mehreren Unterarten ein riesiges Verbreitungsgebiet, das sich von Mitteleuropa über Russland und Sibirien bis nach Ostasien in den fernen Osten und auf die Halbinsel Kamtschatka erstreckt. In Deutschland kommt er vor allem in den Nadelwäldern der Mittel- und des Hochgebirges vor.

In den Kiefernwäldern der Rocky Mountains im amerikanischen Westen nimmt der dortige Kiefernhäher auch „Clark's Nutcracker" genannt, die ökologische Nische unseres Tannenhähers ein. Er ist an das Vorkommen von Kiefernarten gebunden, die schwere, flügellose Samen besitzen, so z. B. *Pinus edulis*, *Pinus albicaulis*, *Pinus strobiformis* und *Pinus flexilis*. Wie der Tannenhäher auch, holt er die schweren Kiefernsamen aus den Zapfen und versteckt sie als Nahrungsvorrat im Boden. In Europa kommen neben den Kiefernarten, die bei der Verbreitung ihrer Samen auf den Wind setzen (z. B. Waldkiefer, Schwarzkiefer) und der Zirbe, die ihre Samen-Ausbreitung hauptsächlich dem Tannenhäher überlässt, auch noch als intermediäre Art die Mazedonische Kiefer (*Pinus peuce*) vor. Diese ebenfalls fünfnadelige Kiefernart besitzt nur ein kleines Areal auf dem südlichen Balkan. Sie wurde in den 1970er und 1980er-Jahren in den durch Immissionen (hauptsächlich Schwefeldioxid) schwer geschädigten Wäldern des Erzgebirges als alternative Baumart versuchsweise angebaut. Diese Versuchsanbauten haben sich im dortigen Raum gut entwickelt und sind jetzt zwischen 40 und 60 Jahre alt. Inzwischen weiß man, dass die Tannenhäher dort auch die Zapfen der Mazedonischen Kiefer

Die Mazedonische oder Rumelische Kiefer (*Pinus peuce*) von der Balkanhalbinsel gehört heute zum Waldbestand des Erzgebirges. Ökologisch-Botanischer Garten Bayreuth.

aufsuchen, um die Samen als Nahrung zu gewinnen bzw. als Wintervorrat zu verstecken. Man bringt die gestiegenen Tannenhäher-Populationen dort sogar mit dem Anbau von *Pinus peuce* in Zusammenhang.

Tannenhäher und Haselnuss

Tannenhäher kommen in Mitteleuropa aber nicht nur in Gebirgslagen vor, sondern treten in weiten Bereichen außerhalb des Verbreitungsgebiets der Zirbelkiefer, vor allem in großen zusammenhängenden Nadelwaldgebieten, auf. Damit stellt sich die Frage, was frisst der Tannenhäher in diesen Gebieten? Hier ist die wichtigste Nahrungspflanze für den Tannenhäher die Haselnuss, deren Früchte er ebenfalls in Nahrungsdepots versteckt. Wie eng das Verbreitungsgebiet des Tannenhähers an die Verbreitung der Haselnuss gebunden ist, wurde exemplarisch für den Frankenwald im Landkreis Kronach sehr schön beschrieben. In den letzten Jahren wird sowohl für das urbane Grün als auch für den Wald der Anbau der südosteuropäischen Baumhasel als klimatolerante Baumart diskutiert. In einigen deutschen Städten und Orten konnte beobachtet werden, wie Tannenhäher aus den umliegenden Wäldern einflogen, um gezielt die reifen Nüsse der Baumhaseln zu ernten. Bei außergewöhnlichen Fichtenmasten nutzt der Tannenhäher wohl auch die sonst für ihn aufgrund der Größe nicht so attraktiven Fichtensamen als Nahrungsquelle. Zumindest weisen die synchronen Bestandsschwankungen darauf hin.

Kleiber und Eibe

Was haben Kleiber und Eibe gemeinsam? Ja, zwar kommen alle Buchstaben des Wortes „Eibe“ auch im Wort „Kleiber“ vor und beide Arten waren einmal Naturobjekte des Jahres: Die Eibe war Baum des Jahres 1994 und der Kleiber war Vogel des Jahres 2006. Aber was verbindet die beiden Arten öko-

Eiben am Naturstandort. Uetliberg bei Zürich.

logisch? Es ist die oftmals wenig bekannte Ausbreitung der Eibe durch den Kleiber.

Eibensamen

Alle Teile der Eibe enthalten das giftige Alkaloid Taxin, das bei Menschen und Tieren, besonders Pferden, tödliche Vergiftungen hervorrufen kann. Rehe und Rotwild äsen dagegen Eibennadeln und Eibenkeimlinge gerne und Mäuse und Eichhörnchen verzehren die Eibensamen, ohne Schaden zu nehmen. Die Eibe ist ein zweigeschlechtlicher Baum. Die weiblichen Blüten entwickeln sich als Sproß zweiter Ordnung am Grund der Anlage des Vegetationssprosses, dessen weitere Entwicklung gehemmt wird. Eine Deckhülle, das Integument, überwächst den Vegetationskegel. Die Spitze des Schößlings wird zur Samenanlage. Am Grund der Deckhülle entsteht während der Herbst- und Winterzeit eine wulstförmige Wucherung, die Samenmantel (Arillus) genannt wird und die Samenanlage (Nucellus) becherförmig umschließt. Aus diesem Arillus geht durch weitere Anschwellung das leuchtend rote „Frucht-Fleisch“ einer sogenannten Scheinbeere hervor. Der rote Arillus enthält zu 80 % Wasser, 16,3 % Zucker, 1,7 % Proteine und zusätzlich Pektine, organische Säuren und Asche. Er ist der einzige ungiftige, das heißt taxinfreie, Bestandteil der Eibe.

Ausbreitung der Eibe durch den Kleiber

Der Kleiber zählt zu den Vogelarten, die die Eibe durch ihr Interesse an den „Eibenbeeren“ verbreiten. Für viele Vogelarten sind gerade Eibenfrüchte mit ihrem fleischigen, weichen Arillus als Nahrung interessant (siehe auch Kapitel 3.4). Besonders Misteldrossel, Singdrossel, Amsel, aber auch Wacholderdrossel, Rotdrossel, Star und Rotkehlchen fressen Eibenfrüchte. Die Samen werden dann im

Das Zumauern zu großer Höhleneingänge mit Lehm verlieh dem Kleiber seinen deutschen Namen. „Kleiber“ ist im Mittelhochdeutschen die Berufsbezeichnung für einen Handwerker, der eine Lehmwand herstellt.

Kurzcharakteristik

Kleiber *Sitta europaea* L.

Englisch: Nuthatch

Systematik: Sperlingsvögel (Passeriformes), Kleiber (Sittidae)

Größe: 12 – 14,5 cm

Gewicht: 20 – 23 g

Verbreitung: NW-Afrika, Europa und Asien von Großbritannien bis Japan

Zugverhalten: Standvogel, standorttreu; Kurzstreckenzieher.

Lebenserwartung: durchschnittlich 2 – 3 Jahre, maximal 7 Jahre

Besonderheiten: einziger Vogel, der kopfunter am Baum klettern kann; er verklebt (Name!) den Eingang größerer Nisthöhlen und schließt damit größere Höhlenbrüter als Konkurrenten aus.

Aus einer Mauerspalte wächst ein Eibensämling. Der Kleiber hatte hier einen Eibensamen versteckt. Schloss Fantaisie, Oberfranken.

Kurzcharakteristik

Eibe *Taxus baccata* L.

Englisch: Yew

Systematik: Eibengewächse (Taxales), Eiben (Taxacaea)

Wuchshöhe: in Mitteleuropa meist zwischen 4 – 14 m, selten bis 20 m

Wuchsverhalten: Schattholzart mit sub-ozeanischem Charakter

Standortansprüche: frische Böden mit mittlerer bis besserer Nährstoff-Versorgung; auch gerne auf Kalk

Verbreitung: europäische Baumart, in Skandinavien bis zum 61. Breitengrad, im Osten bis zum 25. Längengrad, in südlichen Gebirgen bis ca. 1700 m ü NN, in den Alpen bis 1400 m ü NN

Nutzung: im Mittelalter als Holz für die englischen Langbögen übernutzt, nun unter Artenschutz

Frucht und Ausbreitung: Scheinbeere, roter Arillus einziger taxinfreier Teil der Eibe; Ausbreitung durch Vögel (Zoochorie)

Lebenserwartung: bis 500 Jahre

schleimigen, dunkelroten Vogelkot unverdaut ausgeschieden und damit verbreitet. Der Kleiber ist aber nicht an dem fleischigen Arillus, sondern nur am Samennüßchen der Eibe interessiert. Er zieht geschickt den Samen aus dem Arillus und versucht ihn an geeigneten Örtlichkeiten, z. B. Mauerfugen, Felsspalten und Borkenritzen zu verstecken oder dort auf zu meißeln, ähnlich den Spechtschmieden der Spechte. Der Kleiber legt Wintervorräte an, indem er Samen von verschiedenen Baumarten, z. B. Linde, Haselnuss, Kiefer, Tanne, Buche und eben auch Eibe, in Mauerfugen und Borkenspalten versteckt. Dieses gezielte Suchen und Verstecken von Eibensamen wurde bereits 1910 sehr genau beschrieben. Der damalige Beobachter Dr. Stäger zog die Schlussfolgerung, dass wohl der größte Teil der aus Felsspalten und Mauerfugen keimenden Eiben auf die Versteckätigkeit durch den Kleiber zurückzuführen ist. Diese Beobachtungen wurden einige Jahre später von einem Schweizer Forstmann bestätigt.

Verjüngung von Buche und Hainbuche auf Totholz

Der Kleiber nutzt jedoch auch andere Baumsamen, z. B. Bucheckern und Hainbuchennüsschen, als Nahrung. In Zeiten großen Nahrungsangebotes versteckt er diese in Spalten und Ritzen, vor allem in tiefrissiger Borke an Baumstämmen. Er nutzt auch die Rinden- und Borkenspalten des liegenden Totholzes. So ist die oftmals in Reih und Glied auflaufende Buchen- und Hainbuchenverjüngung auf mächtigen Totholzrollen von Buchen auf die Verstecktätigkeit des Kleibers zurückzuführen. Ist der Vermorschungs- und Zersetzungsgrad des Holzes soweit fortgeschritten, dass sich genügend Feuchtigkeit in dem Holzkörper halten kann, können die Keimlinge weiterwachsen, andernfalls vertrocknen sie. Auf diese Weise trägt der Kleiber auch zur Verjüngung von Buche und Hainbuche auf Totholz bei.

Die Eibensamen sind in einen fleischigen, becherförmigen Samenmantel (Arillus) eingebettet. Er wird oft fälschlicherweise als Beere bezeichnet, was aber botanisch nicht korrekt ist, da der Eibe als Nacktsamer ein Fruchtknoten fehlt, der zur Entwicklung von echten Früchten notwendig wäre. Fränkische Schweiz.

Von der ostasiatischen Unterart des Kleibers *Sitta europaea amurensis* ist bekannt, dass ein Vogel im Herbst täglich 8 – 28 Zedernnüsschen (wahrscheinlich Samen von *Pinus sibirica*) versteckt. In einer Untersuchung sammelten und versteckten neun Kleiber im September und Oktober etwa 5000 solcher Nüsschen im Gewicht von insgesamt 2500 g. Diese enorme Leistung kann man auch auf das Sammeln und Verstecken von Bucheckern oder Hainbuchennüsschen durch unseren Kleiber übertragen. Damit wird deutlich, welche Bedeutung der Kleiber bei der natürlichen Ausbreitung der Eibe, aber auch bei der punktuellen Verbreitung der Buche und der Hainbuche, in unseren Wäldern hat.

Zum Weiterlesen

Stimm & Knoke 2004, Knief 2020, Mattes 1982, Scheeder 1994.

Der Kleiber legt unter der Borke oder in kleinen Höhlungen der Bäume Nahrungsverstecke an.

3.4 Endozoochorie: Vögel – Beeren – Vogelbeeren

Vögel sind für viele Pflanzenarten wichtige Samenausbreiter. Darunter fällt die in Kapitel 3.3 beschriebene Ausbreitung von Samen durch aktiven Transport zur Anlage von Nahrungsvorräten. Sie ist durchaus zielgerichtet. Eine andere Form der Samenausbreitung ist die Endozoochorie. Dabei bietet die Pflanze dem Vogel eine Frucht mit einem attraktiven Fruchtfleisch und den darin eingebetteten Samen an. Diese Frucht wird in der Regel vom Vogel im Ganzen verschlungen und die Samen passieren im keimfähigen Zustand das Verdauungssystem des Vogels, während das saftige Fruchtfleisch quasi als „Belohnung“ der Ernährung des Vogels dient. Diese Form der Samenausbreitung hat eher zufälligen Charakter und ist von vielen Faktoren, wie dem Aktionsradius und der Habitatwahl des Vogels sowie der Zeit, welche die Samen zur Passage des Verdauungstraktes benötigen, abhängig. Die Entwicklung fleischiger Früchte reicht weit in die stammesgeschichtliche Vergangenheit der Pflanzen zurück, wobei Reptilien wohl deren erste Ausbreiter waren. Heute finden wir in der Vogelwelt besonders viele fruchtfressende Arten in den Tropen, wobei dabei auch der allgemein höhere

Stichwort

Endozoochorie

Ausbreitung von Diasporen (Ausbreitungseinheiten der Pflanze) durch einen tierlichen Organismus nach Darmpassage. Ein Beispiel ist die Ausbreitung von Beeren, bei denen Fruchtfleisch und Samen verschluckt werden und die noch keimfähigen Samen nach dem Verdauungsvorgang mit dem Kot wieder ausgeschieden werden.

Kleine, fleischige Früchte („Beeren“) sind im Herbst eine beliebte Vogelnahrung, insbesondere bei Drosselvögeln (hier eine Amsel) und Grasmücken.

Artenreichtum der Vögel in den Tropen eine Rolle spielt. Hornvögel, Tukane, Fruchttauben und Bülbüls sind typische Vogelgruppen, die bei der Ausbreitung der Samen von tropischen Waldbäumen eine große Rolle spielen. In Mitteleuropa ist das Früchtefressen bei den meisten Arten saisonal auf den Herbst beschränkt, wenn das Angebot an Beeren besonders groß ist. Aber was ist eine Beere überhaupt?

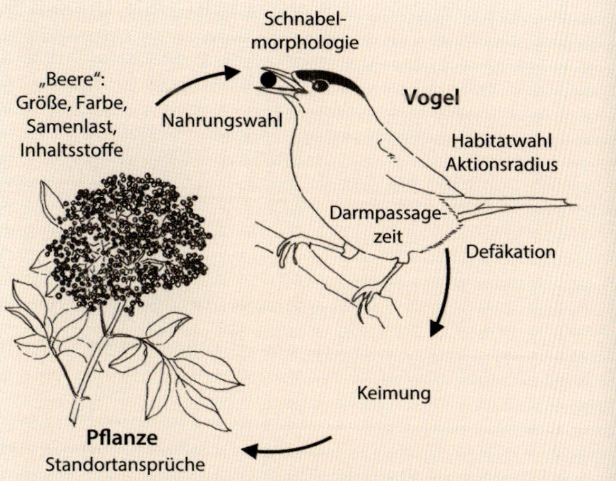

Zusammenschau der wichtigsten Einflussfaktoren auf die Vogel-Pflanze-Interaktion zwischen Pflanzen mit fleischigen Früchten und fruchtfressenden Vogelarten am Beispiel des Schwarzen Holunders und der Mönchsgrasmücke. Aus Pfeifer 2017, leicht verändert.

Was ist eine Beere?

Im botanischen Sinne sind Beeren als aus einem einzigen Fruchtknoten hervorgegangene Schließfrüchte definiert, bei denen die Fruchtwand gänzlich saftig-fleischig wird und die hartschaligen Samen einschließt. Beispiele hierzu sind Heidel-, Johannis- und Stachelbeeren, Tomaten, Zitrusfrüchte, aber auch Bananen, Gurken, Melonen und Kürbisse. Landläufig versteht man allerdings unter Beeren kleine, fleischige Früchte, auch wenn es sich im botanischen Sinne dabei um Sammelbalgfrüchte (z. B. Eberesche oder Vogelbeere), Steinfrüchte (z. B. Schwarzer Holunder), Sammelnussfrüchte (z. B. Hundsrose), Sammelsteinfrüchte (z. B. Himbeeren), Zapfen (z. B. Wacholder) oder Scheinbeeren (z. B. Eibe) handelt. Ihnen allen ist gemeinsam, dass sie ein aus lebenden Zellen bestehendes, meist saftiges und nahrhaftes Fruchtfleisch ausbilden, das entwicklungsgeschichtlich aus gänzlich verschiedenen Teilen der Pflanze entstanden sein kann. Dieses Fruchtfleisch ist gewissermaßen als „Köder“ für die Endozoochorie wichtig.

Was ist eine „Vogelbeere“?

Volkstümlich wird die Frucht der Eberesche als Vogelbeere bezeichnet, in Süddeutschland und Österreich der ganze Baum. Im Erzgebirge widmete man dem „Vugelbeerbaam“ sogar ein Volkslied. Die Früchte wurden früher häufig als Lockspeise beim Vogelfang eingesetzt (s. Kapitel 1.3) und sind aufgrund ihrer Eigenschaften für Drosselvögel hoch attraktiv. Aber die „Vogelbeere“ ist nicht die einzige:

Kurzcharakteristik

Vogelbeere, Eberesche *Sorbus aucuparia* L.

Englisch: Mountain Ash, Rowan

Systematik: Rosenartige (Rosales), Rosengewächse (Rosaceae)

Wuchshöhe: 15 – 20 (22) m

Wuchsverhalten: Pionierbaumart, in der Jugend raschwüchsig, lichtliebend

Standortansprüche: anspruchslos, frosthart, standortsvage, selbst auf Moorböden

Verbreitung: Europa (Britische Inseln, Skandinavien, Island, Mittel- und Westeuropa, in Südeuropa hautsächlich in den Gebirgen) und Nordasien bis Westsibirien, in den Hochgebirgen bis in die subalpine Stufe

Nutzung: zerstreutporiges Holz, deutlicher dunkler Kern, heller Splint, hart und zäh, für Drechsler- und Schnitzarbeiten, Kleinmöbel

Frucht und Ausbreitung: Früchte (die „Beeren“) kugelig, 8 – 10 mm, orange- bis scharlachrot, in Schirmrispen, bei der Vogelwelt sehr beliebt (Name!), Ausbreitung durch Vögel, aber auch durch Wurzelbrut und hohe Stockausschlagfähigkeit

in Mitteleuropa bilden 202 Arten oder rund 6% der mitteleuropäischen Gefäßpflanzen fleischige Früche aus. Was charakterisiert nun eine fleischige Frucht, damit sie für Vögel interessant ist?

Eine wichtige Voraussetzung für die Samenausbreitung durch Vögel ist, dass der Vogel die Frucht unzerkleinert mit den Samen aufnimmt. Die Speiseröhre führt vom Vogelschnabel aus zwischen den beiden Unterkieferästen hindurch. Der Abstand zwischen ihnen gibt die Größe vor, bis zu der eine Frucht unzerkleinert verschlungen werden kann. Für die Mönchsgrasmücke liegt diese Obergrenze bei einem Fruchtdurchmesser von 8–9 mm, was einer mittelgroßen Beere des Efeus entspricht. Große Drosseln wie die Misteldrossel, Amsel oder Wacholderdrossel (Abstand 10,7–11,9 mm) sind in der Lage, Früchte bis zu einem Durchmesser von 14 mm ganz zu verschlingen. Dies entspricht Früchten in der Größe einer Schlehe, die in manchen Gebieten fast ausschließlich von Amseln aufgenommen wird. Dieses Maß markiert auch ungefähr die Obergrenze des Durchmessers einer von mitteleuropäischen Vögeln ausgebreiteten Frucht. Tatsächlich liegen die Fruchtdurchmesser praktisch aller mitteleuropäischen vogelverbreiteten Früchte unter diesem Maß. Mehr als 50% der heimischen ornithochor ausgebreiteten Früchte besitzen einen Durchmesser zwischen 7 und 10 mm und können von einem Großteil der Grasmücken, Rotkehlchen, Rotschwänze und Drosseln unzerkleinert verschlungen werden.

Die Nutzung von „Beeren" durch verschiedene Vogelarten auf einer Beobachtungsfläche in Garmisch-Partenkirchen. Daten aus Bezzel (2017).

Pflanzen	Vogelarten
Kirsche *Prunus avium*	16
Eberesche *Sorbus aucuparia*	13
Roter Hartriegel *Cornus sanguinea*	13
Schwarzer Holunder *Sambucus nigra*	11
Apfel *Malus domesticus*	6
Hundsrose *Rosa canina*	5
Gemeiner Liguster *Ligustrum vulgare*	5
Kornelkirsche *Cornus mas*	4
Johannisbeeren *Ribes* spec.	4
Weißdorn *Crataegus* spec.	4
Wilder Wein *Parthenocissus quinquefolia*	4
Pflaume *Prunus domestica*	4
Cotoneaster *Cotoneaster* spec.	4
Felsenbirne *Amelanchier* spec.	4
Mehlbeere *Sorbus aria*	3
Pfaffenhütchen *Euonymus europaeus*	3
Eibe *Taxus baccata*	2
Himbeere *Rubus idaeus*	2
Schlehe *Prunus spinosa*	2

Vögel	Pflanzenarten
Amsel *Turdus merula*	25
Mönchsgrasmücke *Sylvia atricapilla*	16
Gimpel *Pyrrhula pyrrhula*	8
Rotkehlchen *Erithacus rubecula*	7
Gartengrasmücke *Sylvia borin*	6
Grünfink *Chloris chloris*	6
Singdrossel *Turdus philomelos*	6
Star *Sturnus vulgaris*	5
Rabenkrähe *Corvus corone*	4
Wacholderdrossel *Turdus pilaris*	4
Eichelhäher *Garrulus glandarius*	3
Kernbeißer *Coccothraustes coccothraustes*	3
Rotdrossel *Turdus iliacus*	3
Blaumeise *Cyanistes caeruleus*	2
Buntspecht *Dendrocopos major*	2
Hausrotschwanz *Phoenicurus ochruros*	2
Misteldrossel *Turdus viscivorus*	2
Zilpzalp *Phylloscopus collybita*	2
Kohlmeise *Parus major*	1

Einige typische Früchte, die durch Vögel ausgebreitet werden (jeweils von links nach rechts). Oberste Reihe: Vogelkirsche *Prunus avium*, Heckenkirsche *Lonicera xylosteum*, Eberesche *Sorbus aucuparia*, zweite Reihe: Hundsrose *Rosa canina*, Weißdorn *Crataegus* spec., Pfaffenhütchen *Euonymus europaeus*, dritte Reihe: Schlehe *Prunus spinosa*, Sanddorn *Hippophaë rhamnoides*, Schwarzer Holunder *Sambucus nigra*, unterste Reihe: Liguster *Ligustrum vulgaris*, Roter Hartriegel *Cornus sanguinea*, Kreuzdorn *Rhamnus cathartica*.

Die durch Vögel ausgebreiteten Früchte (rechts, Gemeiner Schneeball *Viburnum opulus*) sind klein, verbleiben nach der Reife am Baum und sind häufig rot oder blauschwarz gefärbt. Hingegen sind für Säugetiere attraktive Früchte groß, fallen bei der Reife vom Baum ab, sind unauffällig gefärbt und haben oft einen angenehmen Duft (links, Wildbirne *Pyrus pyraster*).

Im Gegensatz zu Früchten, die von Säugetieren ausgebreitet werden, haben Vogelfrüchte in der Regel keinen auffälligen Duft und sind meist rot oder blauschwarz gefärbt. Und im Gegensatz zu Säugetieren können Vögel auch Farben im ultravioletten Bereich wahrnehmen. So erhöht etwa die UV-reflektierende Wachsschicht auf Schlehen oder Heidelbeeren deren Erkennbarkeit für Vögel. Mit der Verfärbung der grünen, unreifen Frucht hin zur Reife verändert sich auch der Kontrast zum umgebenden Laub. Für nordamerikanische Wälder konnte gezeigt werden, dass rote Früchte eher vor der Laubfärbung ausreifen, während schwarze zu einem späteren Zeitpunkt reifen und mit

Um die Frucht ganz verschlucken zu können, muss ihr Durchmesser dem Abstand der Unterkieferäste des Vogels entsprechen oder kleiner sein. Links eine junge Amsel beim Verschlucken einer Ebereschen-Frucht. Die Zeichnung (rechts) zeigt den Kopf und Schädel einer Mönchsgrasmücke, die Unterkieferäste sind schwarz eingezeichnet, die Frucht durch den grauen Kreis angedeutet. Oben Seitenansicht, unten Ansicht von unten.

dem dann gelb-orange verfärbten Laub kontrastieren. Es könnte also der Kontrast zum Untergrund eine deutlich größere Rolle für das Erkennen der Beeren spielen als deren Farbe selbst.

Eine typische und bei Kleinvögeln sehr begehrte Frucht ist die des Schwarzen Holunders. Insbesondere Gartengrasmücken, aber auch andere Vogelarten nutzen sie intensiv. Dabei spielt die Holunder"beere" bei der herbstlichen Fettdeposition der Grasmücken eine wichtige Rolle. In den Mittelgebirgen tritt an die Stelle des Schwarzen Holunders der rotfrüchtige Trauben- oder Hirschholunder. Auch wenn seine Früchte keine so hohen Nährstoffgehalte aufweisen, ist er eine wichtige Nahrungsquelle, zumal die Früchte bereits zeitig im Sommer ausreifen.

Das Rotkehlchenbrot

Das Gemeine Pfaffenhütchen oder Spindelstrauch (*Euonymus europaeus*) bildet vierlappige Kapselfrüchte aus, in denen sich ein bis vier Samen befinden, die von einem orangefarbenen Samenmantel (Arillus) umgeben sind. Die-

Rotkehlchen und Rotkehlchenbrot: der orangefarbene, die Samen umgebende Arillus des Pfaffenhütchens ist eine beliebte Nahrung des Rotkehlchens. Die Bindung der beiden Arten aneinander ist allerdings weit weniger stark als manchmal angenommen. Links: Bialowieza (Polen), rechts: Fürstenfeld, Steiermark (Österreich).

Kurzcharakteristik

Rotkehlchen *Erithacus rubecula* (L.)

Englisch: European Robin
Systematik: Sperlingsvögel (Passeriformes), Fliegenschäpperartige (Muscicapidae)
Größe: 14 cm
Gewicht: 14 – 25 g
Verbreitung: Wälder und Gärten von Nordafrika bis Südwestsibirien und zum Kaspischen Meer.
Zugverhalten: Teilzieher.
Nahrung: Inseken und deren Larven, Früchte.
Lebenserwartung: über 8 Jahre im Freiland.

Kurzcharakteristik

Vogelkirsche *Prunus avium* L.

Englisch: Wild Cherry

Systematik: Rosenartige (Rosales) Rosengewächse (Rosaceae)

Wuchshöhe: meist 15 – 20 m, auf besten Standorten bis 30 m

Wuchsverhalten: raschwüchsig, Pioniercharakter, nur in der frühen Jugend Halbschatten ertragend, später lichtliebend

Standortansprüche: hohe Ansprüche an Nährstoff- und Basenversorgung; Trockenheit ertragend, meidet stark wasserbeeinflusste Standorte, kolline bis submontane Baumart

Verbreitung: in großen Teilen West-, Mittel-, Süd- und Südosteuropas verbreitet; im Norden bis nach Südskandinavien und im Osten bis zum Kaukasus

Nutzung: rötlich braunes Kernholz, gelbliches Splintholz, hart, aber biegsam, Hauptprodukt sind Furniere, aber auch für Möbel, Drechslerarbeiten, Intarsien, Musikinstrumente

Frucht und Ausbreitung: Steinfrucht mit einem festen Steinkern, ca. 10 mm im Durchmesser, schwarzrot, Fruchtfleisch aromatisch und süß, von Vogelarten verbreitet

Besonderheit: die Vogelkirsche ist die Wildform unserer Süßkirsche

Samenprädation: hier haben Grünfinken die Hagebutte einer Rose geöffnet. Ihr Ziel ist nicht das Fruchtfleisch, sondern der Verzehr der innenliegenden Samen. Deps, Oberfranken.

ser Samenmantel ist eine beliebte Herbstnahrung des Rotkehlchens. Die Vögel pflücken dabei Samenmantel mitsamt Samen von einem Sitzplatz aus oder im Rüttelflug aus den Samenkapseln. Aufgrund dieser Vorliebe entstand der Begriff des „Rotkehlchenbrotes“, der wohl auf Johann Friedrich Naumann (1780–1857), einen der Altmeister der deutschen Ornithologie, zurückgeht und seitdem in die Literatur eingeht. Tatsächlich werden die Früchte des Pfaffenhütchens außer vom Rotkehlchen nur von wenigen anderen Vogelarten gefressen, etwa von Amseln, Singdrosseln oder Mönchsgrasmücken, sodass das Rotkehlchen durchaus ein wichtiger, wenn nicht der wichtigste Ausbreiter der Samen des Pfaffenhütchens ist. Andererseits ist das Rotkehlchen aber nicht auf das Vorkommen des Pfaffenhütchens angewiesen, denn in vielen Rotkehlchenrevieren fehlt diese Pflanze oder ist so selten, dass sie für die Ernährung der Rotkehlchen unbedeutend ist. Die Vögel nehmen dann andere Beerenfrüchte, etwa vom Schwarzen oder vom Traubenholunder. Für das Pfaffenhütchen ist also das Vorkommen des Rotkehlchens für die Ausbreitung von Vorteil, die Rotkehlchen sind aber nicht auf das „Rotkehlchenbrot“ spezialisiert oder gar angewiesen, auch wenn sie es gerne fressen.

Samenprädatoren

Die an die Vögel gerichteten Signale der Früchte machen diese aber nicht nur für diejenigen Arten attraktiv, welche am Fruchtfleisch als Nahrung interessiert sind. Eine Reihe von samenfressenden Finkenvögeln öffnet die Früchte, um an die meist fett- oder stärkereichen Samen zu kommen. Dabei kann das Fruchtfleisch mit verzehrt werden oder aber eine untergeordnete Rolle spielen. Unter den heimischen Finkenvögeln sind dies vor allem Grünfink, Gimpel und Kernbeißer. Die Aufnahme von Steinfrüchten der Vogelkirsche und ihrer Zuchtformen verhalf dem letztgenannten zu seinem volkstümlichen Namen „Kirschkernbeißer". Zum Öffnen der harten Kerne ist ein kräftiger, kegelförmiger Schneideschnabel erforderlich, mit dem die erforderliche Kraft aufgebracht werden kann. Diese Eigenschaften schließen aber ein weites Öffnen des Schnabels und dehnbare Unterkieferäste zum unversehrten Verschlingen von Früchten weitgehend aus. Finkenvögel und andere landläufig „Körnerfresser" genannte Singvögel sind daher keine Samenverbreiter, sondern Samenprädatoren. Die Pflanze zieht aus dem Verzehr ihrer Früchte durch diese Vögel keinen Nutzen.

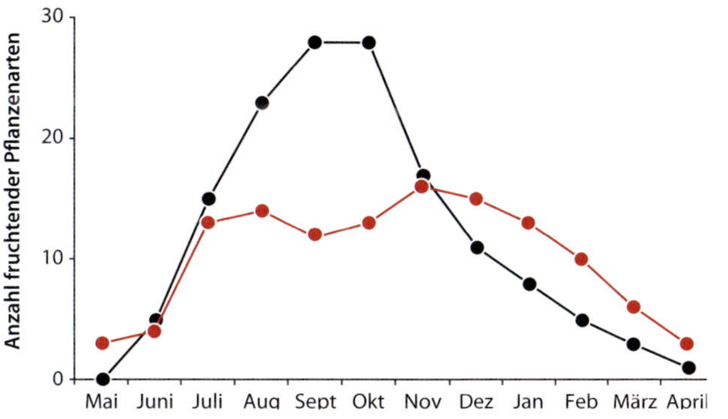

Jahresgang des Fruchtens von ornithochoren Pflanzen auf Probeflächen in Hessen (schwarz) und Südengland (rot). Das Hauptangebot fällt in Mitteleuropa mit dem Herbstzug der Singvögel zusammen, im humiden Klima Englands ist die Verteilung gleichmäßiger. Nach Stiebel (2003) und Snow & Snow (1988), aus Pfeifer (2017).

Sonderfall 1: Efeu

In Mitteleuropa ist das Angebot an Früchten im Herbst am größten, in der Zeit des einsetzenden Vogelzuges. Das Kommen und Gehen ständig neuer Vogelindividuen stellt die Ausbreitung der Diasporen auch dann sicher, wenn ein sehr reiches Angebot an Früchten herrscht. Hingegen ist das Angebot an Früchten im Frühjahr eher begrenzt. Eine Ausnahme macht der Efeu (*Hedera helix*), der im Herbst blüht und seine blauschwarzen Früchte zum Frühling hin entwickelt. Im Vergleich zu anderen Früchten besitzen die Efeubeeren mit rund 32 % einen recht hohen Fettgehalt. Für die kleinen Fruchtfresser liegen die Efeubeeren an der Obergrenze der verschluckbaren Größe, eine Efeufrucht ist daher ein nahrhafter Happen. Sie stellen eine wichtige Nahrungsreserve für aus dem Winterquartier zurückkehrende Singdrosseln, Mönchsgrasmücken und Gartenrotschwänze dar, vor allem dann, wenn bei späten Wintereinbrüchen andere Nahrungsquellen nicht verfügbar sind.

Kennzeichnend für den Efeu ist die Heterophyhllie, das heißt eine Pflanze bildet verschiedene Blattformen aus. In der Jugendform ist das Efeublatt drei- bis fünflappig. In dieser Form wächst die Pflanze am Boden und klettert, sobald Bäume, Mauern oder andere senkrechte Strukturen erreicht werden, mithilfe zahlreich ausgebildeter Adventivwurzeln nach oben. Er ist übrigens der einzige Wurzelkletterer der mitteleuropäischen Flora. Nach etwa 10-20 Jahren tritt dann erstmals die Altersform mit ganzrandigen, eiförmigen Blättern auf und die Pflanze beginnt zu blühen und zu fruchten. Die dunkelgrünen Laubblätter des Efeus sind mit einer glänzenden Wachs-

Kurzcharakteristik

Efeu *Hedera helix* L.

Englisch: Ivy

Systematik: (Araliales), Efeugewächse (Araliaceae)

Wuchshöhe: in der Jugendform kriechend, als Altersform Wurzelkletterer bis 20 m

Wuchsverhalten: mit Haftwurzeln am Boden kriechender oder an einer Unterlage (Bäume, Mauern) kletternder Strauch

Standortansprüche: frostempfindliche Schatt- und Halbschattholzart, in Au- und Laubmischwäldern, Buchenbegleiter

Verbreitung: wintermilde Regionen Europas bis zum Kaukasus, Altersform nur in milden, ozeanisch getönten Lagen

Nutzung: Arzneipflanze

Frucht und Ausbreitung: 3-5-samige Beere in Doldentrauben, Früchte kugelig, blauschwarz. Vogelverbreitung (Endozoochorie)

Besonderheit: Heterophyllie (unterschiedliche Ausprägung der Blätter an Jugend- und Blütensprossen); alle Pflanzenteile giftig (Saponine)

Alter: bis 450 Jahre

In Regionen mit wintermildem Klima klettert der Efeu über 20 Meter an den Bäumen empor. Er bildet dort die Altersform aus, blüht und fruchtet. Aufgrund milderer Winter geschieht dies neuerdings auch in Regionen mit raueren Klimaverhältnissen. Eckersdorf, Oberfranken.

schicht überzogen. Er gehört somit zu den laurophyllen („lorbeerblättrigen“) Gehölzen. Sein Ursprung liegt in den tropischen Wäldern des Tertiär, worauf auch die Träufelspitze der Blätter hinweist. Diese lang ausgezogene Blattspitze begünstigt das Ablaufen von Regenwasser, das auf die Blattoberseite gelangt und ist ein typisches Merkmal von Pflanzenarten feuchttropischer Gebiete. Solcherart Pflanzen besitzen nur eine eingeschränkte Frostresistenz, die zwar beim Efeu unter -20 °C liegt, jedoch nur durch vorhergehende niedrige Temperaturen von unter -10 °C induziert wird, während Temperaturen um 0 °C nur eine Frostresistenz bis etwa -12 °C herbeiführen. Einzelne Fröste mittlerer Stärke schränken also die Vitalität des Efeus bereits ein, hinzu kommt die Schädigung durch Frosttrocknis, der die Jugendform unter Schnee nicht in dem Maße ausgesetzt ist wie die Altersform. Aus diesem Grund war letztere bislang auf Regionen mit atlantischem Klima beschränkt. In

Die Größe von Efeubeeren liegt an der Obergrenze der Früchte, die von Mönchsgrasmücken noch im Ganzen verschluckt werden können. Tschechische Republik

den letzten Jahrzehnten lässt sich aber im Zuge der Klimaerwärmung eine deutliche Ausbreitung der fruchtenden Altersform in Regionen feststellen, in denen vorher nur die Jugendform vorherrschte. Das Phänomen des Einwanderns immergrüner Gehölze in sommergrüne Laubwälder wird Laurophyllisierung genannt und spielt vor allem im Südalpenraum eine Rolle. In Mitteleuropa ist zwar neben der Ausbreitung der Stechpalme und der Laubholzmistel (s. u.) vor allem die des Efeus auffällig, von einer großflächigen Laurophyllisierung kann aber (noch) keine Rede sein.

Möglicherweise profitieren aber bereits jetzt einige Vogelarten vom vermehrten Fruchten des Efeus im Frühjahr. Für Mönchsgrasmücken können die Früchte nicht nur bei Wintereinbrüchen kurz nach der Ankunft aus dem Winterquartier vorübergehende Nahrungsengpässe überbrücken, sondern auch bei der Jungenaufzucht als witterungsunabhängige Nahrungsquelle eine gewisse Rolle spielen. Für die Mönchsgrasmücke lässt sich in den letzten Jahrzehnten von allen mitteleuropäischen Vogelarten die deutlichste Vorverlegung des Ankunftstermins nachweisen. Dies ist auf das veränderte Zugverhalten zumindest eines Teiles der mitteleuropäischen Mönchsgrasmücken zurückzuführen. Die Zunahme der Altersform des Efeus und die damit zusammenhängende Verfügbarkeit von fettreichen Beeren im zeitigen Frühjahr könnte diese Entwicklung unterstützen. Detaillierte Untersuchungen dazu stehen noch aus, vor allem vor dem Hintergrund der sich abzeichnenden Aufspaltung mitteleuropäischer Mönchsgrasmücken in zwei hinsichtlich ihres Winterquartiers und ihrer Phänologie getrennte, bereits genetisch nachweisbare Ökotypen.

Sonderfall 2: Misteln

Misteln sind Halbschmarotzer, die auf den Ästen der Wirtsbäume aufsitzen und diesen Wasser und die darin gelösten Nährstoffe entziehen. Von den Misteln der Gattung *Viscum* kommt in Europa nördlich der Alpen nur die weißbeerige Mistel *Viscum album* vor. Je nach Wirtsbaumart werden drei Unterarten unterschieden: *Viscum album* ssp. *album* („Laubholz-Mistel") parasitiert Laubbäume, vor allem Pappeln, Weiden, Linden, Obstbäume und Robinien, *Viscum album* ssp. *abietis* („Tannen-Mistel") vorwiegend Weißtannen und *Viscum album* ssp. *austriacum* („Föhren-Mistel") Wald- und Schwarzkiefern. Daneben kommt im Südosten noch die laubabwerfende Eichenmistel oder Riemenblume vor. Sie erreicht Deutschland nur in einem kleinen Gebiet in Sachsen, bildet aber in den Auwäldern des pannonischen Raums bereits große Bestände.

Die weißlichen Scheinbeeren werden in Mitteleuropa vor allem von der Misteldrossel und überwinternden Seidenschwänzen genutzt. Die Vögel picken die Früchte ab und verletzen dabei die Fruchthaut, welche der Embryo ohne diese Verletzung nicht durchdringen könnte. Ziel des Vogels ist der zäh-klebrige Fruchtschleim, der darin enthaltene Same wird entweder durch Schnabelwetzen gleich wieder am Ast abgewischt oder nach der relativ kurzen Darmpassage wieder ausgeschieden. Bei der Defäkation sind die Samen vor allem bei der Laubholzmistel noch durch einen langen, zäh-klebrigen Viszinfaden verbunden, mit dem sie an den Ästen hängen bleiben. Dort bildet sich

Laubholzmisteln. Osli-Hany, Nationalpark Fertö-Hansag, (Ungarn).

Kurzcharakteristik

Mistel *Viscum album* L.

Englisch: Mistletoe

Systematik: Sandelholzartige (Santales), Mistelgewächse (Viscaceae)

Wuchshöhe: bis 1 m

Wuchsverhalten: immergrüner, strauchartiger Halbschmarotzer

Standortansprüche: Wirtspflanzen je nach Unterart Laubbäume, Tannen oder Kiefern

Verbreitung: weite Teile Eurasiens und Afrikas

Nutzung: Mistelzweige als Weihnachtsbräuche vor allem in Großbritannien

Frucht und Ausbreitung: erbsengroße, weiße Scheinbeere mit schleimigem Fruchtfleisch; Vogelverbreitung (Endozoochorie)

Alter: bis 60 Jahre

bei der Keimung zunächst eine kleine Haftscheibe, aus der später ein Saugfortsatz (Haustorium) herauswächst, das in den Holzkörper der Wirtspflanze eindringt. Dies ist nur bei relativ jungen, dünnrindigen Zweigen möglich. Ist dieser Primärsenker in den Holzkörper vorgedrungen, beginnt die eigentliche Entwicklung der Pflanze, die bis zur ersten Blüte mehrere Jahre dauert.

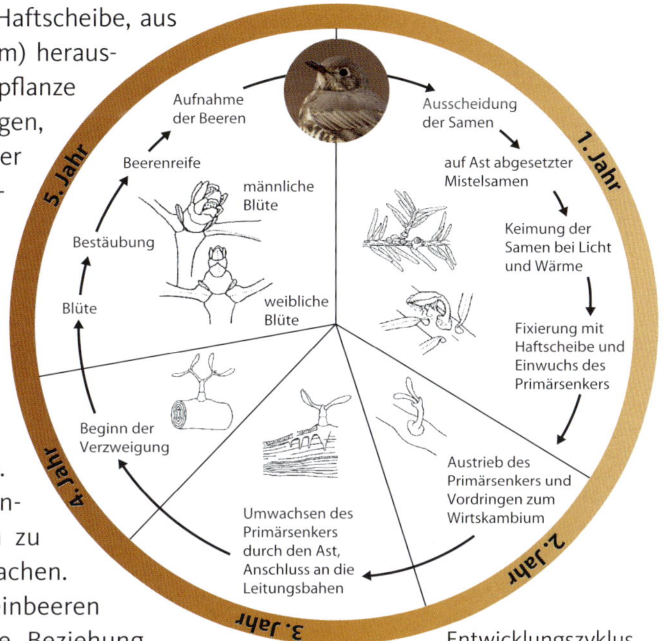

Entwicklungszyklus der Mistel bei Ausbreitung durch die Misteldrossel. Nach Nierhaus-Wunderwald & Lawrenz (1997), vereinfacht.

Wie bereits ihr Name andeutet, ist die Misteldrossel der wichtigste Ausbreiter der Misteln. Dies gilt für *Viscum album* ebenso wie für Eichenmisteln. Hinzu kommen überwinternde Seidenschwänze, die sich in Invasionsjahren zu Hunderten über die Mistelbeeren hermachen. Bei anderen Vogelarten sind die Scheinbeeren deutlich unbeliebter. Dennoch ist die Beziehung zwischen Misteldrossel und Mistel nicht wechselseitig. Die Mistel ist zwar auf die Drossel als Ausbreitungsvektor angewiesen, aber die Drossel kann zumindest in der Brutzeit auch ohne die Mistel leben. Allerdings deckt sich das Überwinterungsgebiet der Misteldrossel weitgehend mit dem der Misteln einschließlich des mediterranen, rotfruchtigen *Viscum cruciatum*, doch kann die Misteldrossel im atlantischen Klima auch ohne Mistelvorkommen erfolgreich überwintern. Andere Wildfrüchte, etwa Efeufrüchte,

Während des Winters verteidigen Misteldrosseln die beerentragenden Mistelbüsche. Herberstein, Steiermark.

Kurzcharakteristik

Misteldrossel
Turdus viscivorus L.

Englisch: Mistle Thrush
Systematik: Sperlingsvögel (Passeriformes), Drosselvögel (Turdidae)
Größe: 27 – 28 cm
Gewicht: 93 – 167 g
Verbreitung: Wälder von Westeurpa bis Asien, ringförmige Verbreitung um die innerasiatischen Wüsten.
Zugverhalten: Teilzieher.
Nahrung: Wirbellose, vor allem Regenwürmer, Früchte.
Lebenserwartung: über 21 Jahre im Freiland.

oder Äpfel dienen ihnen dann als Winternahrung. Die Situation erinnert an die oben dargestellte Beziehung zwischen Pfaffenhütchen und Rotkehlchen. Dennoch sind die Mistelbüsche für die überwinternden Misteldrosseln willkommene und ergiebige Nahrungsquellen, die sie vehement und aggressiv verteidigen.

Vögel, Gift und Alkohol

Bekanntlich wandelt die alkoholische Gärung unter Beteiligung von Hefen in einem enzymatischen Prozess Zucker in Alkohol um. Dieser Vorgang ist uns von der Bier-, Wein- und Schnapsherstellung her bestens bekannt. Auch unter natürlichen Umständen können solche Gärungen in überreifen Früchten stattfinden und so zu mitunter beträchtlichen Alkoholgehalten, etwa in überreifen Ebereschenfrüchten, führen. Diese Früchte werden von Vögeln aufgenommen. Stare können so 0,5 g Alkohol pro Kilogramm Körpergewicht schadlos aufnehmen, selbst 3 g pro kg werden noch schadlos vertragen, während die gleiche Menge beim Menschen zu unübersehbaren Verhaltenseinschränkungen führt. Warum ist das so?

Vögel verfügen über sehr wirkungsvolle Entgiftungssysteme, die verhindern, dass ein größerer Teil des Alkohols über die Schleimhäute des Verdauungstrakts in das Blut gelangt. Außerdem können sie im Blut selbst den Alkohol sehr schnell wieder abbauen. Mit einer bemerkenswert großen Leber, die beim überwiegend Früchte fressenden Seidenschwanz sogar 4,6 % des Körpergewichtes ausmacht, kann ein Seidenschwanz 2 g Alkohol pro Kilogramm Körpergewicht innerhalb von zwei Stunden wieder fast vollständig abbauen.

Seidenschwänze können auch überreife Früchte mit beträchtlichen Alkoholgehalten schadlos konsumieren. Lindenhof, Bayreuth.

Der körpereigene Entgiftungsmechanismus der Vögel schützt aber auch, wenn andere Gifte aufgenommen werden. Daher können Kernbeißer als Samenprädatoren Kirschkerne fressen, in denen die Blausäure in zwei Vorstufen vorliegt, die erst durch das Vermischen beim Kauvorgang zusammengeführt und giftig werden. Dabei verhindert ein körpereigenes Enzym diese Zusammenführung und macht den Kern für den Vogel ungiftig. Geringe Mengen der in den Kernen von Gehölzen der Gattung *Prunus*, also beispielsweise Aprikosen, Mandeln, Kirschen und Zwetschgen enthaltenen, eigentlich giftigen Blausäure sind zudem für den Organismus unproblematisch. Menschliche Liebhaber von Bittermandelaromen, etwa in Marzipan oder Amaretto, wissen das.

Vogelbeeren und Vogelbestände

Wie bei unserem Kulturobst auch, tritt bei den Wildfrüchten das Phänomen der Alternanz auf, das heißt, der Fruchtansatz kann sich von Jahr zu Jahr erheblich unterscheiden. Auf ein Jahr mit überreichem Angebot folgen Mangeljahre. Diese Mangeljahre wirken sich auf die Vogelwelt vor allem bei den Früchten aus, die bei reichem Angebot über den Herbst hinaus bis in den Winter zur Verfügung stehen, während sie in Jahren mit geringem Fruchtansatz bereits im Herbst weitgehend aufgezehrt sind. Allerdings wird der Fruchtansatz bei Wildfrüchten – da wirtschaftlich uninteressant – nicht regelmäßig und großflächig gemessen. Eine Ausnahme ist die Eberesche in Skandinavien. Ein kleiner Schmetterling hilft dabei.

Die Larven der Ebereschenfruchtmotte (*Argyresthia conjugella*) entwickeln sich in den Früchten der Eberesche, können aber auch Äpfel befallen. Der

Die Eberesche oder Vogelbeere ist in Mitteleuropa ein typischer Baum der Gebirge. Lauenstein, Frankenwald.

Für den Gimpel stellen die Früchte der Eberesche im Herbst und Winter eine wichtige Nahrungsquelle dar. Hessen.

Befallsdruck auf die Äpfel wird umso größer, je geringer der Fruchtansatz der Eberesche in einer Region ist. In skandinavischen Ländern hat man daher ein Monitoring des Fruktifizierens der Eberesche entwickelt, um in einem Vorhersagemodell das Befallsrisiko einschätzen zu können. Dieses Monitoring erlaubt die Abschätzung des jährlichen Nahrungsangebotes für Vogelarten, welche die Vogelbeeren als Winternahrung nutzen. Eine solche Art ist der Gimpel, der als Samenprädator (s.o.) und Fruchtfleischverzehrer im Herbst und Winter die Apfelfrüchte der Eberesche sehr gerne nutzt.

Ein Vergleich des Auftretens des Gimpels auf der Nordseeinsel Helgoland, wo die Art nicht brütet, mit dem Ausmaß des Fruchtens der Eberesche in Norwegen durch ein Team um Volker Dierschke und Sverre Kobro zeigte, dass in Jahren mit gutem Fruchtangebot in Norwegen nur wenige Gimpel Helgoland erreichten und auf dem Wegzug an der dortigen Vogelwarte registriert werden. Für die meisten reichte das Nahrungsangebot in Skandinavien aus, um dort zu überwintern. Bei geringem Angebot erscheinen hingegen viele Gimpel auf Helgoland. Die Ergebnisse deckten sich weitgehend mit Untersuchungen gleicher Art, die auf der dänischen Insel Chrisiansø und auf

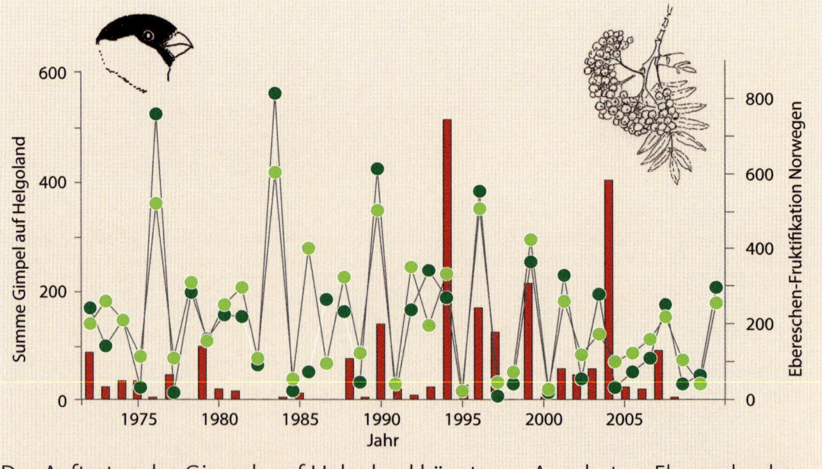

Das Auftreten des Gimpels auf Helgoland hängt vom Angebot an Ebereschenbeeren in den norwegischen Wäldern ab: je geringer der Fruchtansatz (dunkelgrüne Punkte: West-Norwegen, hellgrüne Punkte: Ost-Norwegen, Indexwert), desto höher die Anzahl der auf Helgoland erscheinenden durchziehenden Gimpel (rote Säulen). Daten aus Dierschke et al. (2010).

der schwedischen Beringungsstation Falsterbo durchgeführt wurden. Das Angebot an Ebereschenfrüchten in den Wäldern Skandinaviens steuert also großräumig das Auftreten von Gimpeln im Nord- und Ostseeraum.

Ganz ähnliches ist für den Seidenschwanz zu erkennen, der noch in wesentlich höherem Maß im Winter auf Fruchtnahrung angewiesen ist. Die Ernährung hoher Winterbestände des Seidenschwanzes in Finnland setzen einen starken Fruchtansatz der Eberesche voraus. Dann überwintern die Vögel in oder nur wenig südlich ihres Brutgebietes. Fällt der Fruchtansatz aber schwach aus, so wandern mehr oder weniger viele Seidenschwänze nach Ost- und Mitteleuropa ab. Massenevasionen, wie sie in größeren Abständen immer wieder in die Chroniken eingehen, entstehen wahrscheinlich nur dann, wenn nach mehreren aufeinanderfolgenden Spitzenjahren des Fruchtansatzes der Eberesche und guten Brutsommern eine Fehlmast der Eberesche folgt. Nicht Winterkälte oder gar ein prophezeiter kalter Winter, sondern das Nahrungsangebot in den Wäldern des Nordens bestimmt das Auftreten des Seidenschwanzes bei uns.

Koevolution von Pflanzen und Vögeln in Mitteleuropa?

Unter Koevolution versteht man den wechselseitigen Prozess der gegenseitigen Anpassung zweier Arten, die miteinander interagieren. Streng genommen handelt es sich dabei stets um Artenpaare, die aufeinander einen starken Selektionsdruck ausüben. Typische Beispiele sind die Koevolution zwischen Blütenpflanzen und spezialisierten Bestäubern oder Wirt-Parasit-Beziehungen. Es stellt sich daher die berechtigte Frage, ob die faszinierende Interaktion zwischen fleischigen Früchten und fruchtfressenden Vogelarten nicht auch das Ergebnis einer koevolutiven Entwicklung ist.

Zweifellos sind Früchte und Fruchtfresser gut aneinander angepasst. Vögel sind daher sehr effektive Ausbreiter der Pflanzen, was bereits Charles Darwin erkannte. Etliche Beispiele, wie etwa die Misteln (s. o.), sind kaum anders als durch eine gemeinsame evolutive Entwicklung erklärbar. Allerdings reicht die Entwicklung von fleischigen Früchten sehr weit in die Stammesgeschichte der Pflanzen zurück, viel weiter als die Entwicklungsgeschichte der modernen Vögel. Wahrscheinlich waren Saurier die ersten Ausbreiter. Dennoch sind heute viele in Mitteleuropa autochthone endozoochore Pflanzen sehr gut an ihre gefiederten Ausbreiter angepasst. Also doch eine Koevolution? Wir wollen dazu einige Argumente betrachten: Vögel und Pflanzen scheinen zunächst sehr gut „zusammenzupassen“. Allerdings nutzen die Vögel ein sehr weites

> **Stichwort**
>
> **Koevolution**
>
> Der Prozess, durch den Individuen von zwei oder mehr Arten wechselseitig auf die Kräfte der natürlichen Selektion einwirken, die sie aufeinander ausüben. Überwiegen bei dieser Wechselwirkung für beide Partner die Vorteile, so spricht man von Mutualismus. Er ist das Ergebnis einer Wechselbeziehung unabhängig von deren Ausmaß, Spezialisierung und geschichtlichem Hintergrund.

Spektrum an Früchten, sodass eine Koevolution von Artenpaaren im strengen Sinne nicht vorliegt. Zudem werden viele ornithochore Pflanzen auch durch Säugetiere wie Marder, Igel oder Füchse ausgebreitet. Heimische, autochthone Vogelarten nehmen sehr gerne fremdländische Früchte, wie man an Gartenpflanzen wie der nordamerikanischen Mahonie oder der Felsenbirne gut beobachten kann. Diese Artenpaare können allein wegen der räumlichen Trennung keine gemeinsame Evolution durchlaufen haben. Und – im Gegensatz zur Situation bei der Bestäubung – kann die Pflanze den Vogel nicht zu einer für die Keimung günstigen Stelle leiten. Diese bleibt dem Zufall überlassen.

Ein interessanter und plausibler Ansatz zur Erklärung des zweifellos vorhandenen Mutualismus zwischen Vögeln und ornithochoren Pflanzen in Mitteleuropa kommt aus dem klassischen Buch von Barbara und David Snow. Sie gehen davon aus, dass die Vögel als wichtige Ausbreitungsvektoren bestimmt haben, welche Pflanzen mit fleischigen Früchten die Besiedlung des nach der eiszeitlichen Vereisung weitgehend waldfreien Mitteleuropa überhaupt schaffen konnten. Pflanzen mit fleischigen Früchten durchliefen somit bei der postglazialen Wiederbewaldung eine Art „Filter“, der nur Arten mit einem gut abgestimmten Ausbreitermutualismus die Ansiedlung erlaubte. Dieser ist jedoch nicht durch Koevolution in Mitteleuropa entstanden, sondern reicht viel weiter in die Vergangenheit zurück. Sie umfasste nicht Vogel-Pflanze-Zweierpaare, sondern ganze Gruppen – als Ergebnis finden wir die Vogel-Pflanze-Interaktion der Endozoochorie heute bei einer ganze Reihe von Arten ohne starke Spezialisierung.

Naturverjüngung der Eberesche durch Vogelausbreitung. Nida, Kurische Nehrung.

Zum Weiterlesen

Snow & Snow 1988, Bonn & Poschlod 1998, Pfeifer 2017, Stiebel & Bairlein 2008 a, b.

3.5 Turmdohle – Baumdohle
Ein Stadtvogel im Wald oder ein Waldvogel in der Stadt?

Wer kennt sie nicht, die kleinen schwarzen Gesellen, die in Städten, an Kirchtürmen, Burgen und Schlössern mit ihren waghalsigen Flugspielen und ihren lauten „kjack-kjack“-Rufen auf sich aufmerksam machen. Die Dohle ist der einzige wirkliche Höhlenbrüter in dieser Vogelgruppe. Gerne brüten die Dohlen in alten, hohen Mauern und sind so im Laufe der Zeit zu einem festen Begleiter menschlicher Ansiedlungen geworden. Vielen Menschen ist aber gar nicht bekannt, dass ein Teil der Dohlenpopulation in Baumhöhlen brütet und unsere Wälder bewohnt. Ist die Dohle ein Stadtvogel im Wald oder ein Waldvogel in der Stadt?

Baumbrütende Dohlen – sicherer Brutplatz in der Höhle

Ursprünglich stammt die Dohle aus den halboffenen und offenen Steppengebieten des Ostens, in denen Brutplätze (Höhlen) und Nahrungshabitate eng miteinander verknüpft sind. In baumlosen Steppen und in Dünengebieten nutzt die anpassungsfähige Dohle auch Kaninchenbauten zur Anlage ihres Nestes. Neben den bekannten Niststandorten in alten Gemäuern wie Kirchtürmen, Burgmauern

Im Gegensatz zu ihren gebäude- und felsbrütenden Artgenossen besiedeln baumbrütende Dohlen alte, höhlenreiche Baumbestände.

und in Felsnischen, brütet ein Teil der Dohlen bei uns auch in Baumhöhlen in Wäldern. Diese „Walddohlen" gelten insgesamt als seltener und sind aufgrund ihrer Vorsicht und versteckten Lebensweise wesentlich schwieriger zu beobachten als ihre an Gebäuden brütenden Artgenossen.

Es ist verständlich, dass eine Baumhöhle in ca. 10 bis 12 m Höhe wesentlich besser vor Feinden schützt als ein Kaninchenbau am Boden. Der Bruterfolg in Baumhöhlen ist daher in der Regel höher als bei frei oder am Boden brütenden Vogelarten. Allerdings ist in Wäldern das Angebot an Baumhöhlen, die für Dohlen von der Größe her geeignet wären, dies sind vor allem Schwarzspechthöhlen, gering und gleichzeitig auch von anderen Vogelarten begehrt, etwa von Hohltauben, Kleibern, Grün- und Schwarzspecht. Dabei bevorzugt die Dohle Wälder mit mehreren Baumhöhlen in räumlicher Nähe (Höhlenzentren), da sie gerne in Kolonien brütet. Dohlen nehmen aber auch gerne geeignete Nisthilfen zum Bau ihrer Nester an und durch diese Maßnahmen können Dohlenpopulationen gestärkt werden.

Wie alle Dohlen suchen auch die Baumbrüter ihre Nahrung außerhalb des Waldes.

Kurzcharakteristik

Dohle *Coloeus monedula* L.

Englisch: Jackdaw
Systematik: Sperlingsvögel (Passeriformes), Rabenvögel (Corvidae)
Größe: 34 – 39 cm
Gewicht: 200 – 250 g
Verbreitung: von Großbritannien und Portugal über Mitteleuropa und Südskandinavien, Rußland und Mittelasien bis zum Baikalsee
Zugverhalten: Teilzieher
Nahrung: Allesfresser, breites Nahrungsspektrum, tierische (z. B. Insekten) und vegetabilische (z. B. Samen) Nahrungsbestandteile
Lebenserwartung: durchschnittlich 2 – 3 Jahre, Höchstalter 18 Jahre

Gesellige Dohlen

Dohlen brüten gerne gesellig. Die Kolonien in Wäldern umfassen durchschnittlich aber meist nur 5 Brutpaare und sind damit deutlich kleiner als die Kolonien an Kirchtürmen oder nischenreichen Burgmauern. Bei Erhebungen in bayerischen Wäldern lag die Spanne der Koloniegröße zwischen 1 und 15 Brutpaaren; im Durchschnitt bei 4,88 Brutpaaren pro Kolonie im Wald. Im hessischen Burgwald konnten 4 bis 6 Brutpaare und im bayerischen Inn-Chiemsee-Hügelland 4 Brutpaare als durchschnittliche Koloniegröße ermittelt werden. Bei neueren Untersuchungen konnten in hessischen Wäldern allerdings eine höhere Zahl von Brutpaaren pro Kolonie mit 6,4 Paaren festgestellt werden. Vielleicht ist das schon ein Erfolg des dort seit vielen Jahren praktizierten Altholzinselprogrammes.

In allen Untersuchungen dominieren bei den Brutplätzen baumbrütender Dohlen in Wäldern Buchenaltholzbestände, insbesondere mit hallenartigem Charakter, der sonst von Forst- und Naturschutzseite aus weniger geschätzt wird. Eigentlich werden gemischte, gestufte, strukturreiche Wälder angestrebt, die aber die Ansprüchen der Dohlen an einen freien, übersichtlichen Flugraum zwischen Waldboden und Kronenraum, der ein ungehindertes An- und Abfliegen von der Bruthöhle und den notwendigen Sicht- und Rufkontakt zu den Brutnachbarn ermöglicht, nicht entsprechen.

In Bayern befanden sich 66 % der Dohlenkolonien in reinen Buchenwäldern, weitere 27 % in Buchen-Mischbeständen und nur in 7 % fanden Bruten in Wäldern ohne Buchenbeteiligung statt. Die forstliche Nutzung, insbesondere im öffentlichen Wald, kann aber bei bekannten Dohlenkolonien mit Maßnahmen, wie verzögerte Verjüngungshiebe, größere Altholzinseln, auf diese Ansprüche der Dohlen in ihrer Verantwortung für Natur- und Artenschutz reagieren.

Doch kein Waldvogel?

Bei allen Erhebungen zu baumbrütenden Dohlen in Wäldern zeigte sich, dass Dohlen besonders gerne in Waldrandlage brüten und das Innere großer geschlossener Wälder meiden. Das hängt damit zusammen, dass Dohlen ihre Nahrung hauptsächlich außerhalb des Waldes im Offenland, auf Wiesen und Äckern suchen. Bei den bayerischen Erhebungen stellte sich heraus, dass in 56 % der erfassten Dohlenkolonien diese innerhalb von 100 m Entfernung zum Waldrand liegen. Die durchschnittliche Entfernung vom Brutbaum zum Waldrand lag bei dieser Erhebung bei 216 m. In thüringischen Untersuchungen lagen die meisten Dohlenkolonien überwiegend innerhalb von 200 m Abstand bis zum Waldrand. Fast immer war von den Kolonien aus das Offenland bereits zu sehen. Da Dohlen ihre Nahrung außerhalb des Waldes suchen, ist es für sie aus energetischen Gründen günstiger, nicht im

Inneren der Wälder, sondern möglichst am Rande dieser zu brüten, um die Entfernung bei den Nahrungsflügen, insbesondere bei der Jungenaufzucht, möglichst zu minimieren. So gesehen ist die Dohle zwar ein Vogel, der auch im Wald brütet und dort die Vorteile der Baumhöhlen und ihrer Störungsarmut nutzen kann, aber trotzdem dem Offenland mit der Nahrungssuche verbunden bleibt. Bei der Brutplatzwahl selbst ist er ein Spezialist, der auf das Vorhandensein von Höhlen angewiesen ist, hinsichtlich des Brutlebensraums aber ein Generalist, denn die Höhle kann im Wald, in einem Gebäude, in einer Fels- oder einer Lösswand liegen.

Dohlenbrutplatz im Buchenwald. Die Dohlen nisten in einer Schwarzspechthöhle im Baum in der Bildmitte. Truppach, Nördliche Frankenalb.

Verantwortung der Forstwirtschaft für die „Walddohlen“

Der Forstwirtschaft kommt für den Erhalt der baumbrütenden Dohlen dennoch eine große Verantwortung zu. Auch wenn die Baumbrüter insgesamt in der Dohlenpopulation in der Minderheit sind, in Thüringen liegt ihr Anteil bei 17 %, in Hessen immerhin bei 42 %, nimmt die Rolle der Baumbrüter für die gesamte Population an Bedeutung zu. In der Folge naturnäherer und laubholzfreundlicherer Bewirtschaftungsformen in den Wäldern hat in den meisten Bundesländern der Anteil alter Baumbestände in den letzten 10 – 15 Jahren tendenziell zugenommen. Bei den rasanten Veränderungen in den Ortschaften (etwa durch Gebäudesanierungen) und dem Strukturverlust in der Feldflur gewinnen die Brutplätze der Dohlen in Wäldern immer mehr als mögliche Rückzugsräume an Bedeutung. Außerdem ist die Dohle eine typische Zeigerart höhlenreicher Buchenaltbestände und ein Folgenutzer des Höhlenbaus durch Schwarzspechte. Um den Anforderungen einer ökologischen Nachhaltigkeit bei der Bewirtschaftung der Buchenwälder auch künftig gerecht zu werden, ist es daher notwendig, genügend Höhlenbäume bzw. potentielle Höhlenbäume und gegebenenfalls Altbaumgruppen in die nächste Bestandes-Generation zu übernehmen und bis zu ihrem natürlichen Lebensende zu belassen. Von diesem Höhlenbaumschutz profitieren auch weitere Vogelarten, wie z. B. Raufußkauz, Hohltaube, Kleiber, Schwarz- und Grünspecht sowie weitere Tiere, wie z. B. höhlenbewohnende Fledermäuse, Eichhörnchen, Sieben- und Gartenschläfer. Viele Hinweise und Merkblätter aus den letzten Jahren der verschiedenen Forstverwaltungen betonen deshalb den Schutz und den Erhalt von Höhlen-, Horst- und Biotopbäumen ausdrücklich.

3.6 Traubenkirschen, Vögel und Blattläuse

Die Traubenkirsche trägt zur Biodiversität unserer Wälder bei

Gerade im April erfreuen uns in den Auwäldern und entlang der uferbegleitenden Gehölze die blühenden Traubenkirschen mit ihrem hohen Schmuckwert. Noch vor dem Austrieb der anderen Baumarten, wie Pappeln, Weiden, Erlen oder Eschen, ergrünen und erblühen die Traubenkirschen bereits. Der überreiche Blütenschmuck der bis 15-18 Meter hoch werdenden Traubenkirschen ist unübersehbar und trägt positiv zum Landschaftsbild bei. Welche ökologische Rolle spielt aber die Gewöhnliche Traubenkirsche in unseren Wäldern? Und welche spielt sie speziell für unsere Vogelwelt?

Standortansprüche und Verbreitung der Traubenkirsche

Die gewöhnliche Traubenkirsche besitzt ein riesiges Verbreitungsgebiet, das sich von der Iberischen Halbinsel und den britischen Inseln im Westen über Skandinavien, Mittel- und Osteuropa bis nach Nordasien und Japan erstreckt.

Die Traubenkirsche ist als Halbschattholzart vor allem in Au- und Bruchwäldern und anderen feuchten Laubwäldern, aber auch in uferbegleitenden Gehölzbeständen, meist zusammen mit Esche und Roterle, verbreitet. Auch auf frischen Standorten kommt sie gerne an Waldrändern vor. Sie bevorzugt als Baumart nährstoffreiche, feuchte bzw. grundfeuchte Lehm- und Tonböden. Trockene Standorte meidet sie. Sie bildet tüchtig Wurzelbrut und Stockausschläge. Ihre dunkelgraue, glatte Rinde riecht bei Verletzungen unangenehm. Grund ist das Blausäureglykosid Amygdalin, das auch in den Kernen enthalten ist und den typischen Bittermandelgeruch erzeugt.

Traubenkirschenlaub und dessen Nutzer

Die Blätter der Traubenkirsche sind verkehrt-eiförmig geformt und am Rand gesägt. Im Gegensatz zur verwandten, ursprünglich nordamerikanischen Späten Traubenkirsche reicht bei der gewöhnlichen Traubenkirsche die Blatt-

Die Traubenkirsche (Bildmitte) ist eines der Gehölze mit dem frühesten Laubaustrieb. In der ansonsten noch winterkahlen Landschaft bietet sie zurückkehrenden Zugvögeln Deckung und Nahrung. Neudorf, Oberfranken.

Blühende Traubenkirschen im Frühjahr. Neudorf, Oberfranken.

Kurzcharakteristik

Gemeine Traubenkirsche *Prunus padus* L.

Englisch: Bird Cherry

Systematik: Rosenartige (Rosales), Rosengewächse (Rosaceae)

Wuchshöhe: 15 – 18 m

Wuchsverhalten: meist großer, mehrstämmiger Strauch oder kleiner Baum mit glatter Rinde

Standortansprüche: nährstoffreiche, frische bis feuchte Lehm- und Tonböden, meist in Auwäldern oder in bachbegleitenden Gehölzstreifen

Verbreitung: Europa, Sibirien, Nordasien, Japan

Nutzung: Holz selten genutzt, eignet sich zum Drechseln, für Intarsien, landschaftsästhetische Art durch die reiche Blüte

Frucht und Ausbreitung: Steinfrüchte mit 6 – 8 mm Durchmesser, die von Vögeln gefressen und deren Steinkerne damit verbreitet werden

nervatur nicht bis zum Blattrand. Am oberen Blattstielende sitzen zwei Nektarien.

Bei den Untersuchungen der Schmetterlinge in bayerischen Naturwaldreservaten in den letzten 25 Jahren konnten 70 % aller in Bayern nachgewiesenen Schmetterlingsarten festgestellt werden. Von 2983 bayerischen Schmetterlingsarten leben 955 Arten an Laubbäumen und 116 Arten an Nadelbäumen. An der Gattung *Prunus* leben 163 Arten. Das deutet schon auf die große Bedeutung der Gattung *Prunus*, insbesondere der Vogelkirsche und der Schlehe, für die heimischen Schmetterlingsarten hin.

An der Traubenkirsche allein kommen 21 Großschmetterlingsarten vor. Eine hübsche Art, die gerne an Traubenkirsche frisst, ist der Traubenkirschen-Spanner (*Abraxas sylvata*), der aber auch an den Blättern von Vogelkirschen, Ulmen und Hasel gefunden werden kann. Häufig werden Traubenkirschen im Frühjahr von der Traubenkirschengespinstmotte (*Yponomeuta evonymella*) befallen. Die Traubenkirschengespinstmotte gehört zu den wenigen streng monophagen Arten von Schmetterlingen unserer Fauna. Wenn die Traubenkirschen austreiben, schlüpfen die Larven der Traubenkirschen-Gespinstmotte und befressen die jüngsten Blättchen. Dabei spinnen sie sich eigene Gespinste an den Zweigspitzen. Diese Gespinste werden im Laufe der Raupenentwicklung immer größer und stellen einen guten mechanischen Schutz vor Vogelfraß dar. Zu guter Letzt sind große Teile der Krone und des Stammes mit Gespinst verhüllt und kahl gefressene und völlig eingesponnene Traubenkirschen glänzen im Sonnenlicht silbrig. Aber bereits zwei bis drei Wochen nach dem Kahlfraß treiben die Traubenkirschen wieder aus und wachsen meist unversehrt weiter. Zwischen der Baumart und der Gespinstmotte hat sich im Laufe ihrer Koevolution ein Gleichgewicht entwickelt. Für die Ernährung der Vögel spielen die Räupchen der Gespinstmotte, trotz ihres massenhaftes Auftretens, durch den Schutz des Gespinstes nur eine untergeordnete Rolle.

Die Gespinste der Traubenkirschen-Gespinstmotte (*Yponomeuta evonymella*) verleihen den Bäumen ein gespenstisches Aussehen. Altmühlsee.

Blütenpracht – Blütentracht

Die Traubenkirsche zeigt einen reichhaltigen Blütenansatz. Die Blüten befinden sich in überhängenden, vielblütigen Trauben. Die Einzelblüte ist fünfzählig und radiärsymmetrisch aufgebaut und besteht aus einem grünen Kelch und weißen freien Kronblättern. Im Gegensatz zur Rinde verströmen die Blüten einen eher angenehmen, honigartigen Geruch. Die Blüten werden intensiv von Bienen, Hummeln und Zweiflüglern beflogen und bestäubt. Die Traubenkirsche ist von beachtlichem Wert für die Bienen im Frühjahr.

Ausbreitung der Früchte durch Vögel

Aus den Blüten entwickeln sich erbsengroße Steinfrüchte, die meist dunkelrot oder schwarz gefärbt sind. Zur Reifezeit im Spätsommer werden diese von vielen Vogelarten gern verzehrt. Während das bitter schmeckende Fruchtfleisch ungiftig ist, enthält der runzelige Kern giftige Blausäureglykoside. Die Samen von Vogel- und Traubenkirsche werden durch fruchtfressende Vogelarten ausgebreitet. Es besteht hier eine enge ökologische Beziehung zum gegenseitigen Nutzen der Partner. Die Vögel bekommen Nahrung (Fruchtfleisch) und verbreiten im Gegenzug die genutzte Baumart über ihre Ausscheidungen weiter (s. Kapitel 3.4). In die Liste der beliebten Gehölze für Vogelarten reiht sich die Traubenkirsche mit 24 nachgewiesenen Vogelarten, die ihre Früchte fressen, ein. Insbesondere sind es Amsel, Singdrossel, Misteldrossel, Rotkehlchen und Mönchsgrasmücke, die die Früchte der Traubenkirsche nutzen. Im Englischen heißt diese Baumart daher *Bird Cherry*, nicht zu verwechseln mit der in deutscher Sprache Vogelkirsche genannten *Prunus avium* (englisch *Wild Cherry*).

Eine Amsel nimmt die Traubenkischen-Frucht auf und wirft anschließend den Samen wieder durch den Schnabel au

Sonderfall: Traubenkirschen-Hafer-Blattlaus

Eine besondere tierökologische Bedeutung vor allem für unsere Vogelwelt weist die Traubenkirsche durch das Vorkommen der Traubenkirschen-Hafer-Blattlaus (*Rhopalosiphum padi*) auf. Die früh austreibende und früh blühende Traubenkirsche, bietet bereits im April ein reiches Insektenangebot, das insbesondere von vielen Singvögeln als Nahrung genutzt wird. Eine besondere Rolle spielt hierbei die Traubenkirschen-Hafer-Blattlaus. Diese Laus überwintert als Ei auf der Traubenkirsche. Im Frühjahr entsteht eine erste, ungeflügelte Generation, später auch geflügelte Weibchen. Diese wandern im Mai/Juni auf Gräser (Hafer!) ab, von wo ab Ende August bis Mitte September die geflügelten Weibchen und Männchen wieder auf die Traubenkirsche zurückkehren.

Im Laufe der Jahre konnten in der Schweiz bei detaillieren Untersuchungen 36 Vogelarten beim Verzehr von Traubenkirschen-Hafer-Blattläusen beobachtet werden. Der Blattlausfraß beginnt Ende März/Anfang April und flaut nach dem 20. Mai stark ab, um Ende Mai völlig zu erlöschen. Den Höhepunkt erreicht er zwischen der ersten und dritten Aprilwoche. Insbesondere nutzen Mönchsgrasmücke, Zilpzalp, Fitis, Blaumeise, Kohlmeise, Buchfink und Teichrohrsänger dieses Nahrungsangebot.

Hoher ökologischer Wert der Traubenkirsche

Die Traubenkirsche besitzt also einen hohen tierökologischen Wert und trägt, wie die anderen Pionierbaumarten unserer Wälder, Aspe, Salweide, Birke und Vogelbeere, zur Artenvielfalt unserer heimischen Natur bei. Gerade auf feuchten und frischen Standorten, in Auwäldern, an Fließgewässern und Waldrändern kann die Traubenkirsche ohne großen Aufwand erhalten, gefördert

Einige Sequenzen von nach Traubenkirschen-Hafer-Blattläusen suchenden Fitislaubsängern. Die Blattläuse sitzen in dichten Kolonien an den Blattunterseiten (Bild rechts). Skizze nach Fotos aus Glutz von Blotzheim (2019).

Der Fitislaubsänger ist ein Nutzer der Traubenkirschen-Hafer-Blattlaus an der Traubenkirsche. Texel.

und vermehrt werden, um damit letztlich die Biodiversität unserer Wälder zu erhöhen. Sie ist nicht nur aus landschaftsästhetischen Gründen eine besonders attraktive Gehölzart. Aufgrund ihrer Bedeutung für die Tierwelt sollte sie auch in der offenen Landschaft, im Siedlungsbereich, in Gärten und Grünanlagen mehr gefördert werden.

Zum Weiterlesen

Reichholf 1996, Glutz von Blotzheim 2010, 2019

3.7 Ornithophilie: mitteleuropäische Vögel als Blütenbesucher

Wenn man von blütenbesuchenden Vögeln spricht, denkt man wohl in erster Linie an die in Süd- und Nordamerika heimischen Kolibris. Diese kleinen und farbenprächtigen Vögel rütteln im Schwirrflug vor Blüten, um mit ihrem langen Schnabel und der langen Zunge Nektar zu trinken. Aber auch in Afrika, Asien und Australien nutzen Vogelarten, vor allem aus den Familien der Nektarvögel und Honigfresser, Blüten zur Ernährung. In Afrika und Asien nehmen die Nektarvögel die ökologische Nische der blütenbesuchenden „Blumenvögel" ein und haben sich in ihrer Ernährung auf Blütennektar und Insekten spezialisiert. Die Honigfresser aus Australien sind schließlich die dritte große Gruppe der „Blumenvögel". Weltweit sind rund 1400 Vogelarten bekannt, die speziell Blütennektar saugen. Das geht sogar so weit, dass einige Pflanzenarten im Laufe der Evolution spezielle Blüten entwickelt haben, die nur von Vögeln bestäubt werden können. Insbesondere zwischen Kolibris und ihren Nahrungspflanzen bestehen enge mutualistische Beziehungen, welche die beiderseitige Entwicklung ständig beeinflusst haben. Dies ist vor allem in Extremlebensräumen, etwa in den tropischen Gebirgen, der Fall. Hier sind die Vögel die zuverlässigsten Bestäuber der Pflanze und die Pflanzen die zuverlässigsten Nahrungslieferanten für Vögel.

Stichwort

Ornithophilie

Ornithophilie wird die Anpassung von Pflanzen, den Vogelblumen, an die Bestäubung durch Vögel, den Blumenvögeln, genannt. Weltweit sind rund 1400 Vogelarten bekannt, die Nektar saugen. In der Alten Welt sind es v. a. Nektarvögel (Nectariniidae) in Afrika und Südasien, und Honigfresser (Meliphagidae) in Australien; in der Neuen Welt sind es v. a. Kolibris (Trochilidae), die an die Ernährung mit Nektar angepasst sind.

In den Tropen und Subtropen sind Vogelblumen oft rein rot bzw. grellrot gefärbt und duften meist nicht oder nur gering. Ornithophile Blüten sind durch eine hohe Nektarproduktion bei gleichzeitig geringer Zuckerkonzentration im Nektar gekennzeichnet.

Auch unser mitteleuropäischer Zilpzalp nutzt im Winterquartier Blüten als Nahrungsquelle, hier die vogelblütige *Aloe arborescens* an der Algarve. Die Federn im Gesicht sind von Blütenpollen orange verfärbt.

So weit geht die wechselseitige Anpassung der Blüten und Vögel in Europa nicht, trotzdem gibt es auch in unserer Natur rund 30 Vogelarten, die Blüten zur Ernährung aufsuchen. Nur wenige tun dies regelmäßig und können damit auch zur Bestäubung beitragen.

Blütenbesuchende Vogelarten – auch bei uns

Im Wesentlichen zählen die blütenbesuchenden Vogelarten bei uns meist zu den Meisen und Grasmücken, aber selbst Finken, Sperlinge und Stare wurden verschiedentlich beim Blütenbesuch beobachtet. Die häufigsten heimischen Blütenbesucher sind: Blaumeise, Fitis und Zilpzalp, Mönchs-, Garten-, Dorn- und Klappergrasmücke. Nachweise liegen auch für Erlenzeisig, Grünling, Hausrotschwanz, Amsel, Kohlmeise, Haussperling, Feldsperling und den Star vor. Die Blaumeise saugt regelmäßig an den Kätzchen der Salweide den nahrhaften Nektar und nimmt auch den eiweißhaltigen Pollen zu sich. Ähnlich könnte es sich bei der Schwanzmeise verhalten, die ebenfalls gerne Weidenkätzchen besucht. Die Nektarnutzung der Blaumeise an der Salweide, aber auch an der Grauweide, wurde bereits mehrfach beschrieben. Weiden sind zweihäusig (diözisch), das heißt, männliche und weibliche Blüten kommen auf getrennten Pflanzenindividuen vor, die unter Umständen weit voneinander entfernt stehen können. Der Weidennektar ist im zeitigen Frühjahr eine wichtige Energie-

Reich blühende Salweiden sind im Frühjahr nicht nur für Insekten, sondern auch für Vögel eine wichtige Nahrungsquelle. Oschenberg, Bayreuth.

Kurzcharakteristik

Salweide *Salix caprea* L.

Englisch: Common Willow
Systematik: Malpighienartige (Malpighiales), Weidengewächse (Salicaceae)
Wuchshöhe: meist Großstrauch oder kleiner Baum, 5 – 10 m, (20 m)
Wuchsverhalten: raschwüchsiger Pionier, lässt sich schlecht vegetativ vermehren
Standortansprüche: anspruchslos, frosthart, besiedelt auch Rohböden, weit verbreitet, oft Erstbesiedler auf Kahlflächen
Verbreitung: weit verbreitet im nördlichen Eurasien, von Europa (fehlt nur in den südlichen Gebieten) bis Zentral- und Ostasien
Nutzung: Bienennährgehölz (Bienenweide), Landschaftsgestaltung, Pionierbaumart
Frucht und Ausbreitung: winzige Samen, Windverbreitung

Blaumeisen nutzen im zeitigen Frühjahr die Weidenkätzchen.

Kurzcharakteristik

Blaumeise
Cyanistes caeruleus (L.)

Englisch: Common Blue Tit
Systematik: Sperlingsvögel (Passeriformes), Meisen (Paridae)
Größe: 11 – 12 cm
Gewicht: 7,5 – 14,7 g
Verbreitung: westpalärktisch, Mittel- und Südeuropa ostwärts bis zum Ural und Kaukasus
Zugverhalten: Standvogel, Teilzieher oder Kurzsstreckenzieher.
Nahrung: Insekten und deren Larven, Früchte, Nektar, im Winter Samen.
Lebenserwartung: maximal 12 Jahre und 4 Monate im Freiland

quelle für die Blaumeisen, die ihrerseits durch ihren Aktionsradius wichtige Pollinatoren der Weiden sind. Noch wenig erforscht ist, ob zwischen der UV-Reflexion an den Weidenkätzchen und dem bis in den ultravioletten Bereich reichenden Farbsehen der Vögel ein Zusammenhang besteht. Gerade bei der Blaumeise spielen Signale im UV-Bereich eine wichtige Rolle, zum Beispiel bei der Partnerwahl.

Auch der Zilpzalp saugt sehr gerne den Nektar aus den Kätzchen der Salweide. Daher trägt er seinen anderen deutschen Namen Weidenlaubsänger völlig zu Recht. Seine Rückkehr aus dem Winterquartier ist eng an die Blüte der Salweide im Februar/März gebunden. Nach der Rückkehr aus dem Winterquartier stellt der Weidennektar eine wichtige Nahrungsressource dar, mit der die verbrauchten Reserven wieder aufgefüllt werden können.

Der mit unserem Zilpzalp eng verwandte Kanarenzilpzalp hat die Aufnahme von Nektar perfektioniert. So werden zwei der auffälligsten kanarischen Pflanzen, die Kanarenglockenblume (*Canarina canariensis*) und der Kanaren-Fingerhut (*Isoplexis canariensis*), aber auch der Kanaren-Hornklee (*Lotus berthelotii*) hauptsächlich durch den dort heimischen Zilpzalp besucht und bestäubt. Weitere wichtige Bestäuber sind die mit unseren Blaumeisen nahe verwandten Kanarenmeisen. Auf den Kanaren und Madeira sind Mönchsgrasmücken so häufig Blütengäste, dass Peter Berthold und seine Co-Autoren sie „geradezu als fakultativen Nektarvogel bezeichnen“ möchten. Übrigens werden auch einige als Gartenpflanzen eingeführte „Vogelblumen“ von heimischen Vögeln besucht. Die im Mittelmeerraum häufig gepflanzten afrikanischen Aloen sind vogelblütig und werden in ihrer Heimat vor allem von Nektarvögeln bestäubt, im Mediterran werden sie von überwinternden Zilpzalpen, aber auch von den in Spanien heimischen Blauelstern, aufgesucht. Auch die seit dem Mittelalter in Mitteleuropa als Gartenpflanze verbreitete Kaiserkrone (*Fritillaria imperialis*) ist eine Vogelblume, die unter anderem von Kohlmeisen bestäubt wird.

In neuerer Zeit wurden Fälle beschrieben, wo sich bei Nektar saugenden Grasmücken der Pollen an der Schnabeloberseite ablagert und Gebilde schafft, die an abnorme Wucherungen oder Schnabelmissbildungen erinnern.

Die Bedeutung der Salweide

Aufgrund der weiten Verbreitung der Salweide spielt diese daher für blütenbesuchende Vogelarten als Lieferant wertvoller energiereicher Nahrung im Frühling eine wichtige Rolle. Salweiden an Waldrändern, auf Kahlflächen, in Forstkulturen sollten daher – ähnlich wie die Traubenkirsche – vor allem wegen ihrer hohen Bedeutung für die Artenvielfalt der Insekten und die Vogelwelt als ökologische Bereicherung und nicht nur als verdämmendes Weichlaubholz betrachtet werden.

Zum Weiterlesen

Schuchmann 1993, da Silva 2014

Im Frühjahr ist der Blütennektar von Weidenkätzchen bei Insekten wie Vögeln gleichermaßen begehrt. Links ein Tagpfauenauge (*Inachis io*), rechts ein Zilpzalp.

3.8 Zeigt her eure Füße: Lebensformen und Lebensräume

Die äußere Gestalt eines Vogels sollte möglichst gut an seinen Lebensraum angepasst sein. Unterschiedlicher Körperbau bedingt die Nutzung unterschiedlicher ökologischer Nischen und umgekehrt, sodass die Konkurrenz zwischen zwei Arten verringert wird (s. Kapitel 4.1). Das klingt zunächst einleuchtend, aber – wie so oft – steckt der Teufel im Detail. Welches Körpermerkmal steht in welchem funktionellen Zusammenhang? Und welches ist überhaupt das für das Überleben in schwierigen Zeiten entscheidend wichtige? Welche Rolle spielt das Verhalten dabei? Es ist schon viel darüber nachgedacht worden, welche Vorgänge und Merkmale einen Vogel in sein Habitat führen. Wir wollen hier an drei Beispielen den Zusammenhang zwischen Körperbau und der Nahrungssuche von Vögeln an Bäumen beleuchten.

> **Stichwort**
>
> **Ökomorphologie**
>
> Lehre von morphologischen Merkmalen als Anpassungserscheinungen an Umweltfaktoren. Dazu werden Form und Gestalt von Lebewesen in Beziehung zu Eigenschaften des Lebensraumes gesetzt.

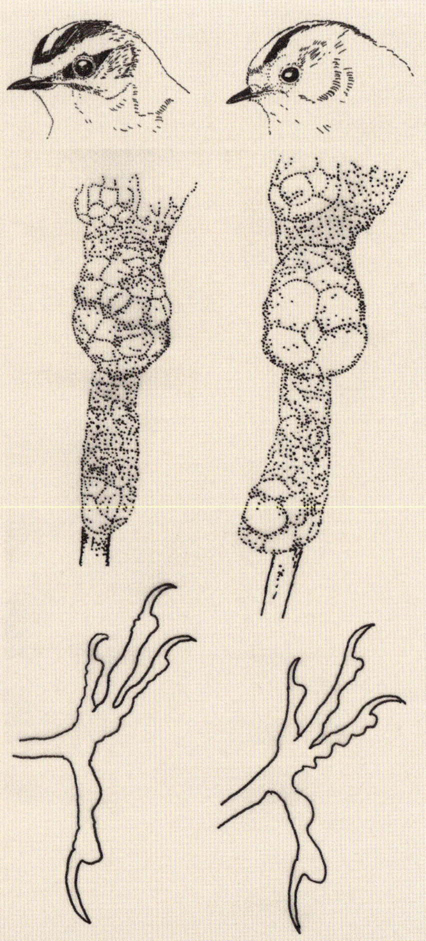

Zehensohlenballen von Singvögeln – Kälteadaption oder Anpassung an das Substrat?

Betrachtet man die Füße unserer beiden heimischen Goldhähnchen, so fällt auf, dass das Wintergoldhähnchen im Vergleich zum nahe verwandten Sommergoldhähnchen viel dickere Sohlenpolster an der Unterseite der Zehen aufweist. Der bei genauem Hinsehen auffällige Unterschied kann mit der Lebensraumnutzung in Zusammenhang gebracht werden: Wintergoldhähnchen sind sehr viel enger an Nadelbäume, besonders Fichten, gebunden als Sommergoldhähnchen. Das Wintergoldhähnchen verbringt bei der Nahrungssuche signifikant mehr Zeit in hängender Position kopfauf- und –abwärts als seine Zwillingsart (s. auch Kapitel 4.4). Seine Zehen spannen weit, die Sohlenballen erweisen sich als günstig beim Klettern an den Nadeln. Ein völlig anderer funktionaler Zusammenhang zwischen den dicken Sohlenpolstern und dem Lebensraum wurde von J. Reichholf anhand des Wintergoldhähnchens und von I. Lennerstedt anhand des Polar-

Die Füße der Goldhähnchen. Das Wintergoldhähnchen (rechts) besitzt im Vergleich zum Sommergoldhähnchen viel dickere Zehensohlenballen. Dies fällt sowohl in der stark vergrößerten Ansicht von unten (Mitte) als auch in der Seitenansicht (unten) auf. Nach Korner-Nievergelt & Leisler (2004) und Leisler & Thaler (1982).

Die starken, verhornten Zehenballen am Fuß des Wintergoldhähnchens ermöglichen, dass sich der Vogel sehr effektiv an Koniferennadeln festhalten kann. Nach Thaler (1990) und Winkler & Leisler (1985).

birkenzeisigs, der ebenfalls dicke Sohlenballen besitzt, diskutiert. Die dicken Polster sollten der Wärmeisolation dienen und den Vogel im Winter beim Sitzen auf kalten Unterlagen vor allzu großem Wärmeverlust schützen. Der Vorteil bei der Fortbewegung auf Koniferennadeln sei erst sekundär dazugekommen. So lange nicht weitere Vogelarten einbezogen werden, ähnelt die Diskussion aber dem berühmten Streit darum, was zuerst da war: das Ei oder die Henne.

Die Sache klärt sich erst, wenn man weitere Vogelarten anderer Familien mit einbezieht. Fränzi Korner-Nievergelt und Bernd Leisler haben dazu 88 Singvogelarten aus 7 Gattungen hinsichtlich der Höhe der Zehenballen und der Temperatur im Winterquartier sowie dem Anteil von Koniferen im genutzten Lebensraum miteinander verglichen. Ihre Ergebnisse weisen darauf hin, dass beide Faktoren unabhängig voneinander auf die Evolution der hohen Zehenballen gewirkt haben: Entweder nur das genutzte Substrat bei Meisen, Kleibern und Laubsängern oder die Temperatur im Wintergebiet bei Zeisigen und Karmingimpeln. Bei den Goldhähnchen und den amerikanischen Waldsängern wirken beide Faktoren – die übrigens untereinander keinen Zusammenhang zeigen. Mit dem Beispiel wird deutlich, dass die Betrachtung weniger Arten keine allzu weitreichenden Rückschlüsse erlaubt. Wie so oft, ist die Sache komplexer als zunächst angenommen.

Der lange Schwanz der Schwanzmeise

Ein Wintermorgen. An der Futterstelle findet sich neben zahlreichen Meisen auch ein Trupp Schwanzmeisen ein, die trotz ihres Namens nicht zu den eigentlichen Meisen gehören. Es ist eine Freude, den eleganten Kletter-

Nadel- und Laubwaldvogel: während die Tannenmeise (oben rechts) in Mitteleuropa sehr eng an Nadelwälder gebunden ist, besiedelt die Sumpfmeise (unten links) fast ausschließlich Laubwälder. Fichtelgebirge und Nationalpark Hainich.

künstlern bei der Nahrungssuche zuzusehen. Im Gegensatz zur Blau- und vor allem zur Kohlmeise halten sie sich mit Leichtigkeit an die äußersten Zweigspitzen der Baumkronen. Die Nahrungssuche in hängender Stellung, oft mit dem Rücken nach unten, lässt sich auch sehr gut an Meisenknödeln oder anderem freihängendem Fettfutter beobachten.

Es wird schnell klar, dass dabei der namensgebende lange Schwanz eine wichtige Rolle spielt. Er ermöglicht das „Turnen" als ein wichtiges Balancierinstrument bei gleichzeitiger Verlagerung des Schwerpunktes in Richtung der Beine. Diese sind lang und ermöglichen es den Schwanzmeisen, aufgenommene Nahrung direkt vor Ort „aus der Faust" zu verzehren, während die echten Meisen dazu die Oberseite eines dickeren Zweigs aufsuchen müssen und das Nahrungsobjekt zur Bearbeitung in typischer Weise unter die Zehen klemmen. Ein Versuch, den H. Riehm in ihrer klassischen Arbeit zum Aktionssystem der Schwanzmeise durchführte, unterstreicht dies. Stutzte man im Experiment einer Schwanzmeise den Schwanz auf Blaumeisenlänge, wurden Bewegungsweisen wie Drehen um ein Ästchen, Turnen und Hängen, nicht mehr gebracht.

Schwanzmeise und Sumpfmeise bei der Nahrungssuche. Bei der Schwanzmeise überwiegen turnende und hängende Bewegungsweisen.

Diese Verhaltensweisen setzten erst wieder ein, als nach der Mauser der Schwanz wieder zur vollen Länge nachgewachsen war. Erst dann war die hängende Nahrungssuche an den Zweigspitzen wieder möglich. Bei der Schwanzmeise sind also Körperform, Verhaltensweisen beim Nahrungserwerb und damit die Besetzung ihrer ökologischen Nische funktionell verbunden.

Kurzcharakteristik

Schwanzmeise *Aegithalos caudatus* (L.)

Englisch: Northern Long-tailed Tit
Systematik: Sperlingsvögel (Passeriformes), Schwanzmeisen (Aegithalidae)
Größe: 13-16 cm
Gewicht: 6,2-10,4 g
Verbreitung: Wälder und halboffene Landschaften von Westeuropa bis Japan.
Zugverhalten: Stand- und Strichvogel. Nördliche Populationen gelegentlich invasionsartige Wanderungen.
Nahrung: Insekten und Spinnen.
Lebenserwartung: bis 8 Jahre 6 Monate im Freiland.

Einige Sequenzen nahrungssuchender Schwanzmeisen. Das akrobatische Balancieren wird durch den langen Schwanz ermöglicht. Der Vogel links unten führt ein Nahrungsstück direkt mit dem Fuß zum Schnabel.

Zwei Möglichkeiten des Kletterns: der Kleiber (links) stützt sich mit einem Fuß nach unten ab, der Gartenbaumläufer (rechts) benutzt den spechtähnlichen Stützschwanz.

Stammkletterer

Wenn Vögel verschiedener Arten ihren Lebensraum in ähnlicher Weise nutzen, spricht man von ökologischen Gilden. Das können Nestgilden, Nahrungsgilden und Gilden mit vergleichbarem Nahrungssuchverhalten sein. Eine solche ökologische Gilde sind die Stammkletterer. Sie nutzen die Rinde der Baumstämme und dickerer Äste zur Nahrungssuche und sind nur selten abseits von stärkeren Bäumen zu beobachten. Die größte Gruppe der Stammkletterer stellen die Spechte dar, die aber nicht zu den Singvögeln gehören. Bei ihnen ist die Spezialisierung auf das Leben an vertikalen Strukturen am meisten ausgeprägt: Hackschnabel, ein hochspezialisierter Stützschwanz und die Zygodactylie, also zwei nach vorne und zwei nach hinten gerichtete Zehen, ermöglichen die Nutzung selbst überhängender Baumpartien ohne Probleme. Bei den heimischen Singvögeln findet sich diese Lebensform bei den Baumläufern wieder. Auch sie haben steife, zugespitzte Schwanzfedern. Diese Entwicklung ähnlicher Merkmale bei nicht näher miteinander verwandten Arten als Anpassung an die gleiche Lebensweise nennt man Konvergenz. Spechte und Baumläufer sind entwicklungsgeschichtlich nicht mit einander verwandt, sie verbindet die kletternde Lebensweise und der Stützschwanz. Damit er seine optimale Stützwirkung entfalten kann, verlagern die Baumläufer ihren Körperschwerpunkt etwas vom Stamm weg, die beiden Füße setzen in einer Ebene am Stamm an. Diese Form des Kletterns erlaubt Spechten wie Baumläufern nur die Bewegung am Stamm von unten nach oben. Wenn ein Baumläufer einen Stamm abgesucht hat und in der Krone angekommen ist, fliegt er zum Stammfuß des nächsten Baumes und sucht diesen wiederum von unten nach oben ab. Er bewegt sich dabei mit typischen ruckartig-rutschenden Bewegungen fort.

Eine andere Technik des Kletterns findet sich beim Kleiber. Sein Schwanz ist nicht als Stütze ausgebildet und spielt beim Klettern auch keine Rolle. Dennoch kann er sehr behende klettern, indem er die Füße nicht wie die Baumläufer in einer waagrechten Ebene am Stamm platziert, sondern versetzt oder möglichst sogar senkrecht übereinander. Dabei ist ein Bein stark gebeugt, das andere stark gestreckt. Voraussetzung dafür ist, dass die Beine möglichst lang und flexibel in den Gelenken drehbar sind. Beim Kleiber ist dies der Fall. Die Klettertechnik erlaubt ihm, auch mit dem Kopf nach unten zu klettern.

Die große Gestalts- und Formenvielfalt der Vögel ist faszinierend. Auch wenn es auf den ersten Blick wie Erbsenzählerei klingen mag, es ist notwendig, viele Einzelmerkmale zu messen, zu wiegen oder zu zählen, wenn man ihrer Lebensweise näher auf die Spur kommen will. Die sorgfältige Analyse ihres Körperbaus kann dann mit den Herausforderungen des Lebens im arttypischen Lebensraum in Verbindung gebracht werden. Das alles hilft uns, die wunderbare Vielfalt der Lebensformen und Lebensräume besser zu verstehen. Dieses Ziel treibt den Wissenschaftler an. Es ist natürlich genauso legitim, sich an einem kletternden Kleiber, einer turnenden Schwanzmeise oder einem Wintergoldhähnchen im Fichtengezweig einfach zu erfreuen und darüber zu staunen.

Zum Weiterlesen

Korner-Nievergelt & Leisler 2005, Riehm 1970, Winkler & Bock 1976

Klettert der Kleiber stammabwärts, so befinden sich beide Füße fast senkrecht übereinander. Das untere Bein ist gestreckt, das obere gebeugt.

3.9 Moose, Meisen, Meisennester

Moos – ein besonderer Stoff

Moose gehören zu den stammesgeschichtlich ältesten Landpflanzen. Ihre Entwicklungsgeschichte reicht bis ins Devon, also rund 300 Millionen Jahre, zurück. Sie sind relativ einfach gebaut, besitzen noch kein Stütz- und Leitgewege, keine Wurzeln und sind poikilohydre, also wechselfeuchte Pflanzen. Sie können ihren Wassergehalt nur in geringem Maß selbst regulieren und sind daher an feuchte Lebensbedingungen gebunden oder besitzen eine starke Austrocknungsfähigkeit. Nach der Austrocknung können sie durch Quellung wieder Wasser aufnehmen und die Lebensvorgänge fortsetzen. Aufgrund dieser starken Wasseraufnahmefähigkeit spielen sie eine wichtige Rolle bei der Wasserspeicherung in Wäldern. Da Moose meist klein sind und langsam wachsen, sind sie gegenüber den höheren Pflanzen konkurrenzschwach. Sie siedeln daher oft auf flachgründigen Standorten wie Felsen, Totholz oder epiphytisch auf Gehölzen, oder an sehr dunklen Standorten wie dem Waldboden.

Stichwort

Bryologie

Wissenschaft von den Moosen, die unter anderem ihre Taxonomie, Bioindikation, Verbreitung und ökologische Wechselwirkungen mit ihrem Lebensraum und anderen Pflanzen und Tieren untersucht. Als Anfangspunkt der moderen Bryologie gelten die Arbeiten von Johann Hedwig (1730 – 1799). Nach ihm ist die Moosgattung *Hedwigia* benannt.

Moose sind im Wald allgegenwärtig. Sie wachsen vor allem auf Felsen, auf Totholz und im tiefen Schatten - dort, wo die Wuchsbedingungen für höhere Pflanzen nicht ausreichen. Nationalpark Bayerischer Wald.

Moose und ihre geheimnisvolle Welt haben die Menschen schon immer fasziniert. Und sie gaben ihnen poetisch anmutende deutsche Namen: Schönes Widertonmoos für *Polytrichum formosum*, Winziges Schönschnabelmoos für *Eurhynchium swartzii*, Gemeines Kurzbüchsenmoos für *Brachythecium rutabulum*, Sparriger Runzelbruder für *Rhytidiadelphus squarrosus*. Frühzeitig wurden aber auch die für den Menschen nutzbaren Eigenschaften von Moos erkannt. Die Schlafmoose (Gattung *Hypnum*) erhielten ihren Namen von der Verwendung als Kissen- und Matratzenfüllung. Offenbar haben die getrockneten Laubmoose eine gute Isolier- und Polsterwirkung. Man verwendete Moos auch zum Abdichten von Ritzen und Fugen bei Blockhäusern und Almhütten. Aber nutzen auch Vögel die Eigenschaften der Moose für ihre Nester?

Das kosmopolitisch verbreitete Zypressen-Schlafmoos *Hypnum cupressiforme* in der epiphytischen Wuchsform *filiforme* ist ein wichtiges Nistmaterial für Vögel.

Vogelnester aus Moos

Die Verwendung von Moos als Baumaterial in Vogelnestern ist weltweit verbreitet. Das liegt sicher auch an der kosmopolitischen Verbreitung der Moose an sich, die praktisch alle Lebensräume besiedeln können. Das von vielen Vögeln gerne für den Nestbau verwendete Zypressenförmige Schlafmoos etwa kommt auf der ganzen Welt vor, von den Zentren der Städte bis an die Grenzen des Lebens im Hochgebirge. Moos ist also praktisch überall für den Nestbau verfügbar. In der heimischen Vogelwelt verwenden Zaunkönige, Schwanzmeisen, Goldhähnchen, Buchfinken, Rotkehlchen, Heckenbraunellen und vor allem die Meisen auffällig viel Moos für den Nestbau. Die Vorteile liegen in der Isolationswirkung, aber auch in den feuchteregulierenden Eigenschaften der Moose, in deren Elastizität und der damit verbundenen Stabilität der Nester. Die Inhaltsstoffe der Moose machen Vogelnester zu sehr haltbaren Gebilden. Charles Deeming und Mitarbeiter fanden heraus, dass bei Blau- und Kohlmeisen die Nestmasse, also die Menge des verbauten Nistmaterials, von der Temperatur, der das Weibchen während des Nestbaus ausgesetzt ist, abhängt. Je kühler die Witterung in dieser Zeit, desto größer wurden die

Rhytidiadelphus squarrosus, der Sparrige Runzelbruder oder Sparriges Kranzmoos. Es wächst in ganz Mitteleuropa häufig zwischen Gräsern.

Das Kugelnest des Zaunkönigs besteht zu einem Großteil aus Moos.

Nester gebaut. Daraus könnte man auch ableiten, dass in höhern Lagen im Gebirge die Meisen größere und damit besser isolierende Nester bauen. Darauf weisen erste Studien hin. In einer anderen Untersuchung konnte gezeigt werden, dass die elastischen Moosnester von Buch- und Bergfink sich mit der Größe der heranwachsenden Jungvögel ausdehnen und somit immer die günstigste Isolationswirkung entsteht. Auch sind aus Moos gebaute Vogelnester in der Lage, größere Mengen von Regenwasser aufzusaugen und so vom Gelege oder den Jungvögeln abzuhalten, trocknen aber auch nur langsam wieder aus.

Wer einmal Nistkästen gesäubert hat weiß, dass Meisennester zu einem größeren Teil aus Moos bestehen. Dies betrifft vor allem die Basis der Nester, auf der dann der eigentliche Nestnapf aufsitzt. Dies scheint zunächst bei allen Meisenarten gleich zu sein. Aber ist das wirklich so? Und welche Moosarten sind es? Werden einzelne bevorzugt?

Wählen Meisen Moose aus?

Tomasz Wesołowski und Sylwia Wierzcholska untersuchten im Urwald von Bialowieza (Polen) die Zusammensetzung der Moosarten in den Nestern von drei Meisenarten und verglichen sie mit dem Angebot im Umkreis um die Nester. Es zeigte sich, dass von den 54 vorhandenen Moosarten nur 33 von den Meisen tatsächlich zum Nestbau verwendet wurden. Die drei am meisten verwendeten Moosarten machen über 80 % des verbauten Moosvolumens aus. Dabei unterschieden sich die Nester der Kohlmeisen deutlich von denen der Blau- und Sumpfmeisen. Das Autorenteam erklärt dies vor allem dadurch das die schwerere Kohlmeisenbrut einen stabileren Unterbau des Nestes erfordert. Es spricht also alles dafür, dass Meisen durchaus aus dem vorhandenen Angebot der verschiedenen Moosarten gezielt auswählen. Dies wurde von Lucas Fäth an der Universität Bayreuth nochmals anhand von 31 Kohl- und Blaumeisennestern aus zwei verschiedenen Lebensräumen untersucht. Tatsächlich fand sich bei der Blaumeise eine deutliche Bevorzugung des Zypressenförmigen Schlafmooses (*Hypnum cupressiforme*), der Schönschnabelmoose (*Eurhynchium* sp.) und des Pinsel-Haarblattmooses (*Cirriphyllum piliferum*). Diese Moosarten wurden im Verhältnis zum Angebot überproportional häufig genutzt, während vier Arten in den Nestern im Verhältnis zum Vorkommen unterrepräsentiert waren. Die Blaumeisen wählen demnach aus dem Angebot gezielt aus. Nicht so die Kohlmeisen. Bei ihnen entsprach der Anteil im Nest weitgehend dem Angebot im Umfeld um die Nistkästen.

Ein brütendes Rotkehlchen sitzt tief in der Nestmulde. Gut zu erkennen sind die Moose in der napfförmigen Nestkonstruktion.

Kurzcharakteristik

Kohlmeise *Parus major* L.

Englisch: Great Tit

Systematik: Sperlingsvögel (Passeriformes), Meisen (Paridae)

Größe: 12,5 – 14 cm

Gewicht: 11,9 – 22,1 g

Verbreitung: (Laub-)Wälder von Westeuropa bis Japan, ringförmig um die innerasiatischen Wüsten bis nach Indonesien (Kleine Sundainseln).

Zugverhalten: Stand- und Strichvogel. Nördliche Populationen gelegentlich invasionsartige Wanderungen.

Nahrung: Insekten und Spinnen, im Winter Sämereien.

Lebenserwartung: bis 15 Jahre.

Kohlmeisen gehen beim Sammeln der Moose für den Nestbau weniger selektiv vor als Blaumeisen. Bayreuth.

Wenn Blaumeisen selektiv Moose für den Nestbau auswählen, dann stellt sich natürlich sofort die Frage nach dem Warum. Hier besteht noch reichlich Forschungsbedarf. Es ist bekannt, dass Blaumeisen aromatisches Pflanzenmaterial mit antibakterieller Wirkung als Nistmaterial eintragen. Eventuell könnte das Material auch als Repellent gegen den Befall mit Nestparasiten wirken. Möglicherweise kommt die Selektivität auch durch die Nutzung unterschiedlicher ökologischer Nischen durch Kohl- und Blaumeise bei der Suche nach dem Nistmaterial zu Stande. Hier müssten aber auch noch weitere Meisenarten, etwa die Sumpfmeise als Laubwaldvogel und die nadelwaldbewohnende Tannenmeise, einbezogen werden.

Brutbiologische Untersuchungen sind aber in der Feldornithologie inzwischen rar geworden. Noch mehr als für die in den Nistkästen brütenden Höhlenbrüter gilt das für unsere Freibrüter. Das war nicht immer so. Wollen wir aber die Kenntnisse über die Fortpflanzungsbiologie der Vögel weiter voranbringen, so müssen wir wieder lernen, genauer hinzusehen. Auch in ein Vogelnest.

Zum Weiterlesen

Frahm & Frey 2004, Glime 2017

4 Singvögel unter sich

„There are differences of feeding position, behavior and nesting date which reduce competition. These, combined with slight differences in habitat preference and perhaps a tendency for territoriality to have a stronger regulating effect upon the same species than upon others, permit the coexistence of the species."

Robert H. MacArthur 1958

4.1 Lebensgemeinschaft, Konkurrenz und ökologische Nische

Ein altes, aber nach wie vor aktuelles Thema

Vögel leben nicht für sich allein, sondern sind in vielerlei Hinsicht mit ihrem Lebensraum verbunden. Zum Lebensraum einer Art gehören nicht nur die Ressourcen, die für ihre Existenz notwendig sind wie Brutplätze, Nahrungsquellen, Schlafplätze oder Wasserstellen, sondern auch andere Arten, die ihr möglicherweise diese Ressourcen streitig machen könnten. Die Frage, warum und wie diese verschiedenen Arten nebeneinander existieren können, ist seit vielen Jahren eine der Kernfragen der Ökologie. Wir wollen daher zu Beginn dieses Abschnitts einen kurzen Ausflug in die Ökologie unternehmen. Er soll helfen, die darauffolgenden Kapitel besser zu verstehen.

Lebensgemeinschaften

Lebensgemeinschaften setzen sich aus verschiedenen Arten zusammen. Rein theoretisch sind es minimal zwei, tatsächlich aber in aller Regel sehr viel mehr. Ihr Vorkommen ist zunächst vom Vorhandensein bestimmter Ressourcen abhängig, welche die Bedürfnisse der einzelnen Art an diesem Ort decken, also beispielsweise ausreichende Ernährung, erfolgreiche Fortpflanzung und hinlänglich langes Überleben ermöglichen. Viele dieser

Ein Wald in Mitteleuropa. Er steckt voller Arten, Vögel machen nur einen kleinen Teil der Lebensgemeinschaft aus. Wörthersee, Kärnten.

Ressourcen werden von mehreren Arten genutzt, einige – wie etwa Licht, Wasser oder Sauerstoff – von fast allen. Bei der Nutzung dieser Ressourcen muss es nicht zwangsläufig zur Konkurrenz kommen. Sie tritt erst dann auf, wenn deren Verfügbarkeit begrenzt ist.

Vögel leben nicht für sich alleine. Sie sind mit anderen Organismen ihres Lebensraumes über Nahrungsbeziehungen oder Konkurrenz verbunden. Der Kleine Fuchs benötigt zur Ernährung seiner Raupen Brennesseln, der Grauschnäpper ernährt sich von Fluginsekten. Die Nahrungskette verbindet die beiden Arten. Eschenau, Niederösterreich.

Lebensgemeinschaften können auf verschiedenen Ebenen betrachtet werden. Berücksichtigt eine Gruppe von Ökologinnen und Ökologen alle Organismen, die beispielsweise in einem Wald gemeinsam vorkommen, so wird dies nur mit einem großen Team an Taxonomen möglich sein, die Artenfülle auch nur annähernd zu beschreiben. Daher beschränkt man sich häufig auf einzelne taxonomische Gruppen, etwa Käfer, Pilze, Waldbäume, Vögel, oder auf die Betrachtung eines überschaubaren Teiles – beispielsweise die Lebensgemeinschaft in einer Baumhöhle.

Auf die verschiedenen Möglichkeiten, solche Lebensgemeinschaften zu beschreiben, soll hier nicht näher eingegangen werden. Lehrbücher der Ökologie geben dazu Auskunft. Eine Kernfrage, die vor allem in der ersten Hälfte des vorigen Jahrhundert viel diskutiert wurde, ist jedoch das Wesen der Lebensgemeinschaft an sich. Man kann eine solche Lebensgemeinschaft als einen „Superorganismus“ sehen, in dem alle Mitglieder in der Gegenwart und durch eine

Stichwort

Ökologie

Die erste Definition geht auf Ernst Haeckel (1834–1919) zurück: „*Unter Oecologie verstehen wir die gesammte Wissenschaft von den Beziehungen des Organismus zur umgebenden Aussenwelt, wohin wir im weiteren Sinne alle „Existenz-Bedingungen“ rechnen können. Diese sind theils organischer, theils anorganischer Natur; sowohl diese als jene sind, wie wir vorher gezeigt haben, von der grössten Bedeutung für die Form der Organismen, weil sie dieselbe zwingen, sich ihnen anzupassen*“ (Haeckel 1866). Charles J. Krebs (1972) definierte Ökologie als „ *die wissenschaftliche Untersuchung jener Wechselbeziehungen, welche die Verbreitung und Häufigkeit von Organismen bestimmen*“.

Die Ökologie ist in ihrer Grunddefinition eine zentrale Disziplin der Biologie, die auf andere Bereiche wie Genetik, Physiologie, Verhalten oder Evolution übergreift. Erst in den 1990er-Jahren wurde der Ökologiebegriff popularisiert und wird heute umgangssprachlich oft synonym mit Naturschutz, Umweltschutz oder nachhaltiger Lebensweise verwendet, was aber nicht der urspünglichen Definition entspricht. Die Ökologie ist eine klassische Naturwissenschaft, die beschreibt und analysiert, aber nicht wertet.

gemeinsame evolutionäre Geschichte eng miteinander verbunden sind wie Zellen, Gewebe und Organe eines Organismus. Aktuell erleben diese mehr oder minder stark esoterisch gefärbten Vorstellungen eine gewisse Rennaissance. Dem steht das indivualistische Konzept gegenüber, das die Zusammensetzung der Arten an einem Ort als das Ergebnis ähnlicher Anforderungen der zusammen vorkommenden Arten an ihren Lebensraum (und teilweise des Zufalls) sieht. Die moderne Ökologie tendiert zum letzteren Konzept, das auch keine scharfe Abgrenzung der Lebensräume und Lebensgemeinschaften erzwingt. Das ist der wesentliche Unterschied zum Organismus: Neben dem Fehlen dieser scharfen Grenze nach außen fehlt auch eine zentrale Funktionssteuerung, die einen Organismus ausmacht. Das gemeinsame Vorkommen an einem Ort bewirkt natürlich trotzdem, dass es zu Interaktionen zwischen den einzelnen Arten kommt: Nahrungsketten, Bestäubungs- und Ausbreitungsmutualismen, Koevolution und auch Konkurrenz. In den vorherigen Abschnitten haben wir einige solcher Wechselbeziehungen zwischen Singvögeln und Pflanzen besprochen. Die nun folgenden Kapitel befassen sich mit den Beziehungen der Vögel unter sich.

Konkurrenz

Neben Prädation und Mutualismus ist die Konkurrenz wohl die Wechselwirkung zwischen Arten, der in den letzten 50 Jahren in der Ökologie die meiste Aufmerksamkeit geschenkt wurde. Wie oben dargestellt, muss die Koexistenz

Die Konkurrenz um bestimmte Ressourcen muss nicht immer den direkten Kampf bedeuten. Hier aber behauptet sich ein Star sehr eindeutig gegenüber einem Kernbeißer in der Auseinandersetzung um den Futterplatz.

Mönchsgrasmücken (links) und Gartengrasmücken (rechts) konkurrieren um günstige Brutreviere.

von zwei oder mehreren Arten nicht zwangsläufig eine Konkurrenzsituation ergeben. Voraussetzung für Konkurrenz ist, dass die gemeinsam genutzte Ressource begrenzt ist. Auch wenn die Vermutung einer Konkurrenzsituation naheliegt, ist sie nur schwer direkt nachzuweisen. Im strengen Sinne ist dies nur durch Experimente möglich, bei denen eine konkurrierende Art eliminiert und daraufhin die Entwicklung der anderen verfolgt wird.

Ein solches Experiment ist die bereits klassische Studie von Ernest F. J. Garcia aus dem Edward Grey Institut für Ornithologie der Universität Oxford zur Konkurrenz zwischen Mönchsgrasmücke und Gartengrasmücke. Mönchsgrasmücken treffen vor den Gartengrasmücken aus dem Winterquartier ein und besetzen ihre Reviere. Wurden in dem Untersuchungsgebiet die Mönchsgrasmücken vor dem Eintreffen der Gartengrasmücken weggefangen, so siedelten sich auf der Fläche mehr Gartengrasmücken an als in den vorherigen Jahren mit Mönchsgrasmücken-Besiedelung. Die zunehmende Rückbesiedlung der Fläche durch Mönchsgrasmücken führte dann wieder zum Bestandsrückgang bei der Gartengrasmücke.

Zahlreiche Untersuchungen mit experimentell manipulierten Einflugöffnungen bei Nisthöhlen weisen auf die Konkurrenz zwischen höhlenbrütenden Kleinvögeln um die Bruthöhlen hin (s. Kapitel 4.2). So lässt sich beispielsweise bei Höhlenmangel die Zahl der Blaumeisenbruten deutlich steigern, wenn man die Fluglochdurchmesser der Nisthöhlen so verringert, dass die konkurrenzstärkere Kohlmeise ausgeschlossen wird.

Meist wird aber anhand von beobachtenden Studien auf mögliche Konkurrenzsituationen geschlossen. Dies ist durchaus möglich, allerdings ist dabei Vorsicht geboten. Wenn eine Art im Bestand zu- und gleichzeitig die andere im Bestand abnimmt, kann dies einen Hinweis auf Konkurrenz geben, der Zusammenhang aber auch indirekt oder nur scheinbar durch andere, unbekannte Faktoren erzeugt werden.

Auch wenn die Konkurrenz schwer zu fassen und nachzuweisen ist, wird ihr eine wichtige Rolle als Treiber von Evolutionsprozessen zugeschrieben, der sowohl die Morphologie von Organismen als auch deren Verbreitung beeinflusst. Konkurrenz kann beispielsweise Arten auf die Randbereiche ihres möglichen Vorkommens abdrängen. Ein Beispiel unter den Waldbäumen ist die Waldkiefer, die mit ihren weit gespannten Standortansprüchen auch auf Laubwaldstandorten wachsen könnte, wegen der Konkurrenz durch die Laubbäume aber auf trockene, nasse, nährstoffarme oder flachgründige Standorte beschränkt ist, wo das Wachstum der Laubbäume an seine Grenzen kommt. Konkurrenz kann Kontrastbetonung, wie sie für die schwarz-weißen Fliegenschnäpper nachgewiesen wurde (s. Kapitel 4.3), bewirken oder zu Größenabstufung führen, wie bei den heimischen Drosselarten, die sich in ihrem Körpergewicht ungefähr um den Faktor 1,2 unterscheiden.

Konkurrenz bei Bäumen: Die konkurrenzschwache, aber in ihren Standortansprüchen sehr plastische Kiefer wird von den kräftig wachsenden Laubbäumen auf Standorte abgedrängt, auf denen andere Baumarten im Nachteil sind. Rochlitzer Berg, Sachsen.

Kurzcharakteristik

Waldkiefer *Pinus sylvestris* L.

Englisch: Scots Pine
Systematik: Koniferen (Conifera les), Kieferngewächse (Pinaceae
Wuchshöhe: bis 40 m
Wuchsverhalten: Lichtholzart m plastischem Wurzelsystem
Standortansprüche: Baumart d Tieflandes und der Mittelgebirg mit großer Standorttoleranz, optimale Wuchsbedingungen au sandigen Lehmen oder lehmiger Sanden
Verbreitung: natürliches Areal vom östlichen Mitteleuropa bis weit nach Asien, am stark zerklüfteten Südrand der Verbreitung bis Spanien, Türkei und Südsibirien
Nutzung: wichtige Wirtschaftsholzart, vor allem Bauholz, forstlicher Anbau vor allem auf mageren Sandböden
Frucht und Ausbreitung: bis 10 cm lange Zapfen, 2-jährig, Windverbreitung (Anemochorie)
Lebenserwartung: bis 600 Jahr

Die heimischen Drosseln unterscheiden sich im Körpergewicht um den Faktor 1,2. Nicht eingezeichnet ist die Ringdrossel, sie entspricht im Körpergewicht der Wacholderdrossel. Die beiden Arten schließen sich aber in Mitteleuropa geografisch nahezu aus. Gewichte aus del Hoyo et al. (2005).

Grundsätzlich sollten zwei gleiche Arten, die um eine begrenzte Ressource konkurrieren, nicht längerfristig nebeneinander existieren können und eine der beiden Arten über kurz oder lang verschwinden (Konkurrenz-Ausschluß-Prinzip). Der Ausweg besteht darin, dass die Arten Unterschiede in der Nutzung der Ressorcen ausbilden und so Konkurrenzausschluss vermeiden. Ein Beispiel hierfür sind unsere heimischen Finkenvögel, die entsprechend ihrer Hauptnahrung unterschiedliche Schnabelformen aufweisen. Jede Art nutzt nur einen Ausschnitt aus dem Samenangebot eines Mischwaldes. Dies führt uns zum Begriff der ökologischen Nische.

Die ökologische Nische

Der Begriff der ökologischen Nische wurde 1917 durch den amerikanischen Ornithologen Joseph Grinnell (1877 – 1939) anhand einer Studie an kalifornischen Spottdrosseln in die allgemeine Ökologie eingeführt. Er sah den Nischenbegriff vor allem umweltbezogen als einen Ausschnitt der Erdoberfläche, in dem die spezifischen Ansprüche der jeweiligen Art erfüllt sind,

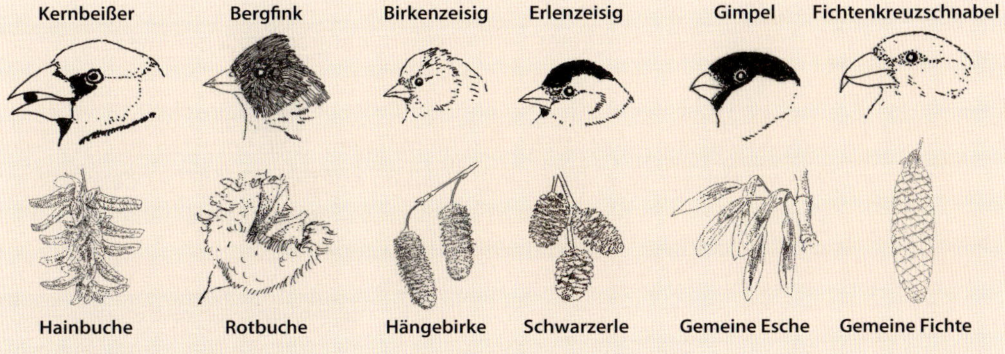

Schnabelform und wichtige Nahrungspflanzen heimischer Finkenvögel.

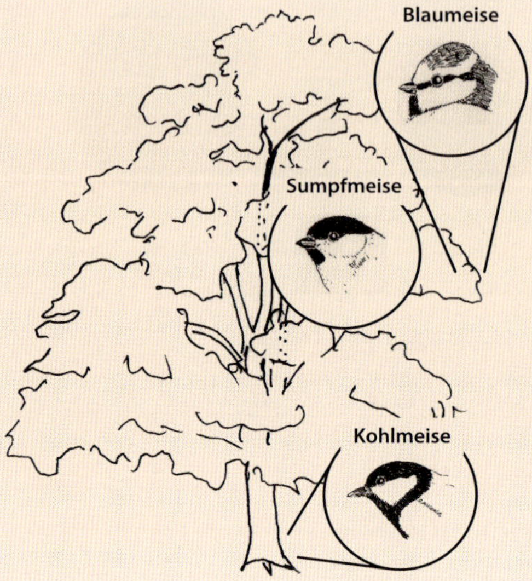

Bevorzugte Nahrungssuchregionen von drei Meisenarten in Laubbäumen. Die Kohlmeise nutzt vorrangig die stamm- und bodennahen Bereiche, die Sumpfmeise den mittleren Kronenraum und die Blaumeise die äußeren Zweige (in Anlehnung an Lack 1971).

also eher als die „Adresse“ einer Art. Die moderne Definition des Begriffs der ökologischen Nische geht aber im Wesentlichen auf den amerikanischen Limnologen und Ökologen George Evelyn Hutchinson (1903 – 1991) zurück. Er definierte die ökologische Nische ausgehend von der Art als einen gedanklichen Raum mit vielen Dimensionen, die durch die Standortfaktoren und Ressourcen gebildet werden. In diesem Raum besetzt eine Art den aufgrund ihrer biologischen Eigenschaften geeigneten Bereich. Dieser muss nicht maximal ausgenutzt sein (=Fundamentalnische), sondern kann auch, etwa durch Konkurrenz, eingeschränkt sein (= realisierte Nische), wie das oben genannte Beispiel der Waldkiefer zeigt. Eine frühe, inzwischen klassische Studie zur Nischentrennung von Vögeln auf Waldbäumen stammt von dem amerikanischen Ökologen Robert MacArthur (1930 – 1972), der bereits 1958 anhand von Beobachtungen an fünf nordamerikanischen Waldsängerarten herausfand, dass die Arten die einzelnen Regionen der Baumkronen bei der Nahrungssuche ganz unterschiedlich nutzen und sich dabei „aus dem Weg gehen“. An europäischen Meisen fand sich später ähnliches: Auch sie nutzen die Regionen einer Baumkrone in unterschiedlicher Intensität.

Hier ist nicht der Platz, um die Begriffe Lebensgemeinschaft, Konkurrenz-Ausschluss und ökologische Nische mit allen ihren Facetten zu diskutieren. Wir verweisen für ein weiteres Studium auf die Lehrbücher der Ökologie. Dennoch war uns dieser Exkurs wichtig, da diese Begriffe umgangssprachlich oft unscharf oder geradezu falsch angewendet werden.

Zum Weiterlesen

Begon et al. 1991, Dhont 2012, Hutchinson 1959, Nentwig et al. 2004

4.2 Schlüsselressource Baumhöhle

Höhlenbrüter in der Waldvogelfauna

Ein gutes Viertel der in diesem Buch betrachteten waldbewohnenden Singvogelarten sind Höhlenbrüter, die Größenspanne reicht von der Tannenmeise bis zur Dohle. Sie alle sind darauf angewiesen, dass in ihrem Brutgebiet ausreichend freie Baumhöhlen vorhanden sind, die sie für die Brut nutzen können. Neben diesen Singvögeln gibt es allerdings noch weitere Nutzer von Baumhöhlen: Unter den heimischen Nichtsingvögeln sind es Hohltauben, Spechte, Eulen, baumbrütende Mauersegler, Wiedehopfe bis hin zu Gänsesägern und Schellenten. Hinzu kommen Fledermäuse, staatenbildende Insekten wie Bienen, Wespen oder Hornissen, Bilche, Mäuse und Eichhörnchen. Baumhöhlen sind also trotz oder gerade wegen ihrer Seltenheit begehrte Requisiten im Wald.

Das hat verschiedene Gründe. Die Höhle bietet einen günstigen Wetterschutz für Nest und Gelege und vorteilhafte kleinklimatische Bedingungen. Wählt oder baut der Vogel eine Höhle mit einem der Größe des Nutzers

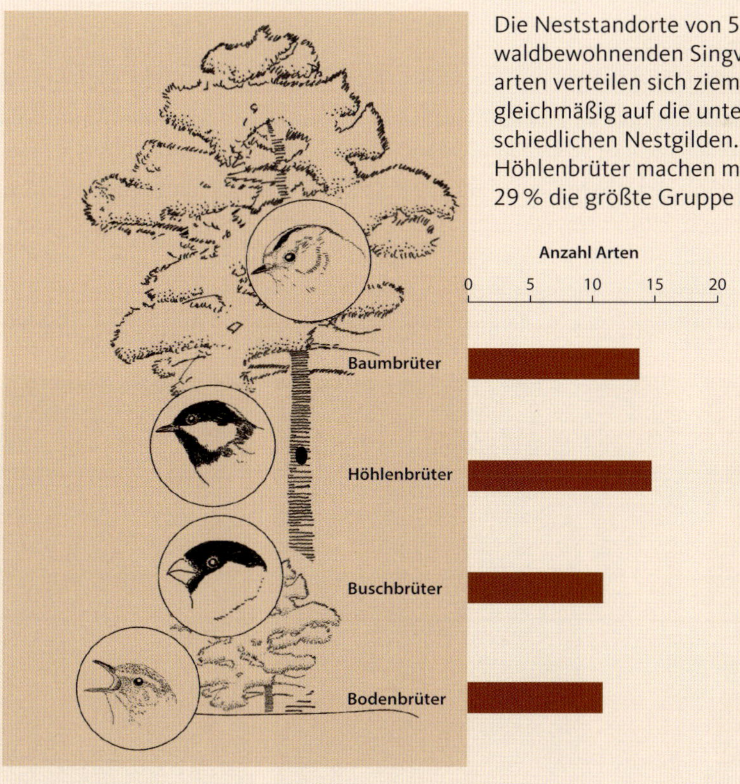

Die Neststandorte von 51 waldbewohnenden Singvogelarten verteilen sich ziemlich gleichmäßig auf die unterschiedlichen Nestgilden. Die Höhlenbrüter machen mit 29 % die größte Gruppe aus.

entsprechendem Eingang, kann dies größere Beutegreifer und Konkurrenten sehr effektiv abhalten. Vergleicht man innerhalb von verwandtschaftlichen Gruppen die Gelegegröße, so produzieren Höhlenbrüter oft größere Gelege als ihre freibrütenden Verwandten. Ein Extrembeispiel ist die Blaumeise, die mit bis zu 17 Eiern pro Erstgelege die größte Eizahl unter den westpaläarktischen Nesthockern hervorbringt. Die große Gelegestärke ist mit einer langen Entwicklungszeit der Jungen verbunden – bei Meisen etwa 20 Tage – wofür die geschützte Höhle gute Voraussetzungen bietet. Allerdings bringt die Versorgung der Brut mit den erforderlichen Futtermengen die Altvögel mitunter an die Grenzen ihrer Leistungsfähigkeit und setzt eine gute Nahrungsverfügbarkeit voraus.

Höhlen bieten also viele Vorteile für die erfolgreiche Aufzucht einer Vogelbrut. Unter den Singvögeln sind aber nur wenige Arten in der Lage, selbst eine für die Brut geeignete Baumhöhle herzustellen. Die meisten sind darauf angewiesen, eine bereits bestehende, für das Brutgeschäft geeignete Höhle zu finden. Wie entsteht diese?

Wie entsteht eine Baumhöhle?

Baumhöhlen können auf verschiedene Art und Weise zustande kommen. In Wirtschaftswäldern sind die wesentlichen Schlüsselarten die Spechte, welche durch ihre aktive Höhlenbautätigkeit immer wieder neue Baumhöhlen herstellen. Von den zehn heimischen Spechtarten legen neun selbst Höhlen an, lediglich der ebenfalls zu den Spechten zählende Wendehals ist auf eine vorhandene Höhle angewiesen und ähnelt darin eher den Singvogelarten. Die heimischen höhlenbauenden Spechtarten variieren in ihrer Größe vom krähengroßen Schwarzspecht mit einem Körpergewicht von über 300 g bis zum Kleinspecht, der nur rund 20 g, ungefähr genauso viel wie eine Kohl-

Die verschiedenen Spechtarten bauen entsprechend ihrer Körpergröße Höhlen in verschiedenen Dimensionen: hier von links Schwarzspecht, Buntspecht und Kleinspecht.

Kurzcharakteristik

Haubenmeise
Lophophanes cristatus (L.)

Englisch: Crested Tit
Systematik: Sperlingsvögel (Passeriformes), Meisen (Paridae)
Größe: 11 – 12 cm
Gewicht: 10 – 11 g
Verbreitung: von Portugal, Spanien, Frankreich und Mitteleuropa über das südliche und östliche Skandinavien bis zum Ural; die südliche Arealgrenze verläuft an den Südalpen und über die Gebirge Griechenlands und Bulgariens; eine Verbreitungsinsel liegt in Schottland
Zugverhalten: Standvogel
Nahrung: Insekten und Spinnen, v.a. im Frühjahr und Sommer, im Winter Samen, v.a. von Nadelbäumen
Lebenserwartung: 3 Jahre

Die Haubenmeise hackt ihre Bruthöhle in stehendes Totholz, insbesondere von Weichholzarten. Ökologisch-Botanischer Garten der Universität Bayreuth.

meise, auf die Waage bringt. Somit streut auch die Größe der durch die verschiedenen Spechtarten erzeugten Höhlen erheblich. Für die Anlage der Höhle wählen Spechte meist Bäume aus, die eine Fäule im Stamminneren aufweisen. Beim Schwarzspecht sind es starke, hochstämmige Bäume – in Mitteleuropa oft Buchen – in denen die großräumige Höhle Jahrzente überdauern kann. Der Kleinspecht bevorzugt für die Höhlenanlage zumeist Weichhölzer und abgestorbene, morsche und damit leicht zu bearbeitende Stämme. Seine Höhlen überstehen selten mehr als eine Brutperiode.

Ganz ähnlich wie der Kleinspecht sind auch zwei heimische Meisenarten in der Lage, ihre Höhlen in mürbes Holz von Dürrlingen selbst zu hacken. Die Hauben- und vor allem die Weidenmeise sind daher in ihrem Vorkommen stark vom Angebot an stehendem Totholz abhängig. Einer Weidenmeise genügt bereits ein anderthalb Meter hoher Totholzstrunk von 12 bis 15 cm Durchmesser. Die Außenwand der Höhle wird dann manchmal nur von der dünnen Rinde gebildet.

Höhlen können aber auch ohne das Zutun von höhlenbauenden Vogelarten entstehen. Abgebrochene Äste, Stammschäden durch Wild- oder Insektenfraß, Frosteinwirkung oder Blitzschlag können Pilzen und Bakterien den Eintritt in den Holzkörper erleichtern. Gesunde Bäume versuchen daher, durch Kallusbildung die Wunde wieder zu überwallen und zu verschließen. Gelingt dies dem Baum nicht, so entsteht allmählich durch Braun- oder Weißfäule eine Mulmhöhle. Füllt sich die Höhle durch eindringendes Wasser, so bildet sich eine sogenannte Dendrotelme. Diese wassergefüllten Hohlräume sind für Vögel als Brutplatz nicht geeignet, beherbergen aber eine spezielle Fauna, vorwiegend aus Einzellern und wenigen Insektenarten. Fließt das Wasser aber ab oder wird vom zersetzten Holzmaterial aufgesogen, so entsteht über Jahre und Jahrzehnte hinweg eine Mulmhöhle. Sie ist nicht nur für höhlenbrütende Vögel ein interessanter Brutplatz, sondern auch für eine spezialisierte Insektenfauna wichtig. Eine auf Mulmhöhlen spezialisierte Käferart, die in letzter Zeit aus verschiedenen Gründen Bekanntheit erlangte, ist der Eremit (*Osmoderma eremita*).

Vögel und Baumhöhlen

In ungenutzten Wäldern sind Faulhöhlen in verschiedenster Größe und Ausformung deutlich häufiger als Spechthöhlen, in Wirtschaftswäldern ist es umgekehrt. Der Zwergschnäpper als Halbhöhlen- und Nischenbrüter, der enge Spechthöhlen meidet, ist daher in seinem Vorkommen stark auf nicht oder wenig genutzte Altwälder angewiesen. Eine Habitatmodellierung im Nationalpark Bayerischer Wald unterstrich die hohe Bedeutung des Brutplatzangebotes für den Zwergschnäpper. Die Anzahl an Halbhöhlen und Höhlen stellte den wichtigsten Faktor zur Berechnung der Vorkommenswahrscheinlichkeit dar. Ein idealer Zwergschnäpperwald ist daher ein sehr alter, laubbaumdominierter und – möglicherweise bedingt durch steile Hanglage – wenig genutzter Wald. Alle diese Faktoren begünstigen einen hohen Reichtum an geeigneten Halbhöhlen als Brutplätze.

Zwiesel- oder Astabbruch erzeugt langgestreckte Wunden, welche holzzersetzenden Bakterien und Pilzen das Eindringen in den Holzkörper ermöglichen. Eine Mulmhöhle entsteht. Bialowieza.

Auch die Meisen brüten in ungenutzten Wäldern lieber in Faulhöhlen mit engem Eingang als in Buntspechthöhlen. In naturnahen Laubwäldern des Selke- und Bodetals im nordöstlichen Harz waren die Höhlen des Buntspechts von Meisen und Trauerschnäppern als Folgebrüter nur spärlich genutzt, die Hauptnutzer waren baumbrütende Mauersegler und Stare. Die Bedeutung der Buntspechthöhlen für kleine höhlenbrütende Singvögel war hier überraschend gering. Sie nutzten nur etwas über 10 % der vorhandenen Buntspechthöhlen und siedelten bevorzugt in Faulhöhlen mit engem Eingangsloch oder -spalt. Zu ganz ähnlichen Ergebnissen kamen Untersuchungen im Urwald von Bialowieza in Ostpolen. Auch dort war die Besiedlung von Spechthöhlen durch Meisen nur schwach, die meisten Nester fanden sich in kleinen, unauffälligen Faulhöhlen. Selbst die Kohlmeise brütet dort, bei reichem Angebot verschiedener Spechthöhlen, vorzugsweise in sehr tiefen Höhlen mit schmalem, länglichen Eingängen. Hintergrund dieses Effekts ist wohl die starke Prädation, unter anderem durch den Buntspecht selbst. Für die Sumpfmeise konnte nachgewiesen werden, dass die Prädationsrate in Spechthöhlen höher ist als in Höhlen anderen Ursprungs. Beim Halsband-

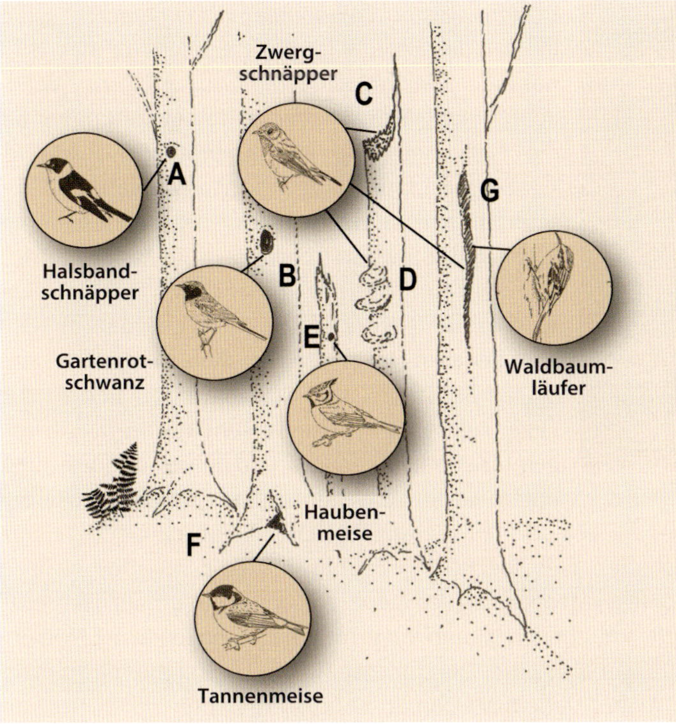

Verschiedene Höhlentypen und ihre Nutzung durch Singvögel im Wald:

A: Bunt- oder Mittelspechthöhle
B: ausgefaulte Spechthöhle mit erweitertem Eingang
C: Hochstumpf mit Bruchstelle
D: Pilzkonsolen mit Faulhöhle
E: Hackhöhle in schwachem Weichholzdürrling
F: Höhlung zwischen Wurzelanläufen
G: Spalt nach Blitzschlag oder Astabbruch

schnäpper wurden sogar knapp 40 % der Nestlingsverluste durch Spechte verursacht. Sumpfmeisen bevorzugen daher in Bialowieza Faulhöhlen mit möglichst engem Eingang in lebenden Bäumen. Sie verwehren dem Buntspecht den direkten Zugang und das lebende Holz setzt ihm einen größeren Widerstand entgegen, wenn er die Höhle durch Aufmeißeln öffnen will.

Im Wirtschaftswald sind Mulmhöhlen seltene Biotoprequisiten, da dort im Zug der Bestandspflege oft kränkelnde, krummschäftige oder beschädigte Bäume entfernt werden und so das Potenzial zur Entstehung von Fäulnishöhlen sinkt. Hier gewinnen die Spechte als Höhlenbauer an Bedeutung, allerdings verbunden mit dem Risiko höherer Prädation für die Nachnutzer.

Konkurrenz zwischen Vogelarten – und wozu sie führt

Es ist zu erwarten, dass neben der Prädation auch die Konkurrenz zwischen den verschieden großen Nachnutzern der Baumhöhlen deren Nutzung durch die einzelnen Vogelarten beeinflusst. Wir wollen daher im folgenden die Interaktionen zwischen den einzelnen höhlenbrütenden Singvogelarten näher beleuchten.

Spaltenförmige Höhlen und abstehende Rinde sind bevorzugte Brutplätze der Baumläufer, hier junge Gartenbaumläufer.

Zwergschnäpper sind typische Halbhöhlenbrüter in alten Laubwäldern. Tschechische Republik.

Totholzreiche, ungenutzte Laub- und Laubmischwälder bieten dem Zwergschnäpper reichlich Nistgelegenheiten. Lärchenberg, Nationalpark Bayerischer Wald.

Dominantester Folgenutzer von kleineren Höhlen ist der Star. Allerdings erreicht er nur dort höhere Siedlungsdichten, wo größere Waldlichtungen, Wiesen oder anderes Kulturland für die Nahrungssuche in erreichbarer Nähe sind. Große, zusammenhängende Waldgebiete und die Montanstufe werden von der Art gemieden. Daher belegen in Buchenmischwäldern im Kanton Zürich Stare nur rund 5 % der vorhandenen Höhlen, während in den Niederlanden, in Polen oder im Harz in offeneren Landschaften Belegungsraten von bis zu 58 % ermittelt wurden. Stare sind in der Lage, selbst die größeren Buntspechte aus frisch gemeißelten Höhlen zu vertreiben. Sie tun dies, indem sie in Abwesenheit des Spechtes rasch in die Höhle einfliegen, sich dort festsetzen und den spitzen Schnabel aus dem Flugloch heraushalten. Der Specht ist offenbar in dieser Situation nicht in der Lage, die Höhle wieder zurückzuerobern, obwohl er außerhalb der Höhle dem Star körperlich überlegen ist und ihn erfolgreich verjagen kann. Höhleneingänge von weniger als 35 mm Durchmesser kann der Star allerdings nicht mehr passieren. Daher siedeln Meisen dort, wo Stare in höherer Dichte vorkommen, stets in Höhlen mit kleineren Eingängen. In einem Versuchsgebiet in den Niederlanden hatte die Arbeitsgruppe um J. H. van Balen die Eingänge von Starenhöhlen auf weniger als 35 mm verkleinert und so den Star als Konkurrenten ausgeschlossen. So ließ sich die Besetzungsrate durch Kohlmeisen auf 47 % steigern, in einem Kontrollgebiet ohne Manipulation waren es nur 13 % der Höhlen, die von der Kohlmeise besetzt wurden. Die in letzter Zeit zu beobachtende Zunahme des Mittelspechts könnte auf die nachlassende Konkurrenz durch den im Bestand rückläufigen Star zurückzuführen sein. Darauf weisen Befunde aus Baden-Württemberg hin, wo der Mittelspecht zunehmend aus Wäldern auch in Obstwiesen einwandert, wo seine Siedlungsdichte inzwischen teilweise sogar höher ist als in Eichenwäldern. Ein ähnlicher Zusammenhang wurde zwischen der Abnahme des Stars und der Zunahme des Buntspechts in England vermutet.

Die beiden schwarz-weißen Fliegenschnäpper (s. Kapitel 4.3) benötigen Höhleneingänge in ähnlicher Größe wie die Kohlmeise. Die Kohlmeise kann, wie eigene Beobachtungen im Ökologisch-

Botanischen Garten und einem stadtnahen Wald in Bayreuth zeigen, durch Einflugöffnungen von 28 mm nur noch mit großer Mühe schlüpfen. Einfluglöcher dieser Größe können auch von Halsband- und Trauerschnäpper nicht mehr genutzt werden, obwohl diese möglichst enge Einflugöffnungen bevorzugen. So nutzen Kohlmeise und die beiden Fliegenschnäpperarten im Wesentlichen die gleiche Ressource. Besonders gut ist die Konkurrenzsituation zwischen Kohlmeise und Trauerschnäpper untersucht. Wenn die Trauerschnäpper im April aus ihren Winterquartieren zurückkehren, haben die Kohlmeisen meist schon alle geeigneten Nisthöhlen besetzt und mit Nestbau und Eiablage begonnen. Ist die Meise nicht in der Höhle, können Trauerschnäpper das Meisennest binnen weniger Stunden mit einem eigenen Nest überbauen. Dieses besteht aus Gräsern und Laub und unterscheidet sich grundlegend vom Moosnest der Kohlmeise, sodass die Meise bei ihrer Rückkehr eine völlig veränderte Situation vorfindet und den Brutplatz aufgibt. Befindet sich allerdings der Trauerschnäpper bei Rückkehr der Kohlmeise noch in der Höhle, tötet diese den Schnäpper. In einer aktuellen Studie von Jelmer Samplonius und Christiaan Both in den Niederlanden konnte gezeigt werden, dass in manchen Jahren fast 9 % der ankommenden Trauerschnäpper-Männchen von Kohlmeisen getötet werden. Häufig verzehrt die Kohlmeise anschließend das energiereiche Gehirn des Schnäppers.

Der Bunspecht ist für waldbewohnende Singvögel nicht nur ein Höhlenbauer, sondern auch ein wichtiger Prädator.

In Naturwäldern ziehen Meisen, hier eine Sumpfmeise, enge Faulhöhlen den Höhlen des Buntspechts vor. Tschechische Republik.

Der Trauerschnäpper als Weitstreckenzieher und die Kohlmeise als Kurzstreckenzieher oder Standvogel passen ihre Brutphänologie in unterschiedlichem Tempo an die durch den Klimawandel bedingten Veränderungen in der Vegetationsentwicklung an. Üblicherweise legen die Kohlmeisen deutlich vor der Ankunft der Trauerschnäpper und das brütende Weibchen ist dann stets in der Höhle anwesend. Legen die Kohlmeisen in einem kühlen Frühjahr später ihre Eier, treffen die ankommenden Trauerschnäpper vermehrt auf leere Nester und versuchen die Übernahme der Nisthöhle – und fallen damit auch häufiger den Kohlmeisen zum Opfer. Das Töten der Schnäpper durch Kohlmeisen kommt vor allem dann vor, wenn durch eine vorhergehende Buchenmast die Kohlmeisendichte besonders hoch ist. Es ist noch unklar, welche Auswirkungen dies auf

Stare sind konkurrenzstarke Höhlenbesetzer und besiedeln daher auch solche mit größerem Einflugloch. Eventuelle Mängel der Höhle können sie durch reichlich eingetragenes Nistmaterial ausgleichen. Serbien.

die Population der Schnäpper hat. In Auswertungen der Daten aus dem Vogelmonitoring in Deutschland ergibt sich ein signifikanter negativer Zusammenhang zwischen den Beständen des Trauerschnäppers und dem von Meisen und Kleibern: In Jahren mit niedrigem Meisenbestand gibt es viele Trauerschnäpper, in Jahren mit vielen Meisen – vor allem nach Buchenmast – wenige.

Kurzcharakteristik

Star *Sturnus vulgaris* L.

Englisch: Common Starling
Systematik: Sperlingsvögel (Passeriformes), Stare (Sturnidae)
Größe: 21 cm
Gewicht: 55 – 100 g
Verbreitung: von Westeuropa bis Mittelasien
Zugverhalten: Kurzstreckenzieher oder Jahresvogel
Nahrung: vor allem bodenbewohnende Wirbellose, Früchte
Lebenserwartung: bis 21 Jahre im Freiland

Kleinere Meisen entziehen sich der Konkurrenz durch die Kohlmeisen, indem sie Höhlen mit engem Eingang, die für die Kohlmeisen unzugänglich sind, bevorzugen. Der baden-württembergische Ornithologe Hans Löhrl, der sich jahrzehntelang mit der Biologie höhlenbrütender Singvögel befasst hat, konnte schon in den 1970er-Jahren zeigen, dass die Siedlungsdichte der Blaumeise stark zunimmt, wenn in einem Gebiet die Nistkästen mit 32 mm Fluglochdurchmesser gegen solche mit einem Fluglochdurchmesser von 26 mm – und damit für die Kohlmeise unzugänglich – ausgetauscht werden. Die konkurrenzschwächste heimische Meise ist die Tannenmeise. Ihr Brüten in bodennahen Höhlen wie Spalten zwischen Baumwurzeln, Mäuse- und anderen Erdlöchern, Felsspalten und Wurzeltellern wird üblicherweise mit dem Konkurrenzdruck durch andere Meisenarten erklärt. Allerdings ließen sich Tannenmeisen im strukturreichen Bergwald des Fichtelgebirges durch das Anbieten von Nistkästen mit engem

Flugloch nicht in diesen ansiedeln. Die Kunsthöhlen blieben alle unbesetzt.

Ein Kleiber mauert die große Öffnung einer Höhle fast vollständig zu und schließt damit konkurrierende Arten aus.

Der Kleiber entzieht sich der Konkurrenz durch andere Arten, indem er das Flugloch aktiv verkleinert. Er bevorzugt geräumige Höhlen, deren Eingang er mit Lehm oder ähnlichem Material so verändert, dass größere Konkurrenten keinen Zugang erhalten. So können auch Schwarzspechthöhlen mit großen Einfluglöchern bis auf einen schmalen Spalt vollständig verschlossen werden. Dabei kann es in Einzelfällen sogar vorkommen, dass der Kleiber einen in der Höhle sitzenden Rauhfußkauz „einmauert“, sodass dieser die Höhle nicht mehr verlassen kann und darin zugrunde geht.

Konkurrenz um Höhlen zwischen Vögeln und anderen Tierarten: Beispiel Siebenschläfer

Vögel konkurrieren aber nicht nur unter sich um die begehrten Baumhöhlen. Auch Kleinsäuger und staatenbildende Insekten, etwa Hornissen, können eine Höhle für sich beanspruchen und damit für den nach einem Brutplatz suchenden Vogel nicht nutzbar machen oder sogar einen brütenden Vogel daraus vertreiben.

Siebenschläfer überwintern unterirdisch und besiedeln Baumhöhlen und Nistkästen Ende Mai oder im Juni. Die meisten Meisenarten haben zu diesem Zeitpunkt zumindest die Erstbrut bereits absolviert. Hingegen sind die als Zugvögel spät ankommenden Fliegenschnäpper und Gartenrotschwänze der Konkurrenz durch die Siebenschläfer ausgesetzt. Daher wurden die Bilche in der Vergangenheit als Konkurrenten der Singvögel nachhaltig verfolgt und getötet – was in Baden-Württemberg wohl zu einem

Auch Siebenschläfer konkurrieren mit Vögeln um Baumhöhlen.

Bestandsanstieg der Halsbandschnäpper geführt hat. In den letzten Jahrzehnten nehmen dort die Bestände des Siebenschläfers aus verschiedenen Gründen wieder zu – und die Bestände des Halsbandschnäppers ab, wie Wulf Gatter in einer umfangreichen Auswertung der Belegung baden-württembergischer Nistkästen zeigen konnte. Begünstigt wurde die Zunahme des Siebenschläfer-Bestandes sowohl durch die nachlassende Verfolgung als auch durch die günstigeren Lebensbedingungen in den Wäldern durch vermehrte Samenmast und zunehmenden Waldumbau zu Buchenbeständen. In den Obstbaumbeständen machte sich der Bestandsschwund des Halsbandschnäppers nicht so stark bemerkbar, wohl weil der Siebenschläfer als Kronenbewohner hier geringere Bestände aufbaut als in den Wäldern.

Der Nistkasten – die Lösung aller Probleme?

Es ist seit langem bekannt, dass sich die Siedlungsdichte höhlenbrütender Singvögel durch ein reiches Angebot an künstlichen Nisthöhlen erheblich steigern lässt. Der Kasten übernimmt dabei die Rolle der Naturhöhle als Brutplatz. Über optimale Abmessungen der Kästen selbst, die Fluglochweiten und Marderschutzvorrichtungen wurde bereits sehr viel getüftelt, sodass heute sehr ausgereifte Modelle im Handel erhältlich sind. Die Konkurrenz zwischen Siebenschläfer, Gartenrotschwanz und den Fliegenschnäppern (s.o.) kann durch die Herausnahme der Höhlenvorderwand sofort nach Abschluss der Brut abgemildert werden, da dann die Reproduktion der Bilche in den Kästen im Anschluss an die Schnäpperbrut nicht mehr möglich ist. Die Verwendung von Kästen mit einer Schlupflochweite von 26 mm erlauben es, die Kohlmeise als Konkurrent zu den Kleinmeisen weitgehend auszuschließen und so die letzteren gezielt zu fördern. Von der vermehrten Ausbringung von Nistkästen im Forst versprach man sich auch Auswirkungen auf Schadinsekten im Sinne einer biologischen Schädlingsbekämpfung (s. Kapitel 1.3). Für Trauerschnäpper sind sogar Nistkästen als Brutplätze so attraktiv, dass sie sie natürlichen Höhlen vorziehen und sich so von diesen in Nistkästen umsiedeln lassen. Trauerschnäpper der mitteleuropäischen Flachlandpopulation sind wohl die am meisten durch Nisthilfen manipulierte Vogelart Mitteleuropas. Es wird geschätzt, dass rund 95 % des Bestandes in Nistkästen brüten.

Mit Nistkästen lässt sich die Siedlungsdichte höhlenbrütender Singvögel – hier junge Blaumeisen – im Wald deutlich steigern.

Dem Nistkasten-Boom ist zunächst nichts negatives nachzusagen. Die Kunsthöhlen überbrücken den Mangel an geeigneten Nistplätzen, mildern bei geschickter Auswahl der Kastentypen Konkurrenzsituationen und ermöglichen die Beobachtung des Brutgeschäftes unserer Singvögel im unmittelbaren Wohnumfeld. Inzwischen werden sogar mit Kameras ausgestattete Kästen angeboten, die es erlauben, das verborgene Brutgeschehen am Bildschirm des PC zu verfolgen. Nistkastenpopulationen von Meisen oder Fliegenschnäppern verdanken wir heute aber auch langjährige Studien zur Populationsbiologie und anderen wissenschaftlichen Fragestellungen. In den englischen Wytham Woods zum Beispiel etablierte bereits 1947 der Ornithologe David Lack vom Edward Grey Institut an der Universität Oxford eine bis heute lückenlos kontrollierte Nistkastenpopulation von Kohlmeisen, aus der unzählige Veröffentlichungen hervorgegangen sind. Sie gewähren uns tief gehende Einsichten in verschiedenste Phänomene der Biologie und der Ökologie, die weit über den Modellorganismus Kohlmeise hinaus von allgemeinem Interesse sind (s. auch Kapitel 4.1).

Mit Nistkästen lassen sich also Vögel hervorragend manipulieren – im positiven Sinn. Was wir dabei nicht vergessen dürfen: Wir fördern damit nur einzelne Vogelarten, diese allerdings sehr effektiv. Begreift man die Baumhöhle als Mikrokosmos, den es mit allen seinen Bestandteilen von Einzellern über Insekten bis zu den höhlenbrütenden Vögeln zu schützen gilt, reicht der bloße Nistkasten nicht aus.

Stichwort

Nistkasten

Nistkästen sind bereits seit dem Mittelalter bekannt. Sie dienen als künstliche Nachbildungen aus Holz oder Holzbeton höhlenbrütenden Vogelarten als Ersatz für natürliche Baumhöhlen. Ihr Einsatz im Vogelschutz wurde vor allem durch Sittich Hans Freiherr von Berlepsch (1857 – 1933) stark gefördert und weiterentwickelt. Hintergrund war meist die biologische Schädlingsbekämpfung in Gartenbau und Forst. Heute spielen Nistkästen im forstlichen Vogelschutz eher eine randliche Rolle.

„Spreeuwpotten“ – ein Vorläufer des Starenkastens in den Niederlanden. Sein Zweck war, die zu Speisezwecken begehrten Jungstare leichter zugänglich zu machen. Amsterdam.

Was kann man tun?

Höhlenreichtum im Wald ist ein wesentlicher Schlüssel zur Artenvielfalt. Eine Studie in Bergwäldern des Nationalpark Bayerischer Wald gab Hinweise darauf, dass auf Flächen mit mehr als 4 Kleinhöhlen pro Hektar doppelt so viele höhlenbrütende Vogelarten vorkommen als auf Flächen mit geringerem Höhlenangebot. Für Halsbandschnäppervorkommen im Laubwald wurde ein Schwellenwert von 8 Kleinhöhlen pro Hektar ermittelt, was ungefähr 5,3 Höhlenbäumen entspricht, da die einzelnen Bäume häufig mehr als eine Höhle beherbergen. Dabei sollte die Aufmerksamkeit nicht nur auf den großen Schwarzspechthöhlen, sondern auch auf Fäulnis- und Mulmhöhlen liegen. Sie sollten wo immer möglich erhalten werden. Bäume mit Habitatstrukturen wie Verletzungen, Astabbrüchen, Zwieselabrissen oder Spechthöhlen sollten im Bestand verbleiben, damit sich auch neue Höhlen entwicklen können.

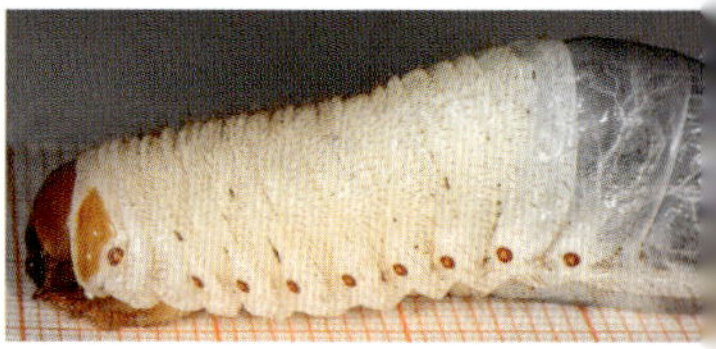

Naturhöhlen nützen nicht nur Vögeln: Larve des Eremits oder Juchtenkäfers (rechts) und Kleinabendsegler (oben).

Für die höhlenbauenden Weiden- und Haubenmeisen kann das Nistplatzangebot erhöht werden, wenn auch schwaches stehendes Totholz, vornehmlich von Birke, Erle oder Weiden im Bestand verbleibt. Gezielt lassen sich die Arten fördern, wenn bei forstlichen Pflegearbeiten unterständige Konkurrenzbäume auf Schulterhöhe abgesägt werden. So entstandene Buchenstrünke können sind nach rund sechs Jahren so weit verrottet, dass sie als Brutplatz dienen können. Strünke von 10 bis 15 cm Durchmesser reichen bereits aus, um Weiden- und Haubenmeise die Nestanlage zu ermöglichen. Das berühmte „Handbuch der Vögel Mitteleuropas“ brachte es auf den Punkt: „[...] aber, je intensiver die Landschaft genutzt wird, desto spärlicher ist die Weidenmeise!“.

Zum Weiterlesen

Gatter 2007, Gatter & Mattes 2018, Kanold et al. 2008, Löhrl 1999

4.3 Kontrast in schwarz-weiß: Fliegenschnäpper

In Mitteleuropa leben zwei Arten schwarz-weißer Fliegenschnäpper. Sie ähneln sich stark. Vor allem die Weibchen sind sich so ähnlich, dass selbst erfahrenen Feldornithologen die Unterscheidung schwer fällt. Unscheinbar graubraun ist ihre Oberseite, etwas schmutzig weiß die Unterseite. Nur die unterschiedlich ausgeformten weißen Abzeichen am Flügel verraten ihre Artzugehörigkeit. Der Gesang, der uns als trennendes Merkmal bei Zwillingsarten oft die Lösung bringt, hilft hier auch nicht weiter, denn die Weibchen singen nicht. Singt hingegen ein strahlend schwarz-weißes Männchen des Halsbandschnäppers, etwa in den Auwäldern bei Marchegg an der österreichisch-slowakischen Grenze, so ist die Artbestimmung klar. In ebenso strahlendem schwarz-weiß singt ein Männchen des Trauerschnäppers in den Kiefernwäldern auf der Kurischen Nehrung. Auch hier bereitet die Artbestimmung keine Probleme. Was erleichternd hinzukommt: An den beiden Stellen kommt die jeweils andere Art gar nicht als Brutvogel vor.

Szenenwechsel: Im fränkischen Steigerwald singt ein Trauerschnäpper. Die Gesangsstrophe ist unverkennbar: strophig aufgebaut, stark frequenzmoduliert und in der Tonhöhe alternierend, genauso wie auf der Kurischen Nehrung. Der Vogel leuchtet aber nicht in kontrastreichem schwarz-weiß, sondern ist weitgehend weibchenfarbig. Warum ist das so? Bevor wir auf die Beantwortung dieser Frage zugehen, wollen wir die Verbreitung der beiden Arten näher betrachten.

Stichwort

Kontrastbetonung (*character displacement*)

Darunter versteht man die Verstärkung von Unterschieden in bestimmten Merkmalen in Populationen nahe verwandter Arten, die in einem Gebiet der Überlappung der Verbreitungsgebeite gemeinsam vorkommen (Sympatrie). Ausserhalb dieser Überlappungszone zeigt sich diese Merkmalsverstärkung nicht, sie sind sich also ähnlicher. Die Kontrastbetonung ist das Ergebnis zwischenartlicher Konkurrenz.

Kontrastreich in schwarz-weiß präsentieren sich die Männchen des Halsbandschnäppers in Südostösterreich (links) und des Trauerschnäppers in Wales (rechts). Ihr arttypischer Gesang lockt artgleiche Weibchen an.

Kurzcharakteristik

Trauerschnäpper
Ficedula hypoleuca (PALLAS)

Englisch: Pied Flycatcher
Systematik: Sperlingsvögel (Passeriformes), Fliegenschnäpperartige (Muscicapidae)
Größe: 13 cm
Gewicht: 9,7 – 22,2 g
Verbreitung: höhlenreiche (Laub-)Wälder, Parks und Gärten von Europa bis Mittelsibirien
Zugverhalten: Langstreckenzieher, überwintert im tropischen Westafrika
Nahrung: Insekten, überwiegend Fluginsekten und Raupen
Lebenserwartung: bis 15 Jahre

Singender weibchenfarbiger Trauerschnäpper in Mitteleuropa. Landkreis Kulmbach, Oberfranken.

Verbreitung von Halsband- und Trauerschnäpper

Der Halsbandschnäpper besiedelt ein relativ kleines, weitgehend auf Südosteuropa beschränktes Areal. Es reicht vom Osten Frankreichs bis zur Mündung der Wjatka in die Kama im europäischen Teil Russlands. In Mitteleuropa reicht es nördlich kaum über das nördliche Bayern, das Erzgebirge und den Urwald von Bialowieza hinaus. Im Süden sind die Alpen weitgehend unbesiedelt und östlich davon erreicht es auf der Balkanhalbinsel und nördlich des Schwarzen Meeres seine südlichsten Punkte. Er ist eine Art der nemoralen Laubwälder Europas, wobei für die Arealgrenze im Norden und Westen keine eindeutigen Gründe auszumachen sind. Typische vom Halsbandschnäpper besiedelte Wälder sind lindenreiche Eichen-Hainbuchenwälder, Hartholzauen, Ulmen-Eschenwälder oder Buchenwälder sowie örtlich auch Bruchwälder und, wie in Baden-Württemberg, sogar Streuobstbestände.

In den Laubwäldern im südlichen Mitteleuropa kommen Trauer- und Halsbandschnäpper zusammen vor. Steigerwald.

Im Gegensatz zum südlich verbreiteten Halsbandschnäpper ist der Trauerschnäpper eine Art der borealen Nadelwaldzone und der sommergründen Laubwälder in der gemäßigten Zone Europas und Westsibiriens. Sein Areal erreicht im Norden in den Birkenwäldern fast die Baumgrenze. In Mitteleuropa markieren die Alpen und Karpaten die südliche Verbreitungsgrenze. Er besiedelt dort lichte Laub- und Mischwälder, alte Parkanlagen und Friedhöfe sowie Gärten, wenn dort genügend Höhlenangebot herrscht. Im Gegensatz zum monotypischen, das heißt nicht in

Unterarten aufgegliederten, Halsbandschnäpper zerfällt der Trauerschnäpper in Populationsgruppen: die dunklere, oft rein schwarz-weiße Unterart *Ficedula hypoleuca hypoleuca* im Norden Europas, aber auch in den Alpen, in Westeuropa und in England, und die hellere Form *Ficedula hypoleuca muscipeta* im zentralen und östlichen Europa. Johann Matthäus Bechstein (1757–1822), ein Forstwissenschaftler und Ornithologe aus Thüringen, beschrieb 1792 diese Unterart anhand eines Exemplars aus seiner Heimat. Auffallend ist, dass die Männchen dieser Unterart sehr stark in der Färbung variieren. Sie sind im südlichen Mitteleuropa meistens fast weibchenfarbig graubraun.

Konkurrenz zwischen Halsband- und Trauerschnäpper

Dort, wo sich die Verbreitungsgebiete der beiden schwarz-weißen Fliegenschnäpper überschneiden, ist der Halsbandschnäpper in der Regel die konkurrenzstärkere Art. Auf Gotland, wo beide Arten nebeneinander vorkommen, brütet der viel häufigere Halsbandschnäpper in allen höhlenreichen Waldtypen, während der Trauerschnäpper nur in Nadel- und Birkenwäldern vorkommt. Diese Verschiebung in randliche Habitate sind wahrscheinlich ein Ergebnis der Konkurrenz durch den Halsbandschnäpper. Es stellte sich aber vor allem durch die Untersuchungen von M. Král, Glenn-Peter Sætre und

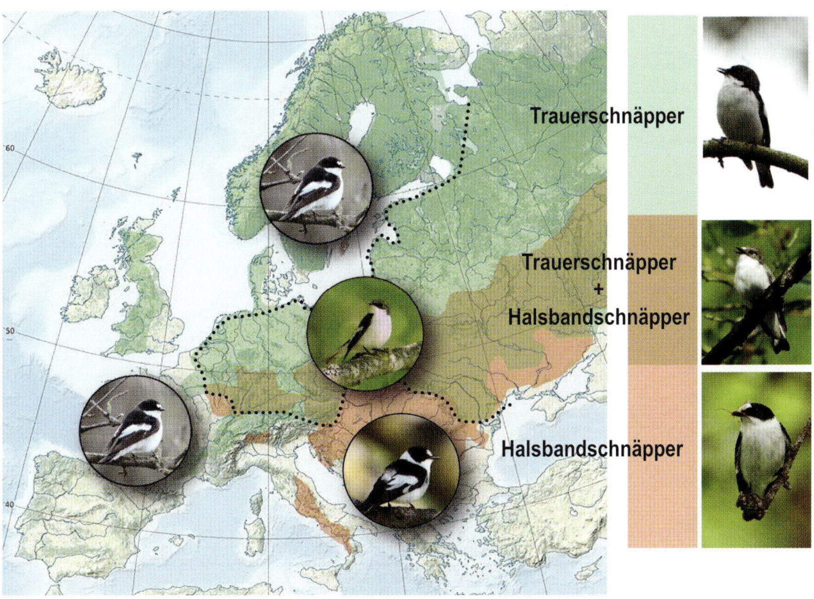

Brutverbreitung des Trauerschnäppers (grün), des Halsbandschnäppers (rot) und Gebiet des gemeinsamen Vorkommens (braun) in Europa. Die gestrichelte Linie umreißt das Verbreitungsgebiet der Trauerschnäpper-Unterart *Ficedula hypoleuca muscipeta*. Rechte Leiste oben: typische Färbung des männlichen Trauerschnäppers bei Fehlen des Halsbandschnäppers (oben) und dessen gleichzeitigem Vorkommen (Mitte). Nicht berücksichtigt sind die Formen der iberischen Halbinsel und Nordafrikas sowie der Halbringschnäpper. Nach Keller et al. 2020 und Glutz von Blotzheim & Bauer 1993.

„Fliegenfänger: der schwarzgraue Muscicapa muscipeta, 2. mit dem Halsbande Muscicapa torquata Lin. 3. Der schwarzrückige Musci. atricapilla Lin." in Johann Matthäus Bechsteins „Getreue Abbildungen naturhistorischer Gegenstände..." (1796). Aus Mey (2003).

Rauno V. Alatalo mit ihren Teams heraus, dass männliche Halsbandschnäpper gegenüber braunen Trauerschnäpper-Männchen weniger aggressiv sind als gegenüber schwarz-weißen. Es zeigte sich auch, dass die Oberseitenfärbung der männlichen Trauerschnäpper deutlich heller braun ist, wenn sie großräumig zusammen mit Halsbandschnäppern vorkommen. Durch die weibchenähnliche Färbung unterläuft der Trauerschnäpper quasi die Dominanz der Halsbandschnäpper. Es ist wahrscheinlich, dass die Konkurrenz durch den Halsbandschnäpper ein wichtiger Treiber zur Entwicklung der braunen Formen des Trauerschnäppers ist. Sie kommen überwiegend dort vor, wo der Halsbandschnäpper auf gleicher Fläche oder zumindest im gleichen Gebiet vorkommt oder früher vorgekommen ist. Das ist in weiten Teilen Süddeutschlands, Tschechiens und Polens der Fall.

Die Färbung der männlichen Trauerschnäpper ist daher ein Beispiel für Merkmalsdivergenz oder Kontrastbetonung (englisch *character displacement*). Dabei unterscheiden sich zwei nahe verwandte Arten in den Teilen des Verbreitungsgebietes, in dem beide zusammen vorkommen, stärker als in den Teilen, in denen nur eine der beiden Arten alleine vorkommt.

Halsbandschnäpper-Männchen. Steiermark.

Kurzcharakteristik

Halsbandschnäpper
Ficedula albicollis (Temminck)

Englisch: Collared Flycatcher

Systematik: Sperlingsvögel (Passeriformes), Fliegenschnäpperartige (Muscicapidae)

Größe: 13 cm

Gewicht: 10,5 – 13,5 g

Verbreitung: höhlenreiche Laubwälder Südosteuropas

Zugverhalten: Langstreckenzieher, überwintert in Südafrika

Nahrung: Insekten, überwiegend Fluginsekten und Raupen

Lebenserwartung: bis 7 Jahre und 11 Monate im Freiland nachgewiesen

Kontrastbetonung ist ein Hinweis auf Konkurrenz zwischen zwei Arten. Sie kann die gemeinsame Ressourcennutzung betreffen oder auch die Arterkennung. Bei den schwarz-weißen Fliegenschnäppern trifft letzteres zu.

Hybriden

In der Regel verhindern Fortpflanzungsbarrieren die Hybridbildung zwischen biologischen Arten. Gelegentlich kann diese Fortpflanzungsschranke aber auch durchbrochen werden und es kommt zu Mischverpaarungen zwischen Individuen verschiedener Arten. Das ist vor allem dann der Fall, wenn die eine Art häufig und die andere selten ist, sodass es einer Art am artgleichen Partner mangelt. Ein typisches Beispiel dafür sind die Rackelhühner, ein Hybrid aus Auerhuhn und Birkhuhn. Auch zwischen Trauerschnäpper und Halsbandschnäpper kommt es erstaunlich oft zu Mischehen, vor allem in kleinen Verbreitungsinseln der einen Art im Areal der anderen. Auf Gotland, wo eine starke Population des Halsbandschnäppers im Trauerschnäpper-Areal existiert, sind sogar rund 2% der Vögel hybriden Ursprungs. Laut der nach dem Biologen und Genetiker J. B. S. Haldane benannten Regel (Haldanes Regel) sind bei Nachkommen hybriden Ursprungs immer die Individuen mit zwei Geschlechtschromosomen in ihrer Fruchtbarkeit eingeschränkt. Im Gegensatz zu Säugetieren sind dies bei Vögeln die Weibchen. Daher sind die Schnäpperhybriden im weiblichen Geschlecht steril, im männlichen aber fruchtbar. Wie wird nun aber die völlige Vermischung der Arten vermieden?

Ein Trauerschnäpper-Männchen in den Alpen. Auch dort fehlt der Halsbandschnäpper: das Trauerschnäpper-Männchen ist kontrastreich schwarz-weiß gefärbt.

Geschlechtsreife Söhne aus Mischverpaarungen interessierten sich ihrerseits sowohl für Trauerschnäpper- als auch Halsbandschnäpperweibchen, die sich äußerlich ohnehin nur geringfügig unterscheiden. Die Partnerwahl der Weibchen orientiert sich jedoch an der Artzugehörigkeit des Vaters, sodass eine weitere Vermischung in der Regel unterbleibt. War der Vater ein Halsbandschnäpper, wählt das Weibchen als Partner auch einen Halsbandschnäpper, war er ein Trauerschnäpper, wird die Partnerwahl des Weibchens wieder auf einen Trauerschnäpper fallen. Die Information, das Muster des Vorzugspartners, ist genetisch fixiert. Somit wird langfristig eine Vermischung der beiden Arten verhindert.

Zum Weiterlesen

Löhrl 1965, Saetre et al. 1993, Saether et al. 2007

4.4 Die Goldhähnchen: Vogelzwerge im Nadelwald

Die unsichtbaren Goldhähnchen

„Zü-zi-zi-zi-zi-zi-zi-zi-zürrr" klingt es aus der Krone einer alten Fichte. „Crescendo ansteigend", so beschreibt es der Leiter einer Vogelstimmenexkursion den gespannten Teilnehmern. Zu sehen bekommt man den Vogel nicht. Immer wieder singt er. Ein Sommergoldhähnchen. Da – von der anderen Wegseite erklingt ein ähnlicher Gesang, der aber rhythmisch in der Tonlage auf und ab geht. Auf und ab wie ein „W", erklärt der Experte die Eselsbrücke, also unverkennbar ein Wintergoldhähnchen. Mit Engelsgeduld weist er die etwas überforderten, aber angestrengt lauschenden Vogelinteressierten auf den für ihn so eindeutigen Unterschied hin. Zu sehen ist nach wie vor nichts. Ab und zu meint man in den Baumkronen einen winzigen Vogel zu erspähen, ohne aber Einzelheiten erkennen zu können. Nach einiger Zeit ahnen einige, welche dünnen Stimmchen gemeint sein könnten. Andere, vor allem ältere Menschen, hören aber nichts davon. Goldhähnchen singen in einem Frequenzbereich von 6–8 Kilohertz, manchmal darüber. Da mit zunehmendem Lebensalter die Hörfähigkeit beim Menschen pro Lebensjahrzehnt um etwa 2000 Hertz abnimmt, können Menschen über siebzig hohe Töne über 6 Kilohertz nur noch schwer oder gar nicht mehr wahrnehmen. So auch den Gesang der Goldhähnchen. Goldhähnchen sind undankbare Demonstrationsobjekte auf Vogelstimmenwanderungen.

Dabei sind Goldhähnchen in den Nadelwäldern fast allgegenwärtig! Bestandsschätzungen für Deutschland in der Zeit von 2005 bis 2009 ergaben 1,1 bis 1,65 Millionen Reviere des Wintergoldhähnchens und 1,25 bis 1,85 Millionen Reviere des Sommergoldhähnchens. Vogelkundige hören sie, nur selten kommt einmal eines auf beobachtbare Höhe in den Bäumen herunter und

Die beiden mitteleuropäischen Goldhähnchenarten. Das Sommergoldhähnchen (rechts) wirkt durch die schwarz-weiße Gesichtszeichnung und die goldgrüne Rückenfärbung bunter als das Wintergoldhähnchen (links).

Kurzcharakteristik

Wintergoldhähnchen
Regulus regulus (L.)

Englisch: Goldcrest

Systematik: Sperlingsvögel (Passeriformes), Goldhähnchen (Regulidae)

Größe: 9 cm

Gewicht: 5 – 7 g

Verbreitung: Nadelwälder von Westeuropa bis Sibirien, im Süden und Osten lückenhaft dem Areal der Fichten folgend von Kleinasien über Kaukasus, Elburs-Gebirge, Tien-Shan, Himalaya bis nach Japan. Unterarten auf den Azoren und Kanaren.

Zugverhalten: Jahresvogel, jedoch insbesondere in den nördlichen und östlichen Teilen des Verbreitungsgebietes Kurzstreckenzieher

Nahrung: ausschließlich kleine Wirbellose wie Blattläuse, Raupen, Spinnen und Springschwänze

Lebenserwartung: maximal knapp 4 Jahre im Freiland, 11 Jahre in Volieren

Beim Imponieren präsentieren beide Arten das gesträubte Scheitelgefieder, sodass die sonst verdeckten roten Federn der Scheitelmitte sichtbar werden. Hier ein männliches Wintergoldhähnchen. Tschechische Republik.

zeigt sich dann fast ohne Scheu dem Menschen. Sie sind in vielerlei Hinsicht etwas besonderes. Das Wintergoldhähnchen ist nicht nur der kleinste Singvogel überhaupt, es harrt auch die kalten Wintermonate bei uns aus. An die menschlichen Futterstellen kommt es nur selten. Und Goldhähnchen gehören einer eigenen Vogelfamilie an: Den Reguliden, benannt nach dem aus dem lateinischen entlehnten, wissenschaftlichen Gattungsnamen *Regulus*, was „kleiner König“ bedeutet. Ihr grünliches Gefieder erinnert an einen

Kurzcharakteristik

Sommergoldhähnchen
Regulus ignicapilla (Temminck)

Englisch: Common Firecrest

Systematik: Sperlingsvögel (Passeriformes), Goldhähnchen (Regulidae)

Größe: 9 cm

Gewicht: 5 – 7 g

Verbreitung: Nadel- und Mischwälder vom nordafrikanischen Atlas bis ins östliche Mitteleuropa und Kleinasien

Zugverhalten: Kurzstreckenzieher

Nahrung: Wirbellose, vor allem größere Spinnen, Raupen und Schmetterlinge

Lebenserwartung: Höchstalter im Freiland unbekannt, in Volieren bis über 10 Jahre

Das männliche Sommergoldhähnchen bringt beim Imponieren die kontrastreiche Kopfzeichnung zur vollen Entfaltung.

Laubsänger und macht sie im Nadelgewirr fast unsichbar, ihr Nest bauen sie kunstvoll aus Moos, Spinnstoff und Flechten hoch oben in die Kammäste alter Fichten. All das macht sie nicht gerade zu prädestinierten Objekten für die ornithologische Forschung. Wie soll man ihnen näherkommen, ihr Leben besser verstehen?

Goldhähnchen weltweit

Die Familie Regulidae umfasst weltweit nur sechs Arten. Davon leben das Rubingoldhähnchen und das Indianergoldhähnchen in den Wäldern Nordamerikas, die beiden Zwillingsarten Sommer- und Wintergoldhähnchen in Eurasien. Auf Inseln finden sich noch das Taiwan- und das Madeiragoldhähnchen. Sie sind Endemiten mit winzigen Verbreitungsgebieten. Das Taiwangoldhähnchen bewohnt die Nadel- und Mischwälder Taiwans mit den ebenfalls dort endemischen Formosatannen *Abies kawakamii*, Hemlocktannen *Tsuga chinensis var. formosana* und Taiwanfichten *Picea morrisonicola*. Auf der Insel Madeira finden wir das Madeiragoldhähnchen im Lorbeerwald mit Baumheide *Erica arborea*, in der es auch sein Nest errichtet. Es wurde erst kürzlich aufgrund genetischer und bioakustischer Befunde vom Sommergoldhähnchen als eigene Art abgetrennt.

Auch das Sommergoldhähnchen selbst hat nur ein kleines Verbreitungsgebiet. Es ist eine der wenigen in ihrer Verbreitung fast ausschließlich auf die Nadel- und Mischwälder Europas begrenzten Vogelarten (s. Kapitel 5.5). Es ist nicht so eng an Nadelwälder gebunden wie das Wintergoldhähnchen und brütet im Mittelmeerraum auch in immergrünen Eichenwäldern aus Kork- und Steineichen. Das Areal des Wintergoldhähnchens hingegen liegt vor allem in Osteuropa und Asien vollständig im natürlichen Verbreitungsgebiet der Fichten (Gattung *Picea*), an die es vor allem als Neststandort eng gebunden ist. Nur auf den Kanaren und Azoren leben Populationen im Lorbeerwald, in Kiefern- und Baumheidebeständen. Die Vögel von La Palma und El Hierro wurden erst 2006 als eigene Unterart *Regulus regulus ellenthalerae* beschrieben. Das Autorenteam um Martin Päckert würdigte mit der Namenswidmung die Verdienste der Innsbrucker Verhaltensforscherin und Zoologin Ellen Thaler, die sich ihr Leben lang mit der Erforschung der Goldhähnchen befasst hat. Ihren grundlegenden Studien ist es zu verdanken, dass wir heute das Zusammenleben der beiden Zwillingsarten Sommer- und Wintergoldhähnchen besser

Wintergoldhähnchen sind auf Kleinstbeute spezialisiert. Dabei werden die Koniferenäste systematisch abgesucht, mit den Zehen hält sich der Vogel an den Nadeln fest.

verstehen. In Mitteleuropa überschneiden sich nämlich die Verbreitungsgebiete der beiden Arten und sie kommen sympatrisch, oft sogar syntop vor. Die beiden nahe verwandten Arten vermischen sich aber nicht, es muss also Mechanismen geben, welche die Koexistenz der beiden Arten ermöglichen und die Arten getrennt halten. Welche könnten es sein?

Das Sommergoldhähnchen sucht vorwiegend die Oberseite der Äste ab.

Was trennt unsere beiden Goldhähnchenarten?

Die beiden heimischen Goldhähnchenarten unterscheiden sich äußerlich nur geringfügig. Das Sommergoldhähnchen ist farbenprächtiger, es wirkt durch einen kräftigen hellen Überaugenstreif deutlich „bunter". Die Stimme unterscheidet sich für das menschliche Ohr nicht so gravierend wie etwa bei den Zwillingsarten Fitis und Zilpzalp (s. Kapitel 2.2). Zunächst fällt aber auf, dass das Sommergoldhähnchen ein Zugvogel ist, der den Winter im westlichen Mittelmeergebiet verbringt, während das Wintergoldhähnchen auch in der kalten Jahreszeit in den nördlichen Brutgebieten anzutreffen ist. Durch ihre versteckte Lebensweise in den Baumkronen sind Goldhähnchen keine idealen Forschungsobjekte. Neben den Freilandbeobachtungen half daher erst die Haltung und Zucht der beiden Goldhähnchenarten in naturnah gestalteten Volieren und geduldiges Beobachten dabei, den feinen Unterschieden zwischen den beiden Arten auf die Spur zu kommen, die Ellen Thaler in ihrer heute noch lesenswerten Dissertation beschrieben hat.

Die Stimmen der beiden Arten unterscheiden sich – so ähnlich sie sich für den Laien anhören mögen – in den rivalen- und partnerbezogenen Lautäußerungen doch erheblich. Sie dienen der innerartlichen Verständigung und der artlichen Isolation. Hingegen sind die Lautäußerungen außerhalb der Brutzeit ähnlich, sodass der Bildung von gemischten Trupps (s. Kapitel 4.7) nichts entgegensteht. Während der Brutzeit sind Goldhähnchen aber territorial. Dabei lassen

Stichwort

Sympatrie

Das Vorkommen von zwei oder mehreren Arten nebeneinander im selben Gebiet. Das Gegenteil wäre Allopatrie, wenn die Verbreitungsgebiete zweier verwandter Arten räumlich getrennt liegen (z. B. Berglaubsänger im westlichen, Balkanlaubsänger im östlichen Mittelmeerraum), grenzen sie in einer schmalen Kontaktzone aneinander, so spricht man von Parapatrie (z. B. Gelb- und Orpheusspötter in Westdeutschland). Kommen zwei sympatrische Arten im gleichen Biotop vor, so wird dies als Syntopie bezeichnet. Auf die beiden mitteleuropäischen Goldhähnchen trifft dies zu.

sich deutliche Unterschiede zwischen den beiden Arten im Imponierverhalten gegenüber dem Rivalen oder Partner und im Beschwichtigungsverhalten des Weibchens in der Frühphase der Verpaarung feststellen, auch die Kopulationsaufforderung der Weibchen unterscheidet sich, sodass sich artfremde Individuen nicht „verstehen". Sommergoldhähnchen-Männchen füttern in der Balzzeit und während der Bebrütung das Weibchen, Wintergoldhähnchen nicht.

Neben diesen artisolierenden Verhaltensweisen ließ sich bei den beiden heimischen Goldhähnchen auch eine Trennung hinsichtlich des Nahrungssuchverhaltens und vor allem in der bevorzugten Nahrung feststellen. Sommergoldhähnchen suchen vor allem an den Ast-Oberseiten hüpfend und schwirrfliegend nach Beute, während die Wintergoldhähnchen mehr kletternd die Ast-Unterseiten und dichtes Gezweig minutiös absuchen. Als Anpassung an die kletternde Nahrungssuche an Koniferennadeln können auch die starken Sohlenballen an den Füßen gesehen werden (s. Kapitel 3.8). Wintergoldhähnchen gehen bei der Nahrungssuche langsamer voran als Sommergoldhähnchen. Das mag in erster Linie an der deutlich unterschiedlichen Beute liegen: Sommergoldhähnchen bevorzugen möglichst große Spinnen, Raupen und Falter, Wintergoldhähnchen kleine. Im standardisierten Auswahlversuch in den Volieren Ellen Thalers ließ sich das klar nachvollziehen. Und eine weitere Besonderheit: Wintergoldhähnchen fressen Springschwänze (Collembola) als Hauptnahrung, insbesondere im Winter. Diese „Urinsekten" kommen auch in der kalten Jahreszeit massenhaft vor. Die bekannteren „Schneeflöhe", die sich manchmal massenhaft auf der Schneedecke im Wald finden und durch ihre dunkle Färbung auffallen, gehören ebenfalls zu den Springschwänzen. Die für das Wintergoldhähnchen interessanten Collembolen leben aber vor allem an der Rinde. Es handelt sich dabei um Springschwänze der Gattung *Entomobrya*, die dort in sehr hoher Dichte vorkommen und von den Wintergoldhähnchen sehr geschickt aufgenommen werden. Die Nutzung dieser kleinsten, auch im Winter zugänglichen Beutetiere ist der wahrscheinliche Grund dafür, dass das Wintergoldhähnchen die kalte Jahreszeit bei uns verbringen kann, während das Sommergoldhähnchen in Gebiete mit gemäßigterem Klima und entsprechendem Angebot an größeren Insekten ausweichen muss. Die Nutzung unterschiedlicher Nahrungsressourcen ermöglicht auch das Zusammenleben der beiden Arten in ihren kleinen Revieren, ohne dass es zu Nahrungskonkurrenz kommt.

Nest des Sommergoldhähnchens in den Kammästen einer Fichte. Man beachte die Größe der Insekten, die der Vogel zum Verfüttern bringt.

Unterwegs in eine ungewisse Zukunft

Von den beiden Goldhähnchenarten ist das Wintergoldhähnchen stärker als das Sommergoldhähnchen an das Vorkommen der Fichte gebunden. Dies gilt hinsichtlich der Nahrungssuche, viel mehr aber hinsichtlich der Anlage des Nestes. Kunstvoll weben sie diese äußerst stabilen Nester aus Moos und Spinnstoff in die hängenden Äste. Hierin gleichen sich die beiden Arten weitgehend. Das Sommergoldhähnchen scheint aber etwas flexibler zu sein, denn es sind von ihm auch Neststandorte in Efeu, Stechpalmen oder anderen immergrünen Gehölzen bekannt geworden. Der wichtigste Baum im Leben der Goldhähnchen ist aber die Gemeine Fichte.

Das natürliche Wuchsgebiet der Fichte in Mitteleuropa ist im Wesentlichen auf drei Bereiche beschränkt: Im Nordosten erreicht das nordisch-sibirische Flachland-Vorkommensgebiet gerade noch das Baltikum und Polen, weitere Vorkommen befinden sich in den montanen Wäldern der höheren Mittelgebirge und schließlich bilden die Bergwälder der Alpen bis zur Baumgrenze einen dritten Verbreitungsschwerpunkt. Grenzwerte für ein gutes Wachstum der Fichte sind mindestens 500 mm Jahresniederschlag, wobei vor allem Trockenmonate im Sommer einschränkend wirken, und eine Temperaturspanne von -3° bis +9 °C im Jahresmittel. Dies ist – oder war – in weiten Teilen Mitteleuropas auch außerhalb der natürlichen Fichtenvorkommen erfüllt. Die Fichte, mit dem Vorteil relativ schnellwüchsig zu sein und sehr gutes Holz aufzubauen, wurde daher in weiten Teilen Mitteleuropas auch im Hügel- und Flachland zum waldprägenden Baum. Ihre Verbreitung ist so stark wie wohl bei keiner anderen Baumart Mitteleuropas anthropogen überformt.

Mit dem forstlichen Aufschwung der Fichte vor allem im 19. Jahrhundert muss sich daher das Lebensraumangebot für Goldhähnchen gewaltig erweitert haben.

Mit der großflächigen Verwendung der Fichte als „Brotbaum" im Flach- und Hügelland Mitteleuropas gewannen die Goldhähnchen großflächig Lebensraum hinzu. Das natürliche Vorkommen ist weitgehend auf die Alpen und die höheren Lagen der Mittelgebirge beschränkt. Auch dort wurden Bergmischwälder häufig in reine Fichtenforste umgewandelt. Schneeberg, Fichtelgebirge.

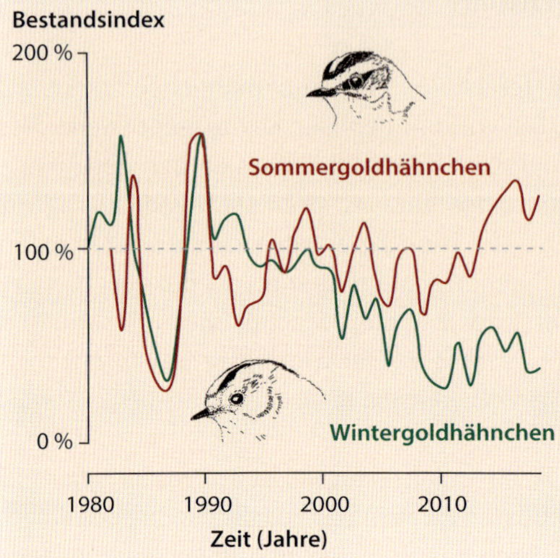

Bestandsentwicklung von Sommer- und Wintergoldhähnchen in Europa von 1980 bis 2019. Aus Gründen der Vergleichbarkeit sind alle Werte relativ zu dem von 1980 (= 100 %) aufgetragen. Die starken Schwankungen zu Beginn der Zeitreihe können auf methodischen Problemen beruhen.

Quelle: PanEuropaean Common Bird Monitoring Scheme (https://pecbms.info/trends-and-indicators/).

Für das Sommergoldhähnchen kam als weiterer begünstigender Faktor die Waldzunahme im Mediterran während des 20. Jahrhunderts hinzu. Es hat im Bestand zugenommen und ist heute vielerorts häufiger als das Wintergoldhähnchen. Ein kroatisch-tschechisches Team untersuchte kürzlich mit modernen statistischen Methoden das Häufigkeitsverhältnis von Sommer- und Wintergoldhähnchen in Europa und bestätigte den Eindruck, dass das Sommergoldhähnchen in wärmeren und humiden Gebieten und in Mischwäldern dominiert. Unter dem Aspekt des Klimawandels und der Klimahüllen mitteleuropäischer Waldbäume (s. Kapitel 5.6) gilt die Fichte als einer der anfälligsten Bäume für die prognostizierten Temperaturerhöhungen, die forstliche Zukunft der Fichte im Flach- und Hügelland ist daher fraglich. Mit der bevorstehenden Umwandlung unserer Fichtenforste in Mischwälder und dem zunehmenden Schwund der Fichte aus diesen wird am ehesten das Sommergoldhähnchen zurechtkommen, während das Wintergoldhähnchen eher einer ungewissen Zukunft entgegensteuert. Inwieweit „neue“ Baumarten, wie etwa die Douglasie, künftig die Rolle der Fichte im Lebensraum der Goldhähnchen übernehmen können, ist noch äußerst unsicher. Insbesondere im Winter ist das Arthropodenangebot auf Douglasien deutlich niedriger als auf Fichten, was speziell dem auf reichliche Winternahrung angewiesenen Wintergoldhähnchen Probleme bereiten könnte. Wir stehen vor einer eigentlich paradoxen Situation: Durch die einseitige Förderung von Fichten auf Laubwaldstandorten haben die Goldhähnchen profitiert, nun könnte es kommen, dass sich zumindest das Wintergoldhähnchen wieder auf die Naturstandorte der Fichte zurückzieht. In den Bestandsentwicklungen beider Arten zeichnet sich bereits eine Bestandsabnahme des Wintergoldhähnchens ab, während die Sommergoldhähnchen-Bestände unter Schwankungen stabil bleiben.

Zum Weiterlesen

Thaler 1979,
Thaler 1990

4.5 Überlebensstrategien im Winterwald

Wie viele Menschen empfinden die meisten Vogelbeobachter den Frühling als die schönste Jahreszeit. Die Rückkehr der Zugvögel, der Gesangsbeginn, das Ergrünen der Vegetation und die beginnende Fortpflanzungszeit vieler Arten haben einen unwiderstehlichen Reiz, der die Geschehnisse in den anderen Jahreszeiten schnell überdeckt. Für viele Vogelarten ist aber gerade der Winter eine wichtige, wenn nicht die entscheidende Jahreszeit, er ist die Zeit der Selektion. Das Gros der Jungvögel des vorangegangenen Sommers fallen der Wintersterblichkeit zum Opfer, Strategien und Anpassungen sind nötig, um die unwirtliche Jahreszeit mit ihren Herausforderungen zu überleben. Oder verkürzt ausgedrückt: Der Sommer liefert, der Winter wählt aus.

Der Winter bringt tiefe Temperaturen, Nahrungsmangel, Verringerung der Tageslänge und schlechtere Nahrungszugänglichkeit durch Schneebedeckung oder gefrorenen Boden. Je nach der geländeklimatischen Situation kann auch in mitteleuropäischen Wäldern die Temperatur in der Nacht auf deutlich unter -20 °C absinken. Während des Nordwinters werden auf der Nordhalbkugel die Tage kürzer. Steht einem tagaktiven Kleinvogel in der Umgebung von München zur Wintersonnenwende noch eine Helligkeitsphase von über acht Stunden zur Nahrungssuche zur Verfügung, so sind es auf Rügen bereits nur noch etwas über sieben Stunden, im schwedischen Uppsala nur noch knapp sechs Stunden. In dieser Zeit muss der Vogel seinen Energiebedarf decken, bevor die lange Winternacht kommt.

Der Winter im Wald konfrontiert die Jahresvögel mit tiefen Temperaturen, kurzen Tagen und Nahrungsmangel. Fichtelgebirge.

Erlenzeisige wechseln im Winter aus den Nadelwäldern in bachbegleitende Erlenbestände oder in die Nähe menschlicher Siedlungen. Oschenberg, Bayreuth.

Viele Vogelarten entgehen der kalten Jahreszeit durch einen nicht minder gefährlichen Zug in für sie günstigere Winterquartiere (s. Kapitel 2.4). Die in oder in der Nähe der Brutgebiete überwinternden Arten hingegen haben Strategien entwickelt, um mit den harschen Umweltbedingungen im hiesigen Winter zurechtzukommen. Welche Strategien sind es?

Habitatwechsel

Mit Ausnahme des von Jahr zu Jahr stark schwankenden Angebots an Baumsamen sind Wälder, vor allem Laubwälder, im Winter relativ nahrungsarm. Viele Vogelarten entgehen diesem Nahrungsengpass, indem sie die Wälder während der Wintermonate verlassen. Am ausgeprägtesten tun dies die Zugvögel: Sie räumen ihr Brutgebiet vollständig, um den Winter in nahrungsreicheren Gebieten zu verbringen. Aber auch ein beträchtlicher Teil unserer Jahresvögel wandert aus dem Wald ab, um in anderen Lebensräumen, meist in offeneren Landschaften, zu überwintern. Erlenzeisige brüten in den koniferenreichen Wäldern der Mittelgebirge sowie Ost- und Nordeuropas, überwintern aber an bachbegleitenden Erlen und ernähren sich überwiegend von deren Samen, was ihnen sogar zu ihrem Namen verhalf. Auch die meisten anderen Finkenvögel, Buchfinken etwa, wechseln im Winter aus dem Wald in offenere Landschaften, wo ihnen die Kulturlandschaft mit den landwirtschaftlichen Nutzflächen, vor allem aber mit dem Samenangebot der Brachflächen und Feldraine Nahrung bietet – oder zumindest in früheren Zeiten bot. Waldbewohnende Amseln können bei hoher Schneelage im Wald nicht überleben, sie ziehen in tiefere Lagen und in die Offenlandschaft, wo ihnen das Kultur- und Wildobst oder durch die Sonneneinstrahlung abgeschmolzene Flächen unter Sträuchern das Überwintern ermöglichen. Auch Blau- und Kohlmeisen sind in geschlossenen Wäldern, wo sie als Brutvögel auftreten, im

Blaumeisen sind im Winter auch außerhalb von Wäldern in Schilfbeständen anzutreffen. Federsee, Oberschwaben.

Winter deutlich seltener oder fehlen ganz. Vor allem ist das in den Mittelgebirgen und Alpen, der Fall, wo in höheren Lagen Kohl- und Blaumeise im winterlichen Wald völlig fehlen. Sie ziehen weg. Blaumeisen suchen dann häufig Schilfgebiete auf, in denen sie die in den Schilfhalmen überwinternden Insektenlarven und –puppen nutzen. Oder sie lockt das Nahrungsangebot winterlicher Futterstellen in Siedlungsnähe. Meist sind es Nüsse, Sonnenblumenkerne oder andere Samen, die dort angeboten werden. Die Nutzung dieser zusätzlichen Futterquelle wird durch die Umstellung der Nahrungspräferenzen der im Sommerhalbjahr überwiegend von Insekten und Spinnen lebenden Meisen möglich.

Die im Sommer überwiegend Insekten fressende Blaumeise stellt sich im Winter auf pflanzliche Nahrung um. Besonders begehrt sind energiereiche Samen wie Sonnenblumenkerne, die geschickt unter Zuhilfenahme der Füße geöffnet werden.

Änderungen in der Nahrungswahl

Der Netto-Energiebedarf einer Kohlmeise liegt bei etwa 19,7 kcal pro Tag, bei den deutlich kleineren Blaumeisen sind es 10,8 kcal pro Tag und bei der nochmals kleineren Tannenmeise 11,7 kcal am Tag. Die notwendige tägliche Nahrungsmenge einer Blaumeise würde im Winter nur erreicht werden, wenn die Meise rechnerisch in jeder Minute der Hellzeit 24 Insekten mit durchschnittlich 5 Milligramm Gewicht verzehrt. Insekten, vor allem größere Insekten, sind im Winter aber Mangelware. Ein Ausweg besteht darin, dass sich Vögel, die während des Sommerhalbjahres von Wirbellosen leben, im Winter ihre Ernährung auf energiereiche Pflanzenkost umstellen. Meisen, Kleiber und die im Sommer überwiegend insektivor lebenden Buchfinken gehen diesen Weg. Dabei spielen vor allem ölhaltige Samen eine wichtige Rolle. Energiereiche Fichtensamen liefern z. B. über 6 kcal pro Gramm, mit zwei Gramm Fichtensamen kann eine Tannenmeise

Gartenbaumläufer suchen mit ihrem Pinzettenschnabel auch im Winter die Rinde nach kleinsten Insekten ab. Herberstein, Steiermark.

Eine Sumpfmeise holt sich einen Sonnenblumenkern und trägt ihn in ein Vorratsversteck.

also rein rechnerisch bereits ihren Tagesbedarf an Energie decken. Dafür muss sie aber immerhin noch rund zweihundert Fichtensamen am Tag aufnehmen. Sonnenblumenkerne sind mit einer Energiedichte von 5,6 kcal/g zwar etwas energieärmer, die größeren Samen mit einem Tausendkorngewicht von 50 g ermöglichen aber eine effektivere Nahrungsaufnahme, sodass bereits bei rund 50 Sonnenblumenkernen der tägliche Energiebedarf gedeckt ist. Kein Wunder also, dass Meisen Winterfutterstellen so gerne aufsuchen.

Erstaunlich ist, dass unsere kleinsten Singvögel, die Goldhähnchen, Baumläufer, Schwanzmeisen und Zaunkönige auch in den Wintermonaten nahezu ausschließlich von Wirbellosen leben. Ein Wintergoldhähnchen verzehrt dabei im Winter mit rund 10 g am Tag das Doppelte seines eigenen Körpergewichtes an Insektenbeute . Sie besteht überwiegend aus Springschwänzen (Collembolen). Diese „Urinsekten" sind auch bei niedrigen Temperaturen aktiv (s. Kapitel 4.4). Üblicherweise leben sie in Zweigen, in der Nadelstreu und auf der Rinde in großer Dichte und sind damit für die Vogelzwerge leicht verfügbar. Die Baumläufer vermögen unter den Rindenschuppen verborgene kleinste Insekten und deren Eier hervorzuholen. Ein weiterer Grund dafür, dass die kleinen Vogelarten ihren Bedarf mit reiner Insektennahrung decken können, liegt in ihrer Kleinheit selbst: Wenn ein 5 Gramm schweres Wintergoldhähnchen relativ zum Körpergewicht das Doppelte an Nahrung benötigt, dann sind das 10 Gramm Insekten, die mit rund 20 Gramm deutlich schwerere Kohlmeise kommt zwar zur Deckung ihres Energiebedarfes mit rund 70 % des eigenen Körpergewicht zurecht, aber das sind dann absolut immer noch knapp 14 Gramm und damit fast das anderthalbfache der Tagesration eines Wintergoldhähnchens, die die Kohlmeise finden und verzehren müsste.

Vorräte anlegen

Ein Weg, um die Zeit der Nahrungsknappheit zu überstehen, ist das Anlegen von Vorräten in den Zeiten des Überflusses. Vorratswirtschaft wird von mehreren Vogelarten aus unterschiedlichen taxonomischen Gruppen betrieben: von Eulen, Greifvögeln, Würgern, Spechten, Rabenvögeln, Meisen und Kleibern. In den Wäldern Mitteleuropas sind es unter den Singvögeln vor allem die Häher, der Kleiber, aber auch einige Meisenarten. Die beiden heimischen Häherarten horten in großem Umfang Baumsamen und tragen mit den nicht wiedergefundenen Samen erheblich zur Naturverjüngung unserer Wälder bei (s. Kapitel 3.3). Von den echten Meisen betreiben nicht alle Arten Vorratswirtschaft. Kohl- und Blaumeisen (Gattungen *Parus* und *Cyanistes*) legen keine Vorräte an, Graumeisen (Gattung *Poecile*), Tannenmeisen (Gattung *Periparus*) und Haubenmeisen (Gattung *Lophophanes*) verstecken bei reichlichem Nahrungsangebot regelmäßig Nahrung. Am Futterhaus kann man das an den einzelnen Meisenarten leicht beobachten. Während die Kohl- und Blaumeisen den Sonnenblumenkern gleich in der Nähe aufhacken und verzehren, verschwindet die Sumpfmeise mit dem Kern, manchmal auch mit mehreren, um nach kurzer Zeit wiederzukommen und den nächsten zu holen. Die Sumpfmeisen verstecken die Samen zwischen grobborkiger Rinde, unter Flechten oder Moos auf Seitenästen und gelegentlich auch am Boden. Die anderen Nahrung versteckenden heimischen Meisenarten gehen ähnlich vor, wobei die Haubenmeise das Futterstück im Versteck zusätzlich noch abdeckt. Übrigens hat Freiherr Adam von Pernau (1660–1731), ein Vordenker der ornithologischen Verhaltensbeobachtung, das Futterverstecken durch eine Sumpfmeise, die er Hanfmeise nannte, auf Gut Rosenstein bei Coburg erstmalig und bereits sehr genau beschrieben: „*Wer einen Beweiß suchet / daß die Thiere eine Art von Verstand haben / der lasse in seinem Gemach eine Hanfmeise fliegen / und setze einen Baum in das Zimmer / auf den sie wohnen kann; hernach lasse er sie / wann sie erst des Gemachs gewohnt ist / einen halben Tag hunger leyden / und streue ihr sodann ungedruckten Hanf auf den Tisch*

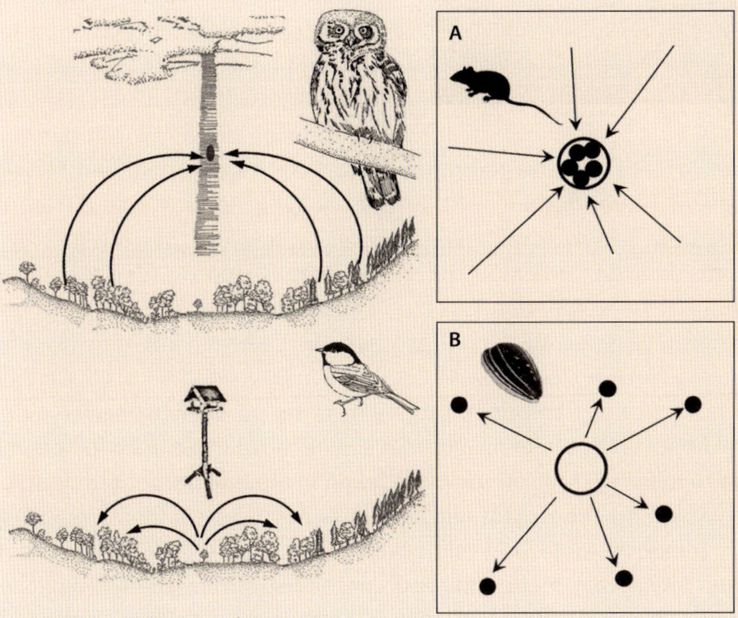

Larder hoarding und *Scatter hoarding* als Strategien des Hortens von Nahrungsvorräten.

Der Sperlingskauz (A) ist ein *Larder hoarder*, er trägt Waldmäuse und Kleinvögel aus dem Streifgebiet in eines oder wenige Nahrungsdepots ein und verteidigt diese aktiv.

Die Weidenmeise (B) ist ein *Scatter hoarder*, die von einer zentralen Nahrungsquelle, hier einem Futterhäuschen, aus im gesamten Streifgebiet verteilt viele einzelne Nahrungsdepots anlegt. Wenn überhaupt, dann verteidigen *Scatter hoarder* nur die Nahrungsquelle.

/ oder auf die Erde / so wird die Hanfmeise so balden kommen / und drey bis vier Körner auf einmal im Schnabel hinweg tragen; weil sie aber mehr als ein Körnlein auf einmal nicht zwingen und zerhacken kann / so wird sie die übrigen alle auf einen dicken Ast nahe bey dem Stamm hinlegen / das andere Körnlein oft gantz an einem andern Ort des Zimmers fressen / und an dem Ort / wo die Körnlein versteckt / alsdann eines nach dem andern / und darauf deren mehr auf dem Tisch holen. Welche Versteckung der Hanfkörnlein wahrscheinlich eine Art von Nachsinnen anzuzeigen scheinet / und mit dem instinctu naturali sich nicht beschreiben lässet. ". Das Verhalten lässt sich aber nicht nur im Zimmer und am Futterhaus beobachten. Wenn im Sommer die bei den Sumpfmeisen besonders beliebten Klausenfrüchte des Gemeinen Hohlzahns (*Galeopsis tetrahit*) reif werden, werden die Bestände dieser Pflanze gezielt von diesen angeflogen und die Samen als Vorrat versteckt.

Auch Tannenmeisen verstecken in Zeiten des Überflusses Nahrung hinter der Borke der Bäume oder unter Flechten und Moosbelägen.

Die Meisen sind also, wie auch die Häher und Kleiber, sogenannte *scatter hoarder* (s. auch Kapitel 3.3). Das Wiederfinden der versteckten Nahrung in einer Vielzahl von Verstecken setzt eine gewisse kognitive Leistung und ein ausgeprägtes Orientierungsvermögen voraus. Für die räumliche Orientierung ist vor allem der Hippocampus von Bedeutung, eine Gehirnregion, die stammesgeschichtlich erstmalig bei den Reptilien auftritt. Bei Meisenarten, die Nahrung verstecken, ist das Volumen des Hippocampus größer als bei Arten, die keine Nahrung verstecken. An europäischen Meisen wurde diesem Thema bisher nicht so tief nachgegangen wie an der nordamerikansichen Schwarzkopfmeise (*Poecile atricapillus*). Bei ihr ließ sich nachweisen, dass das Volumen des Hippocampus und die Versteckaktivität mit den kürzer werdenden Tagen im Herbst zunimmt. Im Vergleich von Schwarzkopfmeisen aus Alaska und solchen aus Colorado konnten Vladimir V. Pravosudov von der University of California in Davis und Nicola S. Clayton von der University of Cambridge zeigen, dass die nördlichen Meisen einen größeren Hippocampus haben, und zwar sowohl absolut als auch in Relation zum Endhirnvolumen. Meisen in Alaska leben in einem energetisch deutlich anspruchsvolleren Lebensraum mit kurzen Wintertagen, hoher Schneelage und tiefen Temperaturen – und verstecken auch unter vergleichbaren Laborbedinungen signifikant mehr Nahrung und haben ein besseres räumliches Orientierungsvermögen als ihre Artgenossen aus Colorado.

Mit dem Horten von Nahrung in Verstecken senken die Meisen das Risiko des (Ver-)Hungerns bei ungünstigen Bedingungen, etwa zum erfolgreichen Überdauern einer Winternacht. Das Anlegen von solchen Vorräten ist eine Alternative zum Anlegen und Unterhalten von Fettreserven als Energiespeicher. Im Gegensatz zum Fettdepot, das ein typischer Langzeitspeicher ist, können die Vögel aber über die versteckte Nahrung bei Bedarf sofort verfügen.

Energieverluste vermeiden

Bisher haben wir die Strategien zur Sicherung einer ausreichenden Nahrungszufuhr im Winter betrachtet. Mit genügend hochwertigem „Brennstoff" hält der Vogel seine Körpertemperatur auf 40 °C – Vögel sind „heißblütiger" als Säugetiere einschließlich des Menschen. Mindestens ebenso wichtig ist es aber, dass die aus der Nahrungsenergie gewonnene Körperwärme nicht unnötig verloren geht. Vögel begegnen diesem drohenden Energieverlust auf verschiedene Weise.

Zunächst schützt ein lockeres und völlig intaktes Gefieder wie ein guter Wintermantel vor Wärmeverlusten. Daher verwenden Vögel sehr viel Zeit auf die Gefiederpflege. Bei niedrigen Außentemperaturen plustert sich der Vogel auf: Es wird das Volumen der im Gefieder eingeschlossenen Luft erhöht, was zusätzlich zur Isolierwirkung beiträgt – wie in einem Federbett oder einer Daunenjacke. Auch bei Umgebungstemperaturen weit unter

Durch lockeres, kugeliges Aufplustern des Gefieders erhöht die Kohlmeise die Isolierwirkung des Gefieders und senkt damit den Energieverlust. Linkes Bild bei niedriger Außentemperatur im Winter, rechts bei hoher Außentemperatur im Sommer.

Eine schlafende Blaumeise steckt ihren Schnabel ins Rückengefieder. So werden Wärmeverluste über den unbefiederten Schnabel vermieden.

dem Gefrierpunkt ist damit sichergestellt, dass der Vogelkörper über die lange Nacht hindurch nicht zu viel Wärme verliert. Im Schlaf versteckt der Vogel dann auch seinen Schnabel und die Beine im Gefieder, um auch die Wärmeabstrahlung über diese unbefiederten Körperteile zu verringern.

Trotzdem verliert ein kleiner Vogelkörper im Vergleich zu einem größeren relativ viel Wärme. Dies liegt vor allem am ungünstigeren Verhältnis zwischen Volumen und Körperoberfläche. Diesem Wärmeverlust entgehen viele kleine Vogelarten, indem sie sich zum Schlafen, mitunter aber auch tagsüber, zu mehreren eng zusammendrängen. Das gemeinschaftliche Schlafen mindert den Wärmeverlust, da die Vogeltraube oder -reihe wie ein größerer Körper wirkt und sich so ein günstigers Volumen-Oberflächen-Verhältnis ergibt. Man findet dieses Verhalten bei vielen sehr kleinen Vogelarten. Schwanzmeisen übernachten außerhalb der Brutzeit stets in Schlafreihen, in denen die Vögel dicht aneinandergeschmiegt auf einem Zweig sitzen. Die begehrtesten Plätze sind dabei die in der Mitte der Reihe, sodass ein neu ankommender Vogel stets versucht, mittig in die Reihe einzufliegen. Das geht so lange, bis jeder seinen Platz gefunden und sich eine lineare Rangordnung ergeben hat. Die rangniedrigsten Tiere sitzen am Rand. Sie haben auch die geringste Lebenserwartung. Während Schwanzmeisen fast ganzjährig in Gruppen leben, müssen die territorialen Zaunkönige und Gartenbaumläufer ihre Individual-

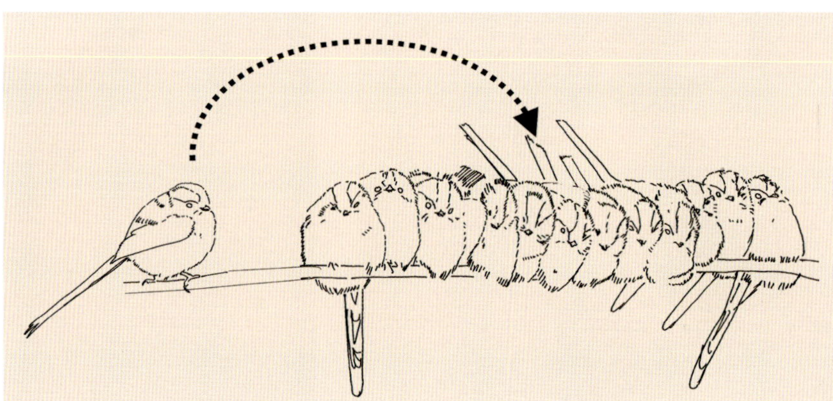

Das Kontaktsitzen bei Schwanzmeisen verringert den Wärmeverlust. Ein neu ankommender Vogel fliegt daher immer in die Mitte der Sitzreihe ein, die rangniedrigsten sitzen am Rand.

distanz überwinden und finden sich nur bei größerer Kälte zu Schlafgemeinschaften zusammen. Meist suchen sie dabei geschützte Plätze wie Baumhöhlen oder -nischen auf, in denen sie dichte Schlaftrauben bilden. Hingegen übernachten die echten Meisen stets einzeln, obwohl sie tagsüber durchaus in Trupps unterwegs sind, die auch aus unterschiedlichen Arten zusammengesetzt sein können (s. Kapitel 4.7). Kohl- und Blaumeise suchen aber zur Übernachtung Höhlen (oder Nistkästen) auf, in denen sie übernachten. Zusätzlich zum geplusterten Gefieder schützt die Höhle vor allem vor dem auskühlenden Wind. Messungen mit Thermologgern in Holznistkästen haben ergeben, dass es dort während der Nachtstunden im Winter rund ein Grad wärmer ist als außerhalb des Kastens. Der Temperaturunterschied kommt durch den Schutz vor dem auskühlenden Wind, aber auch durch das „Aufheizen" durch die darin schlafende Meise zustande.

Zu einer dichten Traube gedrängt übernachten Gartenbaumläufer in einer Rindenspalte. Die Schwänze von neun Vögeln sind zu sehen, in der Schlaftraube übernachten mindestens 15 Tiere. Aus Löhrl (1955).

Das bei Raufußhühnern regelmäßig festgestellte Übernachten in selbstgegrabenen Schneehöhlen kommt bei Singvögeln nur ausnahmsweise vor. Es ist für Weiden- und Lapplandmeisen beschrieben. Auch Birkenzeisige aus Nordfinnland und Alaska übernachten gelegentlich in Schneehöhlen. Die Vögel lassen sich senkrecht in den lockeren Schnee fallen und graben dann unter der Schneedecke einen bis 73 cm langen Gang, der in einem kleinen Hohlraum zwischen Wildkräutern endet. In diesen Höhlen finden die Birkenzeisige durch die Igluwirkung nicht nur erträgliche Temperaturen, sondern auch Schutz vor eiskaltem Wind .

Während die bisher betrachteten Strategien vom Verhalten des Vogels ausgehen, soll zum Schluss noch eine physiologische Strategie kurz besprochen werden.

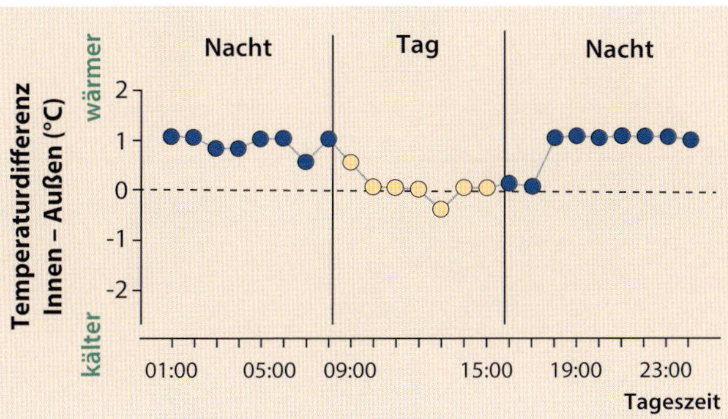

Temperaturverlauf in einem Holznistkasten während des Winterhalbjahres, dargestellt als Temperaturdifferenz zwischen den Messungen innerhalb und außerhalb des Kastens. Studentenwald Bayreuth, Winter 2020/21.

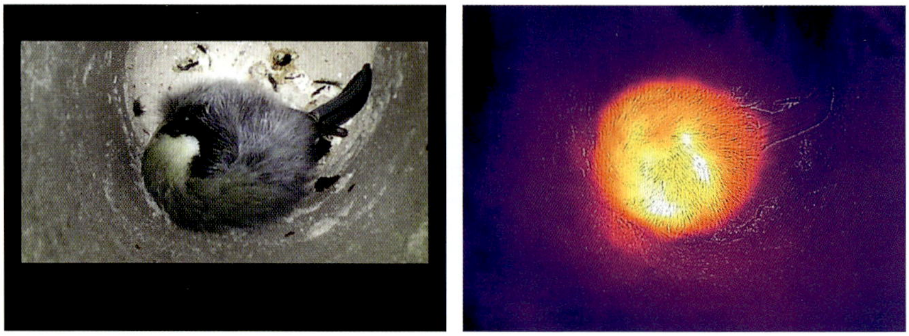

Schlafende Kohlmeise in einem Nistkasten in einer Winternacht. Das Gefieder ist maximal geplustert, Schnabel und Beine sind darin verborgen. Dennoch strahlt der Vogelkörper Wärme ab. Nistkastenkameraaufnahmen, rechts mit einer Wärmebildkamera. Baden-Württemberg.

Hypothermie

Geringfügige Absenkungen der Körpertemperatur gehören zum natürlichen Regelsystem gleichwarmer Organismen. Die länger andauernde Absenkung der Körpertemperatur und die damit einhergehende reduzierte Stoffwechselaktivität ist hingegen für viele gleichwarme Tierarten und für den Menschen lebensbedrohlich. Vor allem einige Säugetiere überdauern jedoch die nahrungsarme und kalte Jahreszeit in einem im Extremfall mehrmonatigen Winterschlaf, etwa Siebenschläfer oder Murmeltiere. Bei Vögeln kommt Winterschlaf nur bei der nordamerikanischen Winternachtschwalbe vor. Hingegen sind mehrere Vogelarten in der Lage, durch Absenken der Stoffwechselaktivität und der Körpertemperatur ungünstige Zeiten vorüber-

Weidenmeisen sind Überlebenskünstler: Im Winter legen sie Nahrungsvorräte an und senken im Schlaf ihre Körpertemperatur ab. Ihre Verbreitung reicht von den Westalpen bis zum Beringmeer und hinauf bis zum Polarkreis.

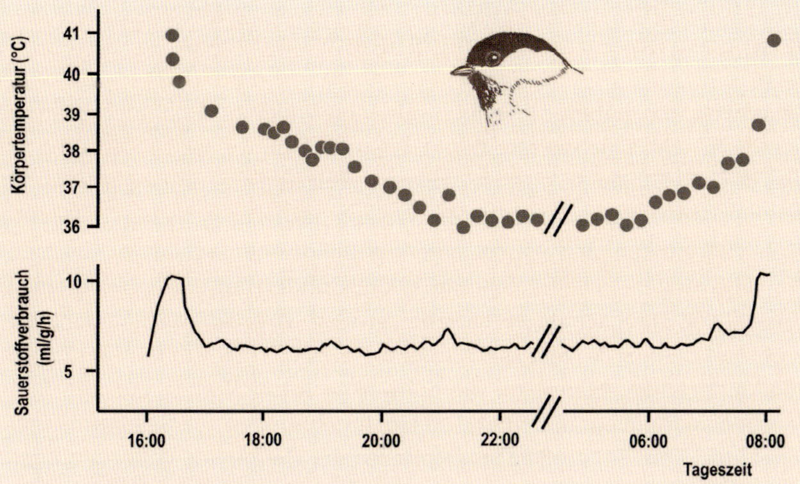

Veränderungen von Körpertemperatur und Sauerstoffverbrauch einer Weidenmeise bei 0 °C Außentemperatur über Nacht. Nach Reinertsen (1983).

gehend zu überstehen. In der europäischen Vogelfauna sind es vor allem kleine nordische Singvogelarten, die über Nacht die Körpertemperatur absenken. Besonders gut ist die Weidenmeise untersucht, von ihr ist bekannt, dass sie im Schlaf in geregelte Hypothermie verfällt und die Körpertemperatur um zwei bis drei Grad absenken und so Energie sparen kann. Ihr Verbreitungsgebiet reicht in Skandinavien bis hinauf zum Nordkap und in Sibirien nach Norden bis ungefähr 67° nördlicher Breite, also bis an den Nordpolarkreis. Dort trifft sie auf die nordische Lapplandmeise, die über eine ähnliche Strategie verfügt. Aufgrund der geringen Körpermasse hält sich der Energieaufwand für das „Aufheizen“ beim Erwachen in Grenzen. Sobald die Körpertemperatur der Meise wieder in den Normalbereich zurückgebracht wurde, beginnt die Aktivitätsphase, denn wie alle Kleinvögel können auch Weidenmeisen keinen Tag ohne Nahrungsaufnahme überstehen.

Erststaunlicherweise verfallen unsere kleinsten Singvögel, die Wintergoldhähnchen, in der langen Winternacht nicht in geregelte Hypothermie . Das Goldhähnchen „heizt“ die gesamte lange Nacht durch, ist stoffwechselaktiv und gibt Kot ab. Dies ist möglich, so lange genügend Brennstoff in Form von reichlich verfügbarer Nahrung vorhanden ist. Wird diese knapp, kann es nicht überleben.

Zum Weiterlesen

Otter (2007), Pasquier (2019), Reinertsen (1983), Spencer (1982)

4.6 Überleben in der Masse – wenn Bergfinken schlafen gehen

Die Wolke kam näher. Sie schien aus vielen kleinen Punkten zusammengesetzt zu sein. Eine weitere folgte ihr, und dahinter, weiter entfernt, noch eine. Wie ein Schlauch zog sich Wolke an Wolke das Tal entlang. Aus anderen Himmelsrichtungen kamen weitere Wolken dazu. Die genauere Betrachtung zeigte: Bergfinken sind es, die einem gemeinsamen Schlafplatz zustreben. Wie viele mögen es sein? Zehntausende, Hunderttausende, Millionen? Der menschliche Beobachter verliert bei großen Vogelschwärmen schnell die Sicherheit beim Schätzen. Meist liegt die Schätzung unter der tatsächlichen Individuenzahlen. Man kann die Schwärme fotografieren, auf den Bildern die Vögel in Ruhe auszählen und so Hochrechnungen zur Gesamtmenge der Vögel anstellen. Bei großen Schlafplätzen der Bergfinken gehen sie tatsächlich in die Millionen.

Bergfinken sind die nordischen Verwandten unserer heimischen Buchfinken. Ihr Areal liegt in Europa meist nördlich des 60. Breitengrades und reicht durch die Taiga Russlands nach Osten bis nach Kamtschatka und Sachalin. Der norwegische Bestand wird auf 1,5 bis 2,5 Millionen Brutpaare geschätzt, der schwedische auf 1,3 bis 3,0 Millionen und für Finnland sind 1,4 bis 2,0 Millionen Brutpaare angegeben. Vereinzelte, nicht dauerhafte Brutvorstöße gab es bis nach Mitteleuropa. Die Hauptmasse der hier zu beobachtenden Vögel sind jedoch Durchzügler und Überwinterer nordischer und östlicher Herkunft. Ringfunde weisen auf die Einwanderung der Vögel aus Nordosten hin, allerdings geben nur sechs Ringfunde Hinweise auf die Brutgebiete der in Deutschland durchziehenden und überwinternden Bergfinken, einer aus

Bergfinken können mit ihren im Vergleich zum Buchfinken kräftigeren Schnäbeln Bucheckern sehr effektiv nutzen.

Kurzcharakteristik

Bergfink
Fringilla montifringilla L.

Englisch: Brambling
Systematik: Sperlingsvögel (Passeriformes), Finkenvögel (Fringillidae)
Größe: 13,5 – 16 cm
Gewicht: 17 – 30 g
Verbreitung: Misch- und Nadelwälder von Nordeuropa, durch Nordasien ostwärts bis in den fernen Osten Russlands (Chukotka
Zugverhalten: Zugvogel, der in den Laubwäldern südlich der Brutgebiete überwintert
Lebenserwartung: bis 14 Jahre und 9 Monate

Wie viele Bergfinken fliegen hier dem Schlafplatz zu? Die Abschätzung großer Vogelschwärme fällt dem Beobachter schwer. Lödersdorf, Steiermark.

Schweden, zwei aus Finnland und drei aus Russland. Schon alleine im Vergleich zu den oben genannten Brutbestandsgrößen ist der Winterbestand riesig, es dürften die Herkunftsgebiete viel weiter östlich, im europäischen Teil Russlands liegen. Die Vögel überwintern in den Buchenwäldern im südlichen Mitteleuropa, dort, wo das Nahrungsangebot ausreichend ist, um das Millionenheer zu ernähren. Riesige Schlafplätze wurden vor allem aus der Schweiz, aus Südwestdeutschland, Frankreich, aber auch aus der Slowakei, Ostösterreich und Slowenien gemeldet.

Ein ganz ähnliches Schauspiel wie beim abendlichen Einflug der Bergfinken kann man erleben, wenn Krähenvögel ihre Gemeinschaftsschlafplätze anfliegen. Eindrucksvoll kann man das im Umfeld der Städte, etwa in München, Wien oder Berlin, beobachten. Die Vögel kommen in Schwärmen aus allen Himmelsrichtungen, wohl auch aus größerer Entfernung an, sammeln sich zunächst an mehreren Einzelplätzen und suchen nach verwirrenden Flugmanövern einen gemeinsamen Schlafplatz auf, wenn es fast schon Dunkel geworden ist. Dieses Muster findet sich weltweit bei Vogelarten unterschiedlichster Familien. Papageien im tropi-

Stichwort

Schlafgemeinschaft

Ansammlung von Tieren, um zu ruhen und/oder zu schlafen. Meist bestehen solche Gemeinschaften aus Vertretern einer Art, können aber auch aus verschiedenen Arten (z. B. Krähen und Dohlen) zusammengesetzt sein. Bei einigen Arten ist das abendliche Fliegen zum Schlafplatz besonders beeindruckend. Schlafgemeinschaften kommen bei verschiedenen Vogelfamilien vor, z. B. bei Reihern, Störchen, Kranichen, Gänsen, Schwalben, Staren, Webervögeln, Papageien, Möwen, Krähenvögeln, Bergfinken. Über Hypothesen zum Zustandekommen großer Schlafgemeinschaften s. Text.

An Vorsammelplätzen sitzen die Vögel, bevor der eigentliche Schlafplatz angeflogen wird.

schen Regenwald Papua-Neuguineas verhalten sich genauso wie Kuhreiher in Afrika, Kraniche in der ungarischen Puszta genauso wie Stare im Herbst in großen Schilfgebieten, wo der allabendliche Einflug von Millionen von Staren als „Starenwunder" örtlich zu einer Touristenattraktion geworden ist, etwa an den Plothener Teichen in Thüringen.

Was treibt diese Vögel an, den mitunter weiten Weg von den Nahrungsgründen zu einem Gemeinschaftsschlafplatz in Kauf zu nehmen und dort

Die dicht an dicht sitzenden Bergfinken erwärmen durch die abgestrahlte Körperwärme die Umgebungsluft am Schlafplatz. Lödersdorf, Steiermark.

Am Morgen brechen die Bergfinkenschwärme zu ihren Nahrungsgründen auf. Folgen weniger erfolgreiche Vögel ihren erfolgreichen Artgenossen zu den ergiebigen Nahrungsquellen?

zusammen mit vielen Artgenossen die Nacht zu verbringen? Am Beispiel der Bergfinken wollen wir diesen Fragen nachgehen.

Ausreichend Nahrung?

Zunächst ist klar, dass große Ansammlungen von Vögeln auch eine große Nahrungsmenge benötigen. Der Schlafplatz sollte also in oder nahe bei einem nahrungsreichen Gebiet liegen, sonst sind die weiten Flüge zu den Nahrungsgründen energetisch zu aufwändig. Bergfinken-Massenschlafplätze etablieren sich daher vorrangig in Gebieten mit einer Vollmast der Rotbuche , deren Samen, die Bucheckern, die winterliche Hauptnahrung der Bergfinken darstellen. Aufgrund ihrer vom Buchfinken etwas abweichenden Morphologie des Schnabels können Bergfinken die Bucheckern effektiver öffnen als diese. Der Nahrungserwerb erfolgt meist am Boden, wo die Vögel dicht an dicht gedrängt die Streuschicht absuchen. Dabei nimmt ein Bergfink in der Stunde durchschnittlich ungefähr 11 Bucheckern und zusätzlich noch animalische Kost auf. Durch das „Schneepaddeln", Flügelbewegungen, die eigentlich für das Baden charakteristisch sind, sind die Vögel in der Lage, auch durch eine Pulverschneeschicht an die Bucheckern zu gelangen. In gefrorenem Schnee können sie längere Tunnels graben, um an die begehrte Nahrung zu kommen.

Knapp sieben Hektar Buchenwald können bei einer Vollmast eine halbe Million Bergfinken etwa 3–4 Wochen lang ernähren. Der Einzugsbereich der riesigen Massenschlafplätze ist aber viel größer. Ungefähr 20 bis 30 km weit fliegen die Finken zu geeigneten Nahrungsgründen, einzelne bis zu 40 km. Dies ist möglich, weil Bergfinken mehr als andere Finkenvögel im Winter

Fettdepots anlegen, die es ihnen auch erlauben, bei akutem Nahrungsmangel, etwa nach starkem Schneefall, einige Tage ohne Nahrungsaufnahme zu überleben und einen neuen Schlafplatz an günstigerer Stelle aufzubauen. Vom Schlafplatz aus suchen die Vögel jeden Tag die aufgrund von Witterung und Nahrungsangebot günstigsten Gebiete auf. Aber wie finden sie diese?

Informationsaustausch?

Die Tatsache, dass ungleichmäßig verteilte und in ihrer Lage schwer vorhersagbare Nahrungsquellen für einzelne Individuen schwer und nur zufällig auffindbar sind, führte schon in den frühen 1970er-Jahren zur Entwicklung der Informationszentrums-Hypothese für große Vogel-Gemeinschaftsschlafplätze . Dabei wird angenommen, dass bei der Nahrungssuche weniger erfolgreiche Individuen am nächtlichen Schlafplatz ihre erfolgreichen Artgenossen erkennen und diesen am nächsten Tag in ergiebigere Nahrungsgründe folgen, der Schlafplatz also eine Art Informationsbörse darstellt, die dem einzelnen Vogel hilft, seine Nahrungssuche effektiver zu gestalten. Beim Bergfink könnte dies eine Rolle spielen, denn die Schlafplatzgemeinschaft „überblickt" ein wesentlich größeres Gebiet als das Einzelindividuum. Bei einem Massenschlafplatz mit 4–5 Millionen Bergfinken in der Steiermark umfasste das zur Nahrungsaufnahme aufgesuchte Gebiet rechnerisch ca. 2500 km^2, wobei sich die Hauptnahrungsgebiete im Laufe des Winters deutlich verschoben. Dieser Massenansammlung war keine Buchenvollmast vorangegangen, sodass das Nahrungsangebot eher knapp und ungleichmäßig auf der Fläche verteilt war. Die Hypothese erklärt aber nicht, warum ein Bergfink, der einmal einen ergiebigen Nahrungsplatz gefunden hat, überhaupt den weiten Weg zurück zum gemeinschaftlichen Schlafplatz auf sich nehmen und nicht gleich in der Nähe der einmal gefundenen Nahrungsquelle bleiben sollte. Es liegt also nahe, dass noch andere Gründe die Bildung von großen Schlafplatzgemeinschaften begünstigen.

Mikroklimatische Aspekte?

Wie in Kapitel 4.5 gezeigt, ist es vor allem im Winter für einen Vogel wichtig, den Verlust an Körperwärme so gering wie möglich zu halten. Dies kann sowohl durch die sorgfältige Wahl eines mikroklimatisch günstigen Schlafplatzes als auch durch die körperliche Nähe zu anderen Individuen erfolgen. Offenbar wählen Bergfinken für ihre Massenschlafplätze sehr sorgfältig Waldgebiete mit günstigem Geländeklima aus, also in windgeschützter Lage, außerhalb von Kaltluftseen und möglichst in Nadelbäumen, die zusätzlichen Wind- und Abstrahlungsschutz bieten. Die Vögel sind zudem in der Lage, durch ihre Körpertemperatur die Umgebungsluft am Schlafplatz um maximal 1 °C aufzuwärmen. An einem großen Schlafplatz in der Steiermark konnten Leander Khil und Kollegen mit Thermologgern nachweisen, dass sich die Umgebungsluft im zentralen Bereich eines mit mehreren Millionen Vögeln besetzten Schlafplatz zwei Stunden nach Einflug der Bergfinken um durchschnittlich 0,71 °C aufheizt. Das erscheint zwar zunächst nicht viel, aber durch die Wahl eines vorteilhaften Schlafplatzes kann die für den Flug zu den Nahrungsgebieten erforderliche Energie eingespart werden. Trotzdem kann die Bildung der Massenschlafplätze auch durch die mikroklimatischen Vorteile allein nicht erklärt weden. Gibt es weitere Gründe?

Durch die Mengen von Bergfinken wirken die winterkahlen Bäume wie belaubt.

Eine egoistische Herde?

Anfang der 1970er-Jahre prägte der Evolutionsbiologe William D. Hamilton den Begriff der „selfish herd", der egoistischen Herde. Er erklärt die Bildung von Tierschwärmen und –herden ohne altruistische Motive, sondern dadurch, dass jedes Schwarmmitglied versucht, zwischen sich und einen (möglichen) Prädator ein anderes Herdenmitglied als „Schutzschild" zu bringen. Die großen und auffallenden Ansammlungen der Bergfinken wirken tatsächlich anziehend auf Beutegreifer. An den Einflugstrecken und an den Schlafplätzen selbst warten Sperber, Mäusebussarde, Turm-, Merlin- und Wanderfalken auf die einfliegenden Schwärme. Auch wenn die Bergfinken keine gruppenkoordinierten Ausweichmanöver fliegen, wie dies etwa Stare tun, bedeutet die schiere Masse an Vögeln für das Einzelindividuum einen Schutz. Ein kleines Rechenbeispiel soll dies verdeutlichen. Befindet sich in der Nähe eines 1000 Vögel umfassenden Bergfinkentrupps ein Sperber, der täglich einen Bergfinken erbeutet, so beträgt die rechnerische Wahrscheinlichkeit, vom Sperber „erwischt" zu werden, für den einzelnen Bergfinken jeden Tag 1:999. Schließt sich der Trupp mit einem weiteren, ebenfalls 1000 Vögel enthaltenden Trupp zusammen, ist die Wahrscheinlichkeit, dem Sperber zum Opfer zu fallen, für das Einzelindividuum schon nur noch bei 1:1999. Es bringt dem Einzelvogel also einen individuellen Vorteil, sich der Gruppe anzuschließen. Allerdings wird die zur Feindvermeidung optimale Gruppengröße bereits bei deutlich kleineren Vogelansammlungen erreicht. Riesige Massenansammlungen sind dazu nicht erforderlich, im Gegenteil, sie ziehen sogar eher weitere Beutegreifer an.

Wie frisch gefallener Schnee bedeckt der Kot der Bergfinken den Waldboden und färbt diesen durch den Harnsäureanteil weiß. Lödersdorf, Steiermark.

Kurzcharakteristik

Rotbuche *Fagus sylvatica* L.

Englisch: Common Beech

Systematik: Buchenartige (Fagales), Buchengewächse (Fagaceae)

Wuchshöhe: bis 40 m

Wuchsverhalten: Schattbaumart mit langsamer Jugendentwicklung, Herzwurzelsystem

Standortansprüche: Subatlantische Baumart, vorherrschend in der mittleren und unteren Bergstufe, im Hügel- und Tiefland. Wuchsoptimum auf mittel- bis tiefgründigen, frischen, nährstoff- und basenreichen Lehmböden. Empfindlich gegen Wechselfeuchte und Staunässe, Spätfröste und Dürre.

Verbreitung: Arealschwerpunkt in West- und Mitteleuropa, in Südeuropa auf Gebirge beschränkt

Nutzung: Holz vielseitig verwendbar in der Bau- und Möbeltischlerei, hervorragendes Brennholz

Frucht und Ausbreitung: Fruchtstand mit zwei dreikantigen braunen Nüssen (Bucheckern) in einer borstigen, vierklappigen Cupula (Fruchtbecher). Tierverbreitung (Zoochorie).

Lebenserwartung: 300 bis 500 Jahre

Am Ende lässt sich das Phänomen der Massenschlafplätze von Bergfinken (und anderen Vogelarten) nicht durch eine der genannten Denkmöglichkeiten alleine erklären. Ein Schlüsselfaktor liegt wahrscheinlich in der zunehmenden Effizienz bei der Nahrungssuche, die zusammen mit der Spezialisierung auf Bucheckern als Winternahrung und der Samenmast der Rotbuche zu dieser unter den Finkenvögeln einzigartigen Überwinterungsstrategie geführt hat. Die gewaltigen Finkenschwärme wurden früher wirtschaftlich genutzt (s. Kapitel 1.3), heute erfreuen sich allabendlich zahlreiche Vogelbeobachterinnen und Vogelbeobachter aus Nah und Fern an dem beeindruckenden Naturschauspiel, wenn die Wolken von Bergfinken auf dem Flug zu ihren Schlafplätzen den Himmel verdunkeln.

Was bleibt?

Wenn die Bergfinken Anfang März ihre Massenschlafplätze verlassen, haben dort unter Umständen über Monate hinweg Nacht für Nacht Millionen von Vögeln geschlafen und Kot abgegeben. Allein auf einer rund 2000 m^2 großen Fläche an einem Schlafplatz in Baden-Württemberg haben sich bereits nach zweiwöchiger Nutzung mindestens 4 Tonnen Kot angesammelt. Der Boden unter den Schlafplätzen ist mit einer dicken Kotschicht bedeckt. Es ist noch wenig untersucht, wie sich solche Schlafplätze auf die Dynamik der Wälder auswirken. Auf jeden Fall dürften sie die Strukturheterogenität erhöhen, indem sie durch den massiven Stickstoffeintrag die Standortverhältnisse erheblich verändern.

Zum Weiterlesen

Beauchamp (1999), Khil et al. (2011)

4.7 Mixed bird parties – gemischte Vogelschwärme im Wald

Am 29. August 1916 befand sich Erwin Stresemann, ein späterer Pionier der wissenschaftlichen Ornithologie, im Kriegseinsatz an der Avre bei Avricourt in Frankreich. Es erscheint aus heutiger Sicht kaum vorstellbar, dass er selbst diese Situation zur Vogelbeobachtung nutzte. In seinem Tagebuch schreibt er:

„Ich reite kurz nach 7 Uhr morgens zum T.-Wald, um den Weidenmeisen aufs neue nachzuspüren. Meine Annahme, daß in den frühen Morgenstunden die Vogelschwärme beweglicher seien und sich durch lärmendes Wesen rascher verraten als am Nachmittag (wie ich es in den Tropen beobachtet habe), trügt nicht: ich bin kaum in die Wildnis eingetaucht, als ich vielstimmige Rufe in geringer Ferne vernehme, und ihnen nachgehend stoße ich auf eine große Lichtung, mit Salweidenbüschen, Dickicht junger Erlen und halbwüchsigen Birken bestanden, wo ein über 100 Köpfe zählender Kleinvogelschwarm im ersten Sonnenlicht flötend, zirpend, zeternd nach Nahrung sucht. Ich hefte mich ihm an, begleite ihn fast zwei Stunden lang durch Dick und Dünn; ganz langsam bewegt er sich im Walde fort. Das Hauptkontingent stellen Blaumeisen, dann Fitis- und Weidenlaubsänger (beide Arten singen noch), Kohlmeisen, einzelne Nonnenmeisen [...], einige Schwarzplättchen [...], eine Anzahl (etwa 15) Schwanzmeisen, sogar eine Heckenbraunelle; und ein Gartenbaumläufer [...] begleitet, mit dem Schwarm von Stamm zu Stamm fliegend, treulich die bunte Gesellschaft. [...] Nach einer halben Stunde kehre ich an die Stelle zurück, wo ich den Schwarm verließ; kein einziger Vogel ist mehr zu sehen noch zu hören, und es will mir nicht mehr gelingen, die Spur der Gesellschaft wieder aufzufinden."

Stresemann war einem gemischten Vogelschwarm begegenet, ganz ähnlich, wie er sie auch auf seiner noch nicht lange zurückliegenden Forschungsreise auf die Molukken kennengelernt hatte. Er veröffentlichte im Jahr darauf seine Beobachtungen in den „Verhandlungen der ornithologischen Gesellschaft in Bayern".

Die Situation kennt jeder Vogelbeobachter. Im Wald taucht plötzlich ein Vogeltrupp auf, durchstreift auf der Nahrungssuche das Unterholz und die niedrigen Baumkronen. Der Trupp ist aus verschiedenen Arten zusammengesetzt. Die vogelbegeisterten Engländer prägten dafür den Begriff der „*mixed species flocks*" oder salopp „*mixed bird parties*". Die Vögel gehören zu unterschiedlichen ökologischen Gilden: Stammkletterer, insektenfressende Baumvögel, Luftjäger. Trotzdem hält der Schwarm zusammen. Noch viel häufiger als in den heimischen Wäldern finden wir solche gemischten Vogelschwärme in den Tropen. Dort können bis zu 50 Vogelarten in einem Schwarm angetroffen werden. An diesen Mischschwärmen wurde bereits ausführliche verhaltensökologische Studien betrieben.

Welche Arten sind beteiligt?

Im Vergleich zu den komplex strukturierten Vogelschwärmen der Tropenwälder sind die Herbst- und Wintertrupps von Kleinvögeln in unseren Wäldern eher lockere Zusammenschlüsse. Sie treten überwiegend in den Monaten außerhalb der Brutzeit auf, wenn die Bindung an das Revier durch Gelege oder Nestlinge die Aktionsradien der Vögel nicht mehr einschränkt. Wichtigste Mitglieder dieser Trupps sind immer Meisen. Dominant ist dabei meist die Kohlmeise, häufigster Bestandteil Schwanzmeisen und Blaumeisen. Letztere sind auch unter sich üblicherweise in Trupps organisiert. Die beiden Goldhähnchen, vor allem das Wintergoldhähnchen, schließen sich ebenfalls gerne den Trupps an. Klein- und Buntspecht, der Kleiber und die beiden Baumläuferarten sind meist als Einzelvögel vertreten. Weitere Arten, die sich dem Trupp zugesellen können, sind gelegentlich Rotkehlchen, Heckenbraunellen und vor allem im Herbst durchziehende Laubsänger. In den Auwäldern am bayerischen Inn fand Hans Utschick mit rund 90 Prozent aller Vögel in solchen gemischten Trupps überwiegend Meisen, rund 40 Prozent der Trupps bestanden nur aus Meisen. Nur ein Drittel wurde von Klettervögeln wie Spechten, Kleibern oder Baumläufern begleitet.

Feindvermeidung und Nahrungsangebot

Die Kontakt- und vor allem die Warnrufe vor Luftfeinden der beteiligten Arten ähneln sich. Man nimmt daher an, dass die Vorteile dieser gemischten Vogelschwärme in der Feindvermeidung liegen und Arten aus Gilden, die besonders starkem Feinddruck ausgesetzt sind, verstärkt zur gemischten

Hier ging ein gemischter Meisentrupp dem Beringer ins Netz. Links eine Sumpfmeise, in der Mitte eine Kohlmeise, vorne rechts eine Tannenmeise und hinten rechts eine Blaumeise. Oschenberg, Bayreuth.

Schwarmbildung neigen. Gleichzeitig nimmt die Tendenz zur gemischten Schwarmbildung ab, wenn die Vegetationsstruktur des Lebensraumes einen besseren Schutz vor Fressfeinden bietet. Aber auch eine niedrigere Temperatur führt zum engeren Zusammenschluss in gemischten Schwärmen, möglicherweise bedingt durch den höheren Nahrungsbedarf, wie Miriam Pampus in ihrer Dissertation an der Universität Frankfurt am Main herausfinden konnte. Dabei könnten die einzelnen Truppmitglieder vom Wissen der anderen Vögel um gute Nahrungsquellen profitieren und müssten gleichzeitig weniger Zeit für das Sichern aufwenden, die dann wieder für die Nahrungsaufnahme zur Verfügung steht.

Durch die Anwesenheit von Prädatoren, hier ein männlicher Sperber, werden verstärkt gemischte Vogeltrupps gebildet. Oschenberg, Bayreuth.

Experimente, die mit zusätzlich angebotenem Futter sowie einem lebenden Sperber in Ostungarn durchgeführt wurden, zeigten deutlich, dass bei Futtermangel die Bereitschaft, gemischte Schwärme zu bilden, steigt, während bei reichlichem Angebot die Vögel eher unter sich blieben. Bei Anwesenheit des Prädators bildeten sich größere gemischte Vogelschwärme und sogar Bunt- und Mittelspechte schlossen sich der Gruppe an. Im gleichen Gebiet neigten die Vögel in einem Wald aus Robinien eher zur gemischten Schwarmbildung als in einem Eichenwald, was mit dem niedrigeren Nahrungsangebot auf der nichtheimischen Robinie in Zusammenhang stehen könnte (s. Kapitel 5.6). Tatsächlich profitieren offenbar manche Vogelarten mehr von der gemischten Truppbildung als andere. So konnte in einem Untersuchungsgebiet in Spanien herausgefunden werden, dass Hauben- und Kohlmeise, Sommergoldhähnchen und Kleiber vom Zusammenschluss in solchen Gruppen profitieren, indem sie ihre Nahrungsnischen erweitern und im gemischten Trupp größeren Erfolg bei der Nahrungssuche haben als alleine. Auf den Gartenbaumläufer, die Blaumeise, den Zilpzalp und die Schwanzmeise, die sich ebenfalls den Trupps anschlossen, traf dies nicht zu.

Es sind also zwei Beweggründe, welche den Zusammenschluss von verschiedenen Vogelarten in gemischten Schwärmen begünstigen: besserer Schutz vor Fressfeinden wie Sperbern oder Sperlingskäuzen durch die Gruppe und die Optimierung der Nahrungssuchstrategie. Von ersterem profitieren alle Mitglieder der gemischten Gruppe, von letzterem nur einzelne Arten.

Auch die Schwanzmeise – hier in der weißköpfigen Morphe – schließt sich gerne den gemischten Kleinvogelschwärmen an.

5 Vergangenheit, Gegenwart und Zukunft

„Aufbauend auf den historischen Entwicklungen blickt man gern in die Zukunft; macht man sich Gedanken um die Zukunft der Wälder, möchte man gern eine möglichst natürliche Entwicklung der Wälder fördern. Doch in der Realität gibt es auch hier sehr unterschiedliche Auffassungen."

Hansjörg Küster 2008

Ein Wintergoldhähnchen in herbstlicher Rotbuche. Der Klimawandel wird Häufigkeit und Verbreitung beider Arten beeinflussen.

5.1 Quo vadis: Bestandstrends bei Waldvögeln

In den vorherigen Kapiteln haben wir viel über die ökologischen Zusammenhänge zwischen Vogelarten und verschiedenen Wäldern, Waldgesellschaften und Baumarten erfahren. Aber die wichtigste Frage lautet doch: „Wie steht's um unsere Waldvogelwelt?" Dieser Frage wollen wir uns in diesem letzten Abschnitt näher widmen. Es sollte aber des besseren Verständnisses vorausgeschickt werden, dass wir die ursprüngliche Waldvogelwelt Mitteleuropas, ihre Artenzusammensetzung und Populationsdichten, vor dem Eingreifen des Menschen durch Jagd, Rodung, Ackerbau und Viehzucht nicht genau kennen und uns daher bei der Bewertung der heutigen Situation sozusagen die „Null-Linie" fehlt. Über die Entwicklung der Vogelbestände und vor allem der Vogelartenzusammensetzung in den letzten 150 bis 200 Jahren wissen wir dagegen recht gut Bescheid. Es gibt wohl kaum eine Tiergruppe, die durch die vielen Hobby-Beobachter so gut bekannt ist, wie die Gruppe der Vögel.

Positive Entwicklung bei Großvögeln – Beispiel Kolkrabe

In den letzten 2 bis 3 Jahrzehnten gibt es bei der Rückkehr und Wiederbesiedelung früherer Verbreitungsgebiete durch einige seltene Großvogelarten, wie etwa Schwarzstorch, Uhu, Seeadler, Fischadler und Kranich, sehr Erfreuliches zu berichten. Einige dieser seltenen Arten erholten sich dank gezielt auf sie abgestimmter Artenhilfsprogramme von ihren teilweise historischen

Der weltgrößte Sperlingsvogel – der Kolkrabe – nimmt seit einigen Jahren in Mitteleuropa in seinen Beständen zu.

Kurzcharakteristik

Kolkrabe
Corvus corax (Linnaeus)

Englisch: Raven
Systematik: Sperlingsvögel (Passeriformes), Rabenvögel (Corvidae)
Größe: ca. 65 cm
Gewicht: ca. 1,3 kg
Verbreitung: zirkumpolar in weiten Teilen Nordamerikas und Eurasiens beheimatet
Zugverhalten: Standvogel, Nichtbrüter streifen mitunter sehr weit umher
Lebenserwartung: 20 – 30 Jahre, in Einzelfällen noch älter
Besonderheit: ist im Bundesjagdgesetz aufgeführt, hat aber im ganzen Bundesgebiet ganzjährige Schonzeit

Bestandstiefs. Gerade der Schwarzstorch als Bewohner großer Waldgebiete dehnt seit rund 30 Jahren seine Verbreitung immer weiter nach Westen aus und ist als Brutvogel unterdessen in vielen Waldgebieten Deutschlands zu finden. Von den Singvogelarten ist es der Kolkrabe, der größte Vertreter der Sperlingsvögel, der seit etwa Mitte des letzten Jahrhunderts nach langer Zeit der Bejagung und Verfolgung nun sein früheres Brutareal wieder zurückgewinnt. In weiten Teilen Mitteleuropas war der Kolkrabe durch ständige Verfolgung am Ende des 19. Jahrhunderts ausgerottet. In Deutschland hielten sich vor allem in Schleswig-Holstein, in Niedersachsen und im Alpenraum Restbestände bis in die Mitte des 20. Jahrhunderts. Mit nachlassender Bekämpfung und Unterschutzstellung begann in den 1960er-Jahren die Wiederbesiedlung Mitteleuropas durch den Kolkraben. So konnten die ersten Kolkrabenbruten im Ziegelrodaer Forst in Thüringen 1979, in Hessen 1985, im nordbayerischen Frankenwald 1990 und 2000 im Rhein-Lahn-Kreis, Rheinland-Pfalz, bestätigt werden. Heute kann der Kolkrabe, aufgrund seiner ökologischen Anpassungsfähigkeit, wieder in vielen Waldgebieten Deutschlands gefunden werden.

Monitoring-Programme

Vogelarten sind grundsätzlich sehr gute Indikatoren für Veränderungen in der Landschaft, also auch in Wäldern. Es liegen für die meisten Vogelarten belastbare Daten und Zeitreihen vor. Um auch die Verbreitung und Bestandsentwicklung kleinerer, häufigerer Vogelarten, vor allem Singvögel, zuverlässiger zu erfassen, initiierte der Dachverband Deutscher Avifaunisten (DDA) im Jahre 2003 zwei Erfassungsprogramme. Der neue Atlas deutscher Brutvogelarten (ADEBAR) liefert erstmals nach einheitlicher Methode erhobene Daten zu Verbreitung und Häufigkeit aller Brutvogelarten in ganz Deutschland. Wichtige Hinweise zu Entwicklungstendenzen von Vogelbeständen dokumentiert das vom Bundesamt für Naturschutz (BfN) geförderte Forschungs- und Entwicklungsvorhaben „Monitoring von Vogelarten in Deutschland". Die Ergebnisse aus diesen Monitoring-Programmen fließen in den „Nachhaltigkeitsindikator für Artenvielfalt" mit ein und werden in dem Statusreport „Vögel in Deutschland" veröffentlicht. Im Jahr 2020 erschien dieser Status-

Ob traditionell mit dem Notizbuch oder modern mit dem Tablet: Die Teilnahme an entsprechenden Monitoring-Programmen ist Citizen Science im besten Sinn. Durch sorgfältige Aufzeichnungen sind wir heute über die Bestandsentwicklungen vieler häufiger Vogelarten gut informiert.

Report bereits zum elften Mal. Erfreulich ist hier festzustellen, dass sich die Vogelbestände in den Wäldern erholen. So sind im Erfassungszeitraum 2005 bis 2016 rund 1,5 Millionen Vögel in den Wäldern Deutschlands dazugekommen. Neben den Siedlungen ist der Wald der einzige Groß-Lebensraum, in dem die Zahl der ungefährdeten Vogelarten überwiegt. Für die Schweiz konnte in einer aktuellen Studie gezeigt werden, dass die Brutvögel vom Zeitraum 1993 bis 1996 bis zum Vergleichszeitraum von 2013 bis 2016 um rund 10 % oder eine Million Brutpaare zugenommen haben. Der Haupttreiber dieser Entwicklung sind die Waldarten mit einem Zuwachs von 1,2 Millionen Brutpaaren, welche die Abnahmen im Siedlungsraum und in der Agrarlandschaft ausgleichen. Im gleichen Zeitraum hat die Biomasse aller schweizer Brutvögel um gut 20 % auf 1100 Tonnen zugenommen. Grund für den im Verhältnis stärkeren Anstieg ist die Zunahme größerer Arten. Allein die Ringeltaubenpopulation macht heute rund 12 % der Biomasse aller Wildvögel der Schweiz aus.

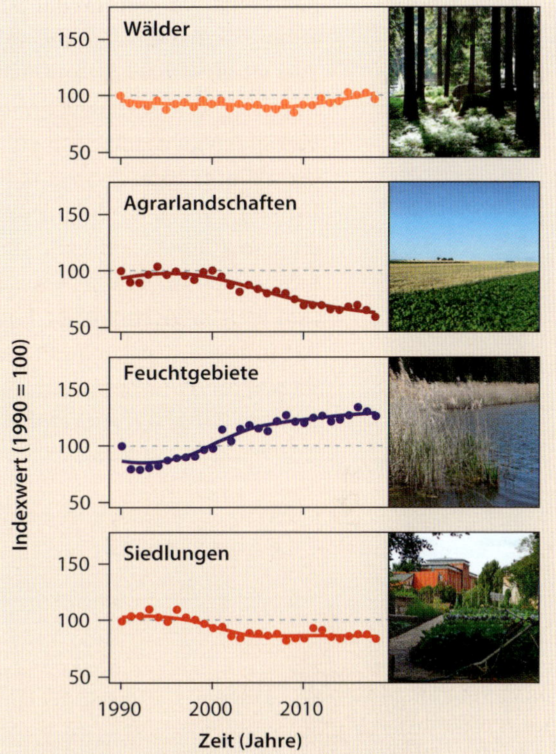

Bestandsentwicklungen von Vogelarten in verschiedenen Lebensräumen in Deutschland von 1990 bis 2018. Arten der Wälder zeigen einen gleichbleibend stabilen Bestandstrend. Aus Kamp et al. (2021), leicht verändert.

Die Ursachen dieser positiven Entwicklung sind noch nicht genau bekannt, man geht aber davon aus, dass die deutschlandweit immer stärker betriebene naturnahe Forstwirtschaft mit Älterwerden der Wälder, höheren Laubbaum- und Totholzanteilen die typischen Waldvogelarten fördert. Die Zunahme von Althölzern und die in vielen Landesforstverwaltungen propagierten Biotop- und Höhlenbaumprogramme fördern die Brutbestände von höhlenbrütenden Vogelarten wie z. B. Schwarzspecht, Buntspecht, Hohltaube und Kleiber. Wie sich allerdings die Bestände der derzeit noch häufigen typischen Singvögel der Nadelwälder, wie Haubenmeise, Sommergoldhähnchen und Tannenmeise, bei weiterem Rückgang der Fichtenwälder durch Klimawandel und Buchdruckerbefall entwickeln, bleibt abzuwarten. Aus Naturschutzsicht ist ein Rückgang vor allem der monotonen Fichten- und Kiefernforste und deren Umbau in Mischwälder nur zu begrüßen und daher sind mögliche negative Bestandsentwicklungen von Vogelarten, die vom erhöhtem Nadelwaldanbau im Flach- und Hügelland profitiert haben, naturschutzfachlich nicht automatisch als negativ zu bewerten. Vor allem vom weitgehenden Kahlschlagsverzicht und der häufig praktizierten natürlichen Verjüngung der Wälder durch Selbstaussaat profitieren die Singvogelarten des Unterholzes, z. B. Mönchsgrasmücke und Zaunkönig. Auch für die Schweiz werden als Ursachen die zunehmend naturnahe Waldbewirtschaftung, eine Verdopplung des Totholzvolumens in knapp 20 Jahren und die Ausdehnung der Waldfläche, vor allem im alpinen Bereich, angenommen. Zudem könnte sich der Klimawandel durch mildere Winter mit höherer Überlebenswahrscheinlichkeit für viele Waldvogelarten positiv auswirken, da Waldvögel überwiegend Standvögel und Kurzstreckenzieher sind (s. Kapitel 2.4). Allerdings gibt es in den Wäldern auch Verlierer unter den Waldvögeln, z. B. Trauer- und Halsbandschnäpper, Fitis, Waldlaubsänger und Baumpieper. Bei diesen Arten handelt es sich um Langstreckenzieher, die alljährlich viele tausende Kilometer zwischen dem Brutgebiet und dem Überwinterungsgebiet südlich der Sahara zurücklegen (siehe auch Kapitel 2.4). Deren Rückgang kann

Mit geschätzten 7,9 bis 9,55 Millionen beziehungsweise 7,55 bis 9,05 Millionen Brutpaaren sind Amsel (links) und Buchfink (rechts) die häufigsten Brutvogel in Deutschland. Die Bestände der beiden Arten machen zusammen rund 20 % aller in Deutschland brütenden Vogelpaare aus.

Kurzcharakteristik

Buchfink *Fringilla coelebs* (Linnaeus)

Englisch: Chaffinch
Systematik: Sperlingsvögel (Passeriformes), Finken (Fringillidae)
Größe: 14 – 16 cm
Gewicht: 21 g
Verbreitung: Europa (ohne Island und das nördliche Skandinavien) bis Mittelsibirien, Nordafrika, Vorderasien bis zum Iran
Zugverhalten: Standvogel, Kurzstreckenzieher
Nahrung: Sämereien, auch Beeren, Insekten und Spinnen, v. a. zur Aufzucht der Jungen; Nahrungssuche überwiegend am Boden
Lebenserwartung: 5 Jahre

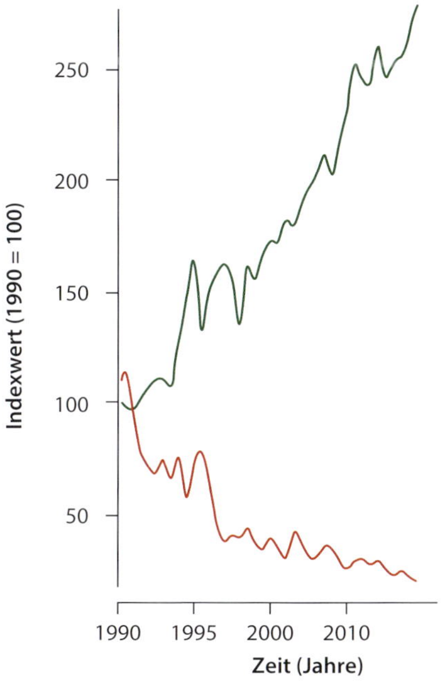

Mönchsgrasmücke

Weidenmeise

Die einzelnen waldbewohnenden Singvogelarten Europas zeigen sehr unterschiedliche Bestandstrends. Die Art mit der stärksten Bestandszunahme ist die Mönchsgrasmücke (oben, grüne Kurve), die mit der stärksten Bestandsabnahme die Weidenmeise (unten, rote Kurve).

Quelle: PanEuropaean Common Bird Monitoring Scheme (https://pecbms.info/trends-and-indicators/).

nur schwer allein mit Veränderungen im Bruthabitat begründet werden. Die möglichen Gründe des Rückgangs des Waldlaubsängers werden in Kapitel 5.2 näher beleuchtet.

Zum anderen leiden derzeit auch besonders Vogelarten, die natürlicherweise lichte, grenzlinienreiche, magere und damit insektenreiche Waldphasen und Störflächen in Wäldern bewohnen, so z. B. Baumpieper und Gartenrotschwanz. Hier wirkt sich das weitgehende Fehlen von Zerfallsphasen und Sukzessionsflächen mit Pionierbaumarten nach Störungsereignissen in Wäldern aus. Besonders trägt auch die seit den 1960er-Jahren ansteigende und spürbare Eutrophierung unserer Wälder mit zum Verlust geeigneter magerer Standorte bei.

Wegen der starken Abhängigkeit von Frühjahrstemperaturen, Laubaustrieb und Baum-Fruktifikation sind bei den meisten häufigen Singvogelarten der Wälder mehr oder weniger starke Bestandsschwankungen zu verzeichnen. Über die Jahre hinweg wird aber deren Bestandsentwicklung als „stabil" bezeichnet. Bemerkenswert ist weiterhin, dass die häufigsten Vogelarten Deutschlands, Amsel und Buchfink, gefolgt von Kohlmeise und Mönchsgrasmücke, typische Waldvogelarten sind, die aber auch gerne im Siedlungsbereich des Menschen vorkommen.

5.2 Waldlaubsänger im Abwärtstrend: Prädation, Gelegeverluste, Waldstruktur

Der Waldlaubsänger ist ein Charaktervogel mitteleuropäischer Laubwälder, vor allem der Buchenwälder. Reine Nadelwälder meidet er. Kommt aber in Fichtenwäldern eine eingesprengte Buchengruppe vor, so konnte man vor Jahren dort sicher mit dem Auftreten des Waldlaubsängers rechnen. In vielen Buchenwäldern Deutschlands, Österreichs oder der Schweiz war der Waldlaubsänger bis vor rund 25 – 30 Jahren ein bekannter und häufiger Bewohner. Seinen typischen Gesang, der im schwebenden Singflug vorgetragen wird, kann man lautmalerisch mit „sip sip sip sip sirrrrr“ umschreiben. Deswegen erhielt er auch regional weitere Namen, die sich auf diesen Gesang beziehen, so z. B. Waldschwirrvogel oder Mopedvogel. Er bevorzugt bei uns als Bruthabitat ausgedehnte mittelalte (40 bis 100jährige) Buchenwälder mit weitgehend geschlossenem Kronendach und einer nur schwach ausgeprägten Strauch- und Krautschicht aus Gräsern, Farnen oder Zwergsträuchern. Wichtige Requisiten eines geeigneten Waldlaubsänger-Habitats sind Äste im Stammraum oder einzelne Sträucher und unterständige Jungbäume, die er als Balzplatz, Singwarten oder für den Anflug zum Nest nutzen kann. Als Langstreckenzieher kommt er erst Ende April aus den Überwinterungsgebieten zu uns zurück. Der bodenbrütende Waldlaubsänger legt sein Nest bevorzugt in oder unter Grasbüscheln, aber auch an kleinen Sträuchern, im Schutz von Baumwurzeln oder in Bodenvertiefungen an.

Waldlaubsänger singen nicht nur im Singflug, sondern auch gerne von Warten im unteren Kronenraum oder auf unterständigen Bäumen. Bayreuth.

Kurzcharakteristik

Waldlaubsänger
Phylloscobus sibilatrix
(Bechstein, 1793)

Englisch: Wood Warbler

Systematik: Sperlingsvögel (Passeriformes), Laubsängerartige (Phylloscopidae)

Größe: 13 cm

Gewicht: 8 – 12 g

Verbreitung: von Großbritannien über das südliche Skandinavien bis ins westliche Sibirien und vom südlichen Frankreich über Mitteleuropa, Bulgarien bis in die Ukraine

Zugverhalten: Langstreckenzieher, überwintert im tropischen Afrika südlich der Sahara

Nahrung: Insekten und deren Stadien, Spinnen

Lebenserwartung: bis zu 8 Jahre

Starke Bestandsfluktuationen und Rückgang der Waldlaubsänger-Populationen

Seit den 1990er-Jahren ist vor allem in Westeuropa ein starker Bestandseinbruch des Waldlaubsängers zu verzeichnen, während in Osteuropa die Bestände des Waldlaubsängers jährlich stark schwanken. Das zeigt sich auch in den unterschiedlichen Abnahmen der Brutbestände in den Bundesländern Deutschlands. Die größten Rückgänge fanden in Baden-Württemberg, Hessen und Sachsen mit einer Abnahme von mehr als 50 % statt, während die Zahlen in Bayern, Mecklenburg-Vorpommern und im Saarland mehr oder weniger stabil blieben, wobei aber auch hier örtlich starke Bestandsrückgänge zu verzeichnen sind. In der Schweiz hat sich der Brutbestand des Waldlaubsängers seit Mitte der 1990er-Jahre bis heute beinahe halbiert. In den letzten 5 bis 10 Jahren zeigt sich aber in einigen Gebieten Deutschlands wieder eine Bestandserholung, die aber die starken Verluste der Vorjahre bislang bei weitem nicht ausgleichen konnte.

Ursachen für Rückgang und Fluktuation

Es ist auffällig, dass sich unter den abnehmenden Waldvogelarten sieben Arten befinden, die Langstreckenzieher sind und deren Überwinterungsgebiete im tropischen Afrika südlich der Sahara liegen. Unter den waldbewohnenden Singvögeln sind das Waldlaubsänger, Baumpieper, Fitis, Gelbspötter, Pirol und Trauerschnäpper. Dies spricht dafür, dass es in den Durchzugs- und Überwinterungsgebieten Einflussfaktoren gibt, die die jährlichen Bestandsschwankungen dieser Arten steuern. Durch die große Dürre in der Sahel-Zone schrumpften die Bestände zahlreicher Vogelarten gerade von den 1960er bis zu den 1980er-Jahren dramatisch, erholten sich aber mit zunehmenden Niederschlägen in den dortigen Bereichen teilweise wieder. Der Waldlaubsänger überwintert aber noch weiter südlich (s. Kapitel 2.4). Es wird angenommen, dass die Bestände des Waldlaubsängers unter dem anhaltenden Landnutzungswandel in Westafrika leiden.

Das überdachte Nest wird am Waldboden in Grasbüscheln oder Stauden angelegt.

Bei vielen bodenbrütenden Vogelarten haben Prädatoren einen großen Einfluss auf den Bruterfolg. Beim Waldlaubsänger kommen als Nesträuber Mäuse, Eichhörnchen, Eichelhäher, Marder, Fuchs, Waschbär und Wildschwein in Frage. In verschiedenen Untersuchungen, vor allem in der Schweiz, konnte festgestellt werden, dass knapp die Hälfte der Bruten erfolgreich waren, was umgekehrt bedeutet, dass die andere Hälfte der Bruten verloren ging. Prädation war hier die wichtigste Verlustursache.

Von den Räubern sind hier vor allem die Marderarten und der Eichelhäher zu nennen. Überraschender Weise spielt der Fuchs als Nesträuber eine untergeordnete Rolle. Auch Mäuse treten als direkte Prädatoren kaum in Erscheinung. Trotzdem meiden Waldlaubsänger Waldbereiche mit vielen Mäusen und über die Jahre betrachtet korrespondieren die Waldlaubsänger-Populationen mit der Häufigkeit von Mäusen. In Jahren mit vielen Mäusen finden sich wenige Waldlaubsänger ein, in Jahren mit wenigen Mäusen

Ein typischer Wald für den Waldlaubsänger: nicht zu gestuft aufgebaut, aber mit einzelnen unterständigen kleinen Bäumen und nicht zu dichtem Bodenbewuchs, hier aus krautiger Flora und Grasbüscheln. Frankenwald.

Der Waldlaubsänger trifft meist erst bei Laubaustrieb aus dem afrikanischen Winterquartier ein.

dagegen viele. Wahrscheinlich hängt das mit einem indirekten Einfluss der Beutegreifer zusammen, die in mausreichen Jahren die Nahrungsressource „Mäuse“ nutzen und bei der Jagd nach Mäusen auch öfter auf ein Nest des Waldlaubsängers stoßen. In mäusereichen Jahren gehen daher mehr Nestverluste auf das Konto von Mardern und Füchsen als in mausarmen Jahren.

Bodenbrütende Vogelarten sind der Gefahr der Prädation stärker ausgesetzt, als etwa Höhlenbrüter. Die in ihrem Bestand abnehmenden Vogelarten Fitis, Waldlaubsänger und Baumpieper sind aber gleichzeitig Langstreckenzieher, während die ebenfalls am Boden brütenden Arten Rotkehlchen und Zilpzalp in ihrem Bestand zunehmen, aber Stand- und Kurzstreckenzieher sind. Das spricht gegen die These, dass allein die Verluste durch Prädatoren einen erheblichen Gefährdungsfaktor für die waldbewohnenden Vogelarten darstellen.

Ein Einfluss-Faktor ist auch die Eutrophierung unserer Wälder mit Stickstoff. Dieser Düngereintrag wirkt sich auch auf die Bodenvegetation aus. Günstig für den Waldlaubsänger sind mäßig mit Bodenvegetation bewachsene Waldböden, die teilweise offene Laubstreu aufweisen. Besonders günstig sind einige Grasbüschel am Waldboden, die den Nestern der Waldlaubsänger Deckung und Schutz geben. Durch den erhöhten Stickstoff-Eintrag verändert sich aber in vielen Waldgebieten die Bodenvegetation hin zu geschlossenen, nitrophilen Vegetationsdecken, etwa aus Brombeere, die für den Waldlaubsänger nicht mehr nutzbar sind. In Waldgebieten, die der Waldlaubsänger in den letzten 20 Jahren als Brutvogel verlassen hat, ist der

Stickstoff-Eintrag signifikant höher als in Wäldern, die der Waldlaubsänger noch besiedelt bzw. wo er sich neu etablieren konnte. Auch die Waldstruktur nimmt Einfluss auf die Brutpopulation der Waldlaubsänger. Der Waldlaubsänger benötigt zwar ein geschlossenes Kronendach, aber mit einem lichten Stammraum und wenig Bodenvegetation. Die für die meisten Waldvögel positiv zu bewertende Zunahme des Holzvorrats und der Bestandsalter im Zuge der „naturnahen Forstwirtschaft" kommt dem Waldlaubsänger nicht entgegen. Der Verzicht auf Kahlschläge, der Vorrang der natürlichen Verjüngung der Hauptbaumart Buche, Erhalt von Totholz und Biotopbäumen und höhere Umtriebszeiten kommen vielen Waldvogelarten sehr zu Gute, aber nicht dem Waldlaubsänger. Gerade die Vogelarten, die auf Bäume und Wälder jenseits der Umtriebszeit und Hiebsreife angewiesen sind, profitieren von dieser Art der Waldbewirtschaftung. Neben Schwarzspecht, Raufußkauz, Hohltaube und Schwarzstorch sind es viele waldbewohnende Singvogelarten, die hier einen positiven Bestandstrend verzeichnen können, so etwa Buchfink, Singdrossel, Amsel, Rotkehlchen, Mönchsgrasmücke, Zaunkönig, Kohl- und Tannenmeise. Im Rahmen der naturnahen Forstwirtschaft wird häufig der gesamte Waldboden im Bestand mit ankommender Naturverjüngung bedeckt, sodass der für den Waldlaubsänger notwendige schüttere Bodenaufwuchs und die offene Laubstreu verschwinden. Im Anschluss daran wächst die Naturverjüngung zu sehr dichten Stangenhölzern auf, die der Waldlaubsänger auch nicht nutzen kann. Ebenso meidet er alte Laubwaldbestände mit deutlich über 100-jährigen Bäumen.

Der Waldlaubsänger benötigt abwechslungsreiche Waldstrukturen in Laub- bzw. Buchenwäldern mit ausreichender Beastung im unteren Stammraum (Sitzwarten) sowie offenen, nur lückigem Bodenbewuchs, möglichst mit größeren Grasbüscheln zur Nestanlage. Der Waldlaubsänger ist eine der wenigen Vogelarten, deren Ansprüche mit einem naturnahen Waldbau allein nicht erfüllt werden können.

Verantwortung der Forstwirtschaft für den Waldlaubsänger

Aus den bisherigen Ausführungen kann man eine besondere Verantwortung der Forstwirtschaft für den Erhalt und die Förderung der mitteleuropäischen Waldlaubsänger-Bestände ableiten. Wichtig ist es für diese Vogelart in unseren Wäldern geeignete Bruthabitate zu erhalten bzw. wieder zu schaffen. Der Waldlaubsänger benötigt mosaikartige, abwechslungsreiche Waldstrukturen, geschlossenes Kronendach, Äste im unteren Stammraum und nur lückigen Bodenbewuchs. In der Schweiz wird untersucht, ob durch gezielte forstliche Maßnahmen, wie z. B. Entnahme von Sträuchern, Büschen und Naturverjüngung, Auflichtung des bodennahen Bereichs und Schaffung offener Waldbodenstellen der Waldlaubsänger gefördert und sein Bruterfolg erhöht werden kann.

5.3 Mismatch – insektenfressende Vögel im Klimawandel

Zeitliche Verschiebungen in der Vegetationsentwicklung

Der aktuelle Klimawandel verändert auch die Phänologie von Tieren und Pflanzen. Dies zeigen vor allem Aufzeichnungen über jahreszeitliche Phänomene in der Natur entlang von langen Zeitreihen. Eine der berühmtesten solcher Zeitreihen stammt von dem Engländer Richard Fitter, der auch deutschsprachigen Naturfreunden durch die Übersetzungen seiner Bestimmungsbücher wie „Pareys Blumenbuch" oder „Pareys Vogelbuch" bekannt ist. In jahrzehntelangen Tagebuchaufzeichnungen hat er seit 1957 das erste Blühen von 557 Pflanzenarten in seinem Beobachtungsgebiet in England festgehalten. Mit dem Ergebnis, dass im Vergleich der Zeiträume vor und nach 1990 bei 385 Pflanzenarten eine im Mittel um viereinhalb Tage frühere Blüte festgestellt wurde. Nur ganz wenige Arten blühten später.

Die Verschiebung betrifft nicht nur die Blüte, sondern auch den Laubaustrieb im Frühjahr, der eng mit der Temperatur der vorangegangenen Monate zusammenhängt. In einem europaweiten Überblick konnte festgestellt werden, dass sich Frühjahrs- und Sommerphasen in der Vegetation um ein bis fünf Tage pro Grad Celsius Temperaturerhöhung nach vorne verschieben. Die Ergebnisse aller Trends von 1971–2000 in Europa zeigen, dass sich Blattentfaltung und Blüte um durchschnittlich 2,5 Tage pro Jahrzehnt verfrüht haben. Ein besonders wichtiges Ergebnis ist aber, dass sich in Ländern mit besonders starker Temperaturerhöhung auch eine besonders starke Verfrühung zeigt. Allerdings zeichnet sich in letzter Zeit eine Abschwächung dieses Trends ab. Ergaben sich in den 1980er-Jahren noch Werte um 4 Tage Verfrühung pro

Die Blattentfaltung hat sich bei fast allen Gehölzen Mitteleuropas in den letzten Jahrzehnten deutlich verfrüht. Seehaus, Fichtelgebirge.

Grad Celsius Erwärmung, sind es seit 1999 „nur" noch 2,3 Tage. Woran mag das liegen? Um ihre Winterruhe (Dormanz) zu durchbrechen, brauchen viele Laubbaumarten einen vorhergehenden Kältereiz („chilling"). Werden nicht nur die Frühjahre, sondern auch die Winter wärmer, verringert sich dieser Kältereiz und die Verfrühung des Laubaustriebes schwächt sich ab. Zudem hat die Wahrscheinlichkeit, dass phänologische Extremereignisse eintreffen, deutlich zugenommen. So kann die Blattentfaltung in extremen Jahren bis zu 18 Tage früher eintreten, womit aber auch die Spätfrostgefahr steigt.

Schmetterlingsraupen und Vögel

Das frisch ausgetriebene Laub in Eichenwäldern nutzen im Frühjahr die grünen Raupen des Kleinen Frostspanners (*Operophtera brumata*) als Nahrung. Diese kleinen Schmetterlinge aus der Familie der Geometridae schlüpfen im Herbst aus den Puppen und schwärmen oft erst nach dem ersten Frost im Spätherbst in Wäldern, Parkanlagen und Obstgärten. Kleine Frostspanner haben einen ausgeprägten Sexualdimorphismus: Während das etwa 20 Millimeter große, gelbbraune Männchen in kalten Nächten ausschwärmt, sind die Weibchen flügellos und damit flugunfähig. Sie können sich nur laufend fortbewegen. Die Mundwerkzeuge sind bei beiden Geschlechtern verkümmert, sodass die erwachsenen Falter keine Nahrung aufnehmen. Sie leben nur wenige Tage, während der sie die überwinternden Eier an der Rinde von Laubbäumen ablegen. In der Regel schlüpfen die Raupen kurz vor Laubaustrieb. Die Raupen sind polyphag, das heißt, sie nutzen das Laub verschiedener Bäume als Nahrung. Bevorzugt sind Eichen, Hainbuchen, aber auch Obstbäume. Die Art gilt als Schädling im Obstbau und im Forst. So kann es gelegentlich sogar zu Kahlfraß kommen, sodass von den frischen Blättern nur noch die Blattrippen stehen bleiben. Blattentfaltung der Eichen und der Schlupf der Schmetterlinge orientieren sich an den Temperaturen im mittleren Frühjahr, die in den letzten Jahren deutlich gestiegen sind. Zu spät darf der Schlupf der Raupen nicht liegen, da die Eichen mit zunehmendem Laubwachstum Gerbstoffe in die Blätter einlagern, welche sie für die Raupen unattraktiv machen. Somit verlagert sich der Höhepunkt des Auftretens der Schmetterlingsraupen jahreszeitlich nach vorne – um bis zu zwei Wochen, wie Untersuchungen aus den Niederlanden zeigten.

Die Raupe des Kleinen Frostspanners *Operophtera brumata*. Sein massenhaftes Auftreten im Frühjahr folgt jahreszeitlich dem Laubaustrieb.

Die im Frühling zahlreich auftretenden grünen Raupen des Kleinen Frostspanners, aber auch des Eichenwicklers (*Tortrix viridana*) sind eine beliebte Vogelnahrung. Sie werden von Meisen, aber auch von Buchfinken und vor allem von Fliegenschnäppern gerne aufgenommen. Während der Zeit der Jungenaufzucht sind sie eine leicht verfügbare Nahrung für die heranwachsende Brut. Wie kommen die Vögel aber mit der zeitlichen Vorverlegung des „Raupengipfels“ zurecht? An Kohlmeise und Trauerschnäpper ist das gut untersucht.

Match und Mismatch

Niederländische Kohlmeisen im Nationalpark Hoge Veluwe legen ihre Eier seit den 1980er-Jahren unverändert um den 23. April. Die Legeaktivität ist von der Temperatur zwischen 16. März und 20. April eines Jahres abhängig, während der „Raupengipfel“ von der Temperatur zwischen 8. März und 17. Mai, also zu einem im Mittel späteren Zeitpunkt, beeinflusst wird. Dieser hat sich in dem Untersuchungsgebiet, das von der Arbeitsgruppe um Marcel E. Visser betreut wird, jahreszeitlich nach vorne geschoben. Und mit ihm das Auftreten der Raupen, die für die Jungenaufzucht wichtig sind. Die Legezeit der Kohlmeise blieb aber weitgehend gleich, da sich die Temperatur in den für das Timing der Eiablage entscheidenden Phase nicht erhöht hat. Somit „verpassen“ die Kohlmeisen im ungünstigen Fall das Hauptauftreten der Raupen. Das Ergebnis ist eine Entkopplung der Nahrungsbeziehungen, *mismatch* genannt.

Die für die Embryonalentwicklung notwendige Bebrütungszeit eines Kohlmeiseneies beträgt 12–15 Tage, daher könnte die Kohlmeise auf die neue Situation nur mit einer Vorverlegung des Legetermins auf die neue Situation reagieren. Dies tut sie offenbar auch in etlichen Gebieten. So konnte im Harz für den Zeitraum von 1970 bis 2014 ein um rund 19 Tage vorverlegter mittlerer Zeitpunkt der Eiablage festgestellt werden. Ähnliche Befunde gibt es auch aus dem Raum Schlüchtern (Hessen), wo sich die Eibablage von 1971 bis 2008 um 4,1 Tage pro °C Temperaturerhöhung verfrühte. Allerdings kann

Grüne Raupen stellen für viele insektenfressende Singvogelarten eine wichtige Nahrungsquelle während der Jungenaufzucht dar. Besonders gut ist der Zusammenhang am Trauerschnäpper untersucht.

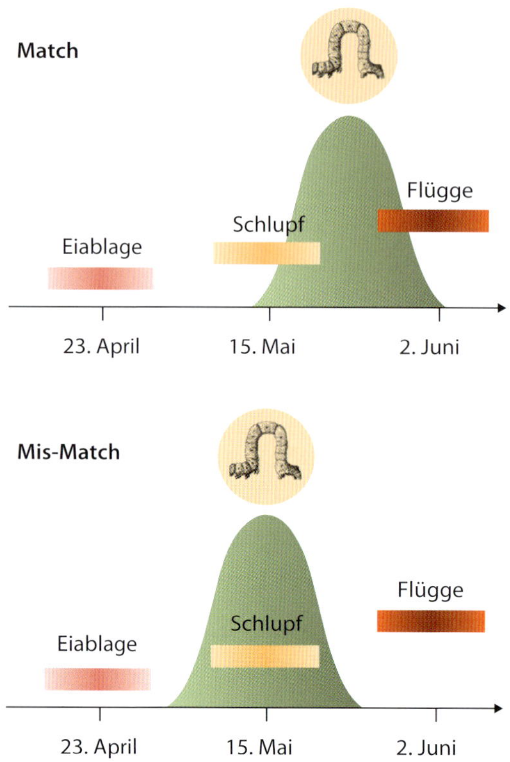

Match und *Mis-Match*: Im günstigen Fall fällt der Höhepunkt des Auftretens der Raupen in die Aufzuchtszeit der Jungvögel zwischen Schlupf und Flüggewerden. Verfrüht sich das Raupenvorkommen jahreszeitlich, so kommt er für die Jungenaufzucht zu früh. In Anlehnung an Grossmann (2004).

der Eiablagetermin nicht beliebig weit vorverlegt werden, da bei Vögeln neben der Temperatur vor allem die Photoperiode, also die Tageslänge, als Zeitgeber eine wichtige Rolle spielt. Die Zukunft wird zeigen, ob sich die Entkoppelung fortsetzt und ob die Vögel auf die phänologische Verschiebung reagieren können. Es deutet sich aber an, dass Mismatch für Zugvögel bedeutender ist als für Standvögel. Dies liegt vor allem daran, dass der Jahresrhythmus von Zugvögeln während des Winterhalbjahres von Faktoren beeinflusst werden, die außerhalb der Brutgebiete liegen.

Ein solcher Zugvogel ist der Trauerschnäpper. Er überwintert in den westafrikanischen Tropen. Der Zeitpunkt des Aufbruchs in die Brutgebiete ist bei ihm vor allem genetisch festgelegt. Hierdurch reagieren Trauerschnäpper weit weniger flexibel auf die örtliche Situation im Brutgebiet, etwa auf die zeitliche Vorverlegung des Auftretens von Raupen. Sie wurden daher zu einem viel beachteten Modellorganismus vieler Studien im Hinblick auf den Klimawandel. Kurz zusammengefasst: Der Ankunftstermin des Trauerschnäppers hat sich in vielen Gebieten Mitteleuropas geringfügig verfrüht, vor allem dadurch, dass die Vögel bei günstigen Witterungsbedingungen auf den letzten Zugetappen in Europa schneller ziehen. Dies kann aber in Gebieten wie den Niederlanden, wo sich Laubaustrieb und Raupengipfel zeitlich deutlich nach vorne verschoben haben, die zeitliche Differenz nicht ausgleichen. Die Schnäpper „verpassen" den Raupengipfel, der Bruterfolg sinkt und die Bestände gehen zurück. In Gebieten mit geringerem Anstieg der Frühlingstemperatur und daher auch geringerer Vorverlegung des Raupengipfels – wie in Finnland etwa – ist dies nicht der Fall.

Phänologische Verschiebungen – hier des Laubaustriebs – haben viele verschiedene, zunächst nicht überschaubare Auswirkungen. So können sich auch Konkurrenzbeziehungen verschieben. Die Konkurrenz zwischen Kohlmeise und Trauerschnäpper haben wir im Kapitel über die Bruthöhlenkonkurrenz beschrieben. Auch Siebenschläfer als Höhlenkonkurrenten für spätbrütende Vogelarten erwachen nun deutlich früher aus dem Winterschlaf – mit noch nicht überschaubaren Auswirkungen auf Bruterfolg und Bestandsentwicklung.

Zum Weiterlesen

Grossmann 2004, Visser et al. 2004

5.4 Tun oder Lassen im Vogelschutz?

Im Naturschutz steht meist das Bewahren und Erhalten von Vorhandenem im Vordergrund. Das hängt vor allem mit der geschichtlichen Entwicklung des Naturschutzes selbst zusammen. Der Schutz und die Konservierung von Kulturlandschaften und einmaligen Naturschönheiten in ihrem Erscheinungsbild stand im Vordergrund, als sich im 19. Jahrhundert die Naturschutzbewegung formierte. Bis heute ist es ein erklärtes Ziel, bedrohte Arten und ihre Lebensräume in der Kulturlandschaft zu erhalten, deren Auskommen in früheren Zeiten wie selbstverständlich durch das Schaffen des Menschen in der Landwirtschaft gesichert war. Die Landwirte in der „guten alten Zeit" betrieben keine Biotoppflege für Braunkehlchen, Feldlerchen oder Ortolane, sondern die reichen Bestände dieser Arten waren quasi ein Nebenprodukt der täglichen bäuerlichen Arbeit. Die früheren Bewirtschaftsformen begünstigten sie, die heutigen nicht. Inzwischen ist es eine der größten Herausforderungen, die schwindenden Bestände von Feld- und Wiesen-

„Wo die Gewalt des Menschen über den Boden anfängt fraglich zu werden, am sumpfigen, in Schilf- und Weidengewirr träumenden Altwasser, in weltfernen Wäldern des Alpenlandes und des Nordens, überall da, wo „Erlkönigs Reich" beginnt, ist die eigentliche Heimat der Weidenmeise. [...] Jeder Schritt – selbst der des Naturfreundes – erscheint hier wie ein frevelnder Eingriff in den Zauberbann ungestörter Einsamkeit. Für den Vogelschutz entsteht da die schwierigste Frage, denn in dem Augenblick, wo der Mensch zu helfen beginnt, vernichtet er den zarten Duft und Reiz des noch von ihm Unberührten, hört das Dasein des Vogels auf, ein echtes Naturdenkmal zu sein aus fernen Schöpfungstagen." Dieses Idealbild Otto Kleinschmidts (1912) trifft heue nur noch auf wenige Wälder zu. Osli-Hany, Nationalpark Fertö-Hansag, Ungarn.

vögeln in der gewandelten Produktionslandschaft zu sichern. Oft hilft nur gezieltes Management, mit dem vergangene Bewirtschaftungsformen nachempfunden und die fortschreitende Sukzession aufgehalten werden soll. Fast jede nicht bearbeitete Fläche in Mitteleuropa entwickelt sich sonst unweigerlich über kurz oder lang zum Wald.

Die Problematik des Vogelschutzes in der offenen Kulturlandschaft soll hier nicht weiter verfolgt werden, sie ist nicht Thema dieses Buches. Wir wollen vielmehr kurz der Frage nachgehen, was das Besondere des Vogelschutzes im Wald, der eigentlich naturgegebenen Vegetationsform Mitteleuropas, ausmacht. Was müssen wir zum Schutz waldbewohnender Singvögel tun? Oder genügt es hier, die Dinge einfach laufen zu lassen?

Wälder und Naturnähe

Besonders bizarre Baumformen stehen meist nicht für unberührte Natur, sondern zeugen von historischen Nutzungen wie der Waldweide oder Laubnutzung. Oberlausitz.

Zunächst sei nochmals daran erinnert, dass auch die Wälder in Mitteleuropa keine unberührte Natur sind. Sie unterliegen seit Jahrhunderten einer Nutzung, die, je nach deren Form, bestimmte Arten gefördert, andere benachteiligt hat. Manches, was heute besonders urtümlich anmutet, geht auf alte Nutzungsformen zurück, etwa die Hutewälder. Flächen, auf denen sich natürliche Prozesse tatsächlich ungestört abspielen können, sind heute in unserer Landschaft mindestens genauso selten wie bedrohte Arten. Dies betrifft nicht nur große, zusammenhängende Schutzgebiete wie Nationalparks, sondern noch viel mehr die Normallandschaft. In ihr gibt es keinen Quadratmeter ohne menschlichen Einfluss, auch nicht in Gehölzbeständen. Das Bild des Waldes als Urnatur beruht weitgehend auf einem Mythos, der den Wald heute noch umgibt. Landläufig wird das Fällen eines Baumes als Naturfrevel angesehen, die Bewirtschaftung eines Ackers aber nicht. Werner Kunz hat dies in seinem Buch über Artenschutz und Habitatmanagement ausführlich dargestellt. Hier soll nicht die Bedeutung des Waldes als Erholungs- und Sehnsuchtsort für den Menschen, als Wasserspeicher oder seine Klimawirksamkeit heruntergespielt werden. Es sei nur darauf hingewiesen, dass die Geschichte des Waldes in Mitteleuropa und auch die seiner Artenausstattung ganz zwangsläufig auch eine Geschichte seiner Nutzung ist. Dennoch: Natürliche Prozesse können wir im Wald viel leichter zulassen als in der Offenlandschaft, in der es ständiger Eingriffe bedarf, um die aus Sicht des Artenschutzes wertvollen Lebensräume mit ihrer Artenausstattung zu erhalten. Allerdings führt das „Laufenlassen" nicht zwangsläufig von selbst zu naturnahen Waldgesellschaften zurück, sondern es entsteht je nach Artenpool in der Umgebung, vorhergehender Nutzung und anderen Voraussetzungen ein den standörtlichen Gegebenheiten entsprechender Gehölzbestand. Ein extremes Beispiel sind hierfür Gehölzsukzessionen im Nationalpark Neusiedler See in Österreich. Lässt man dort der Entwicklung freien Lauf, so entstehen fast nur aus nichtheimischen, aber in der Umgebung vorhandenen Gehölzen wie Ölweiden, Götterbäumen, Eschenahorn oder Robinien aufgebaute Bestände.

„Laufenlassen" bedeutet nicht zwangsläufig Naturnähe. Bambusaufwuchs am Neudeck, Nationalpark Neusiedler See.

Durch die Zurücknahme von pflegerischen oder nutzenden Eingriffen kann man aber kleinräumig auch im Wirtschaftswald dynamische Entwicklungen zulassen, etwa durch Belassen von Totholz, Verzicht auf pflegerische Eingriffe bei Weichlaubhölzern oder Stehenlassen von Wurzeltellern nach Sturmwurf. Sie fördern Arten nutzungsferner Waldstandorte wie den nicht zu den Singvögeln gehörenden Kleinspecht, die Weidenmeise oder den Zaunkönig (s. auch Kapitel 4.2). Die gesamte Dynamik natürlicher Waldentwicklung entfaltet sich aber erst auf großen, nutzungsfreien Flächen. Dies ist praktisch nur noch in Waldnationalparks möglich. Hier zeigt sich das gesamte potenzielle Artenspektrum des Waldes, von Offenlandarten wie Neuntöter, Heidelerche oder Baumpieper in der Zusammenbruchsphase bis hin zum Waldlaubsänger und Waldbaumläufer in der Optimalphase des geschlossenen Waldes.

Stichwort

Mosaik-Zyklus-Konzept

Dieses von dem Marburger Ökologen Hermann Remmert (1931 – 1994) entwickelte theoretische Konzept geht davon aus, dass ein Naturwald zyklisch mehrere Entwicklungsphasen durchläuft, beginnend von der Verjüngungsphase über eine Optimalphase zur Zerfallsphase, an die sich wieder eine Verjüngungsphase anschließt. Da die Zyklen auf unterschiedlichen Flächen zeitlich desynchron ablaufen, ergibt sich im Naturwald ein Mosaik verschiedener Lebensräume. Die Abfolge dieser Waldentwicklungsphasen ist aber nicht starr, sondern kann zu jedem Zeitpunkt durch Störungen, etwa Stürrme, Waldbrände oder Insektenkalamitäten, wieder in eine frühere Phase zurückgeworfen werden. Das Mosaik-Zyklus-Konzept ist daher nur ein vereinfachtes Grundschema vieler Möglichkeiten natürlicher Waldentwicklung.

Auch kleinräumige „Wildnis“ schafft Lebensraum im Wald: Stehendes Totholz für Kleinspecht und Weidenmeise, nicht zurückgeklappte Wurzelteller nach Sturmwurf als Brutplatz des Zaunkönigs.

Die volle Walddynamik entfaltet sich auf nutzungsfreien Flächen. In der Zusammenbruchsphase kommen Offenlandarten wie Neuntöter, Gartenrotschwanz und Dorngrasmücke in den Wald. Nationalpark Bayerischer Wald.

Waldnutzungen und Vögel

Heidelerchen sind „Katastrophenvögel". Kahlschlag, Windwurf, Waldbrand und Käferfraß begünstigen ihr Vorkommen. Forkendorf, Oberfranken.

In der Agrarlandschaft gelingt es nicht wirklich, Artenschutzziele mit den Methoden der Landbewirtschaftung in Einklang zu bringen. Zu groß ist die Diskrepanz zwischen modernen Produktionsmethoden und den räumlichen und zeitlichen Ansprüchen der Arten an ihren Lebensraum. Artenschutz in der Agrarlandschaft zielt dabei oft auf die Konservierung oder Nachahmung historischer Landnutzungen ab. Im Wald galt lange Zeit, dass durch die Waldnutzung die anderen Funktionen sozusagen automatisch mit erfüllt werden („Kielwasser-Theorie"). Inzwischen wird diese Theorie kritisch diskutiert. Andererseits wollen wir Wälder nutzen, denn Holz gilt als umweltfreundlicher Bau- und Werkstoff. Tatsächlich decken die verschiedenen Waldnutzungsformen nahezu das gesamte Habitatspektrum der heimischen Singvogelarten ab, jedoch kann keine einzige davon die Ansprüche aller Arten erfüllen. Auch der als naturnah bezeichnete Dauerwald mit Einzelstammnutzung (Plenterung) gibt beispielsweise Arten der offenen, durchsonnten Waldsituationen wie Gartenrotschwanz, Heidelerche oder Baumpieper keinen Raum, da er nur die geschlossenen Entwicklungsphasen des Naturwaldes abbildet. Im Zuge der historischen Nutzung unserer Wälder wurden stets einzelne Artengruppen gefördert, andere benachteiligt. Die heute verpönte Kahlschlagsbewirtschaftung oder die Waldweide schuf Lebensraum für Baumpieper, Heidelerche und Gartenrotschwanz sowie für die Nicht-Singvögel Wendehals, Ziegenmelker und Birkhuhn. Mittelwälder begünstigen Pirol und Mittelspecht, Niederwälder das Haselhuhn oder gebüschbrütende Arten wie die Heckenbraunelle oder die Grasmücken. Für den Vogelschutz im Wald gibt es daher nicht *die* ideale Waldbewirtschaftung. Vielmehr kann die Vielfalt der Bewirtschaftungsformen eine breite Standortvielfalt erzeugen, die auch einem breiten Artenspektrum zu Gute kommt. Hier kann auch die Rückbesinnung auf heute weniger populäre Nutzungsformen helfen, neue Leitbilder zu erzeugen. Wie immer, wenn der Mensch verändernd in der Natur agiert, muss man sich aber darüber im Klaren sein, dass das aktive Handeln für eine Art an einer bestimmten Stelle auch die Entscheidung gegen eine andere Art mit einschließt. Dieser oft eher verdrängte Umstand bringt uns auch im Artenschutz an den Punkt, wo eine bewusste Wertung erforderlich ist, und in der letzten Konsequenz stellt man den Wert der einen Art und damit deren Schutzwürdigkeit über den Wert einer anderen. Es ist nötig, dass

Jede Nutzungsform fördert andere Vogelarten. Die Entscheidung für das eine bedeutet aber auch, sich gegen eine andere Art zu entscheiden. Die waagrechte Ausdehnung der Zeichnungen entspricht einer Zeitachse von rund 140 Jahren Waldentwicklung, die Fotos repräsentieren beispielhaft eine Singvogelart, die von der jeweiligen Nutzungform profitiert. Zeichnung in Anlehnung an Scherzinger (1996).

dieser Wertungs- und Entscheidungsprozess bewusst vollzogen wird, man kann sich nicht um diesen wichtigen Punkt herumdrücken. Das Zulassen natürlicher Prozesse enthebt uns scheinbar dieser Entscheidung – allerdings nur in den Gebieten, in denen keine Waldnutzung möglich oder beabsichtigt ist. Auf dem Großteil unserer Waldflächen ist dies nicht der Fall. Insgesamt erscheint es uns aber im Wald wesentlich leichter möglich, Bewirtschaftungsabläufe und

Unterschiedliche Nutzungskonzepte erzeugen unterschiedliche Waldbilder mit entsprechender Besiedlung durch Vögel (links Lärchenberg, Nationalpark Bayerischer Wald, rechts Mittelwald bei Weigenheim, Mittelfranken.

Artenschutzbelange in Einklang zu bringen als dies in der Agrarlandschaft der Fall ist. Die Bestandsentwicklungen mitteleuropäischer Waldvögel weisen in diese Richtung (s. Kapitel 5.1).

Die meisten Vogelarten der Agrarlandschaft sind weit verbreitet. Ihre Areale reichen weit nach Osten oder Südosten, in die Steppenlandschaften und Halbwüsten. Dort liegen die Schwerpunkte der Verbreitung von Lerchen, Ammern, Rebhühnern und Wiedehopfen. Unsere Wälder hingegen beherbergen mit Sommergoldhähnchen, Sumpfmeise, Waldlaubsänger und einigen weiteren Arten, deren Vorkommen auf die nemoralen Wälder der Westpaläarktis beschränkt ist, das eigentlich Besondere an unserer Vogelwelt. Ihre Bedeutung übersah man lange, da sich der Vogelschutz kaum mit Biogeografie, also der Arealkunde von Tieren und Pflanzen, beschäftigte. Ihnen wollen wir das nächste Kapitel widmen.

Zum Weiterlesen

Kunz (2017), Scherzinger (1996)

5.5 Vogelschutz: Sommergoldhähnchen oder Blauracke?

Der Buchfink, der häufigste Singvogel Deutschlands mit geschätzten 8 Millionen Brutpaaren, ist eine besonders geschützte Vogelart. Im Bundesnaturschutzgesetz ist festgelegt, dass alle europäischen Vogelarten in gleicher Weise besonderen Schutz genießen. Der deutsche Gesetzgeber hat diesen Grundsatz aus der europäischen Vogelschutz-Richtlinie übernommen. Das heißt, dass auch häufige und ungefährdete Vogelarten Gegenstand des Artenschutzrechts sind. Auch ihre Vorkommen sind, etwa bei geplanten Eingriffen, zu beachten. Der Laie fragt sich nun vielleicht: „Warum sollte man gerade den häufigsten Vogel Deutschlands schützen?" Diese Frage führt automatisch zu weiteren Fragen, wie: „Haben wir uns beim Schutz von Vogelarten bisher zu sehr auf attraktive, große und seltene Vogelarten konzentriert?" Dieser Frage wollen wir nachgehen und sowohl die Frage nach der Seltenheit und auch nach der Verantwortung Deutschlands für hier typische Vogelarten beleuchten.

Waldbewohnende Singvögel genauer betrachtet: die sieben Formen der Seltenheit

Was ist ein seltener Vogel? Die Frage stellt sich im Naturschutz spätestens dann, wenn es darum geht, Schutzkonzepte zu entwickeln und Prioritäten zu setzen. In Kapitel 5.7 werden wir darauf noch zurückkommen. Für einen Mitteleuropäer ist das Rotkehlchen keine seltene Vogelart, in Peking sorgte das Auftreten eines Rotkehlchens im Jahr 2014 für Aufsehen und eine Menschenansammlung. Hunderte von Birdern, mit optischen Geräten ausgerüstet, wollten einen Blick auf den seltenen „Irrgast" erhaschen. Peking liegt weit außerhalb des westpaläarktischen Verbreitungsgebietes des Rotkehlchens, das am Kaukasus und nur wenig östlich des Urals am Ob endet.

Blauracken sind inzwischen aus Deutschland, Österreich und Tschechien weitgehend verschwunden. Die Länder verloren damit eine charismatische Vogelart, ihre Rückkehr ist wünschenswert und wäre eine Bereicherung unserer Avifauna. Dennoch tragen die mitteleuropäischen Länder nicht die Hauptverantwortung für diese weit nach Asien verbreitete und weltweit nicht gefährdete Art. Serbien.

Was ist eine seltene Vogelart?
A – Mönchsgrasmücke,
B – Fichtenkreuzschnabel,
C – Kolkrabe,
D – Ringdrossel,
E – Blaumeise,
F – Waldlaubsänger,
G – Heckenbraunelle,
H – Zitronenzeisig.

Jede der Arten von B – H ist auf ihre Weise selten: aufgrund ihrer Siedlungsdichte, der Größe ihres Verbreitungsgebietes oder aufgrund der engen Bindung an bestimmte Lebensräume.

Für ganz ähnliche Szenen sorgte im Herbst 1995 ein Rubinkehlchen auf der Nordseeinsel Helgoland. Es war ein vielbesuchtes Ziel in der Birder-Szene. In der Taiga Ostsibiriens erreichen Rubinkehlchen örtlich hohe Siedlungsdichten. Niemand würde sich dort wegen einem einzelnen Rubinkehlchen aufregen. Seltenheit ist also eine Frage der Perspektive.

Die Pflanzenökologin Deborah Rabinowitz von der Cornell University in Ithaca beschrieb anhand der drei Merkmale Verbreitung, lokaler Dichte und Habitatspektrum ein generelles Muster mit sieben verschiedenen Möglichkeiten, wie eine Art selten sein kann. Dieses Muster lässt sich auch auf die mitteleuropäischen Singvögel übertragen. Meist stehen beim Vogelschutz diejenigen Arten im Mittelpunkt, die am Ort des Interesses selten sind, ungeachtet dessen, ob sie ansonsten weit verbreitet sind oder andernorts in guten Beständen vorkommen. Hier gilt es, den Blick auf die anderen Formen der Seltenheit zu lenken, die mindestens die gleiche Aufmerksamkeit verdienen. Eigentlich sollte eine Vogelart in einem Gebiet besonders schützenswert sein, wenn sie dort in guten Beständen vorkommt und anderweitig selten ist.

Globale und kontinentale Verantwortung Deutschlands für den Schutz der Waldvögel

Diese Überlegungen zur Seltenheit führen weiter zu den Gedanken, für welche Vogelarten Deutschland weltweit gesehen besondere Verantwortung trägt. Das ist zweifellos die typische Vogelwelt Mitteleuropas. Nicht die

Rabinowitz's sieben Formen der Seltenheit (B – C) anhand von drei Merkmalen mit Beispielen waldbewohnender mitteleuropäischer Singvögel. A sind häufige Arten.

Verbreitung		weit		begrenzt	
lokale Dichte		hoch	gering	hoch	gering
Habitatspektrum	weit	**A** zumindest lokal häufig in einem weiten Spektrum von Lebensräumen in einem großen Verbreitungsgebiet	**C** breites Habitatspektrum in einem weiten Verbreitungsgebiet, jedoch überall in geringer Dichte siedelnd	**E** zumindest lokal häufig in einem weiten Spektrum von Lebensräumen in einem kleinen Verbreitungsgebiet	**G** breites Habitatspektrum in einem kleinen Verbreitungsgebiet, überall in geringer Dichte siedelnd
		Kohlmeise, Mönchsgrasmücke	Kolkrabe	Blaumeise, Rotkehlchen	Heckenbraunelle
	eng	**B** zumindest lokal häufig mit einer engen Bindung an bestimmte Habitate in einem großen Verbreitungsgebiet	**D** in einem großen Verbreitungsgebiet mit enger Bindung an bestimmte Habitate in geringer Dichte siedelnd	**F** zumindest lokal häufig mit einer engen Bindung an bestimmte Habitate in einem kleinen Verbreitungsgebiet	**H** enges Habitatspektrum in einem kleinen Verbreitungsgebiet und überall in geringer Dichte siedelnd
		Fichenkreuzschnabel, Tannenmeise	Ringdrossel, Tannenhäher	Waldlaubsänger, Haubenmeise	Zitronenzeisig

Seltenheit bestimmt die Auswahl, sondern der Schutz derjeniegen Arten, für deren Fortbestand hier die größte Verantwortung liegt. Diese Gedanken hat als erster Martin Flade kurz vor der Jahrtausendwende auf der Jahresversammlung der Deutschen Ornithologen-Gesellschaft 1997 in Neubrandenburg geäußert und damit eine erfrischende Diskussion über die Verantwortung im Vogelschutz ausgelöst. Er hat sich die Mühe gemacht und die Vogelarten herausgefunden, für die Deutschland globale und kontinentale Verantwortung trägt. Das sind in erster Linie die Vogelarten, deren Weltverbreitung sich weitgehend oder ganz auf Europa beschränkt („europäische Endemiten" s. Kapitel 2.5).

Auffallend ist, dass viele dieser Vogelarten in Deutschland eine stabile oder positive Bestandsentwicklung aufweisen und nur wenige davon national bedroht sind. Beides hängt zusammen, denn nur, wenn es

Das Sommergoldhähnchen ist ein typischer Europäer. Hier ist es häufig, aber in seiner Verbreitung auf unseren Kontinent beschränkt. Die weltweite Verantwortung für seinen Schutz liegt in den Händen der europäischen Länder. Tschechische Republik.

Vogelart	Konzentration in Europa	Anteil Deutschlands an Weltpopulation
Sommergoldhähnchen	ausschließlich	> 25 %
Sumpfmeise	ausschließlich	ca. 24 %
Girlitz	überwiegend	> 20 %
Misteldrossel	ausschließlich	ca. 20 %
Grünfink	überwiegend	> 15 %
Heckenbraunelle	weitestgehend	ca. 15 %
Blaumeise	weitestgehend	ca. 15 %
Gartenbaumläufer	weitestgehend	> 12 %
Sumpfrohrsänger	ausschließlich	> 10 %
Mönchsgrasmücke	überwiegend	> 10 %
Gebirgsstelze	ausschließlich	ca. 10 %
Teichrohrsänger	ausschließlich	ca. 5 %
Wiesenpieper	ausschließlich	< 5 %
Haubenmeise	ausschließlich	ca. 4 %
Waldlaubsänger	ausschließlich	ca. 2 %
Seggenrohrsänger	weitestgehend	< 1 %
Berglaubsänger	weitestgehend	< 1 %
Halsbandschnäpper	ausschließlich	< 1 %

Deutsche Singvogelarten, deren Weltverbreitung auf Europa beschränkt ist (nach Flade 1998, verändert). Die waldbewohnenden Arten sind durch Fettdruck hervorgehoben.

Vogelart	Anteil Deutschlands am europäischen Bestand
Hausrotschwanz	~ 30 %
Kernbeißer	>25 %
Feldschwirl	> 20 %
Feldlerche	> 15 %
Bachstelze	> 15 %
Singdrossel	> 15 %
Waldbaumläufer	> 15 %
Tannenmeise	~ 15 %
Klappergrasmücke	> 10 %
Kohlmeise	> 10 %
Kleiber	> 10 %
Feldsperling	> 10 %

Deutsche Singvogelarten, die mit mehr als 10 % des europäischen Bestandes in Deutschland brüten (nach Flade 1998, verändert). Waldbewohnende Arten sind durch Fettdruck hervorgehoben.

diesen Vogelarten bei uns noch einigermaßen gut geht, ist es möglich, dass Deutschland einen großen Teil des Weltbestands beherbergt. Von den Waldvögeln unter den Singvogelarten hat der Halsbandschnäpper in den letzten Jahrzehnten im Bestand abgenommen und wird daher auf der Deutschen Roten Liste geführt. Flade hat auch die Vogelarten ermittelt, deren Verbreitung zwar nicht auf Europa beschränkt ist, die aber mit mindestens 10 % ihres geschätzten europäischen Bestandes in Deutschland brüten und bei denen Deutschland den größten oder zweitgrößten nationalen Bestand in Europa aufweist.

Vergleicht man die beiden Tabellen, so erkennt man, dass etwa die Hälfte der Vogelarten typische Waldvögel sind und etwa ein Drittel stark an Buchen- und Eichenwälder gebunden ist. Sie können auch in Parks und Anlagen mit altem Baumbestand vorkommen. Mehr als ein Fünftel des Weltbestands von Sumpfmeise, Sommergoldhähnchen und Misteldrossel brüten bei uns. Laubwälder spielen also aus globaler Vogelschutzsicht eine zentrale Rolle in Deutschland. Bei uns waren am Ende der nacheiszeitlichen Wiederbewaldung Rotbuchen-Wälder der vorherrschende Primärwaldtyp, der ursprünglich weite Teile Deutschlands bedeckte. Die Rotbuche selbst besitzt aber ein eher kleines Verbreitungsgebiet, das sich von Westeuropa über das westliche Mitteleuropa bis auf den Balkan und die Karpaten erstreckt und dessen Zentrum mit einem Viertel des potenziellen Areals in Deutschland liegt. Der besondere Stellenwert deutscher Buchenwälder wurde 2008 anlässlich der UN-Konferenz zur Biodiversität in Bonn hervorgehoben. Neben der Buche spielen Stiel- und Traubeneiche als Primärwald-Baumarten in Deutschland eine wichtige Rolle (z. B. Auwälder, Eichen-Hainbuchenwälder). So ist es zu erklären, dass sich einige und durchaus häufige Vogelarten besonders an Eichen- und Buchenwälder, also Laubwälder, angepasst haben und weltweit gesehen ein entsprechend begrenztes Verbreitungsgebiet besitzen, so beispielsweise Sumpfmeise, Gartenbaumläufer, Sommergoldhähnchen und Rotkehlchen. Martin Flade plädierte schon damals dafür, die Prioritäten im Vogelschutz zu überdenken.

Gerade der Schutz und die Wiederherstellung naturnaher Laubwälder, insbesondere Buchen- und Eichenwälder, muss im Vogelschutz mehr Aufmerksamkeit bekommen. Hier treffen sich auch die Interessen eines klimatoleranten Waldumbaus mit denen des Artenschutzes. Wichtig wären auch der Erhalt bzw. die Wiederherstellung naturnaher Auwälder und Flussauen.

Die Vogelarten, von denen Deutschland europaweit oder sogar global bedeutende Populationen beherbergt, verdienen mehr Aufmerksamkeit. Der Schutz dieser Arten, für die wir hier Verantwortung tragen, ist unser Pflichtaufgabe. Der Schutz weiterer, attraktiver oder seltener Arten, kann als unsere Kür aufgefasst werden. Unter diesen Gesichtspunkten kann die eingangs gestellte Frage nach dem Schutz von Sommergoldhähnchen oder Blauracke so beantwortet werden: Der Schutz des Sommergoldhähnchens ist unsere Pflicht, der Schutz der Blauracke ist unsere Kür. Auch die Hinweise zum Schutz des Buchfinken und anderer, bei uns noch häufiger Vogelarten, kann unter den genannten Gesichtspunkten verstanden und nachvollzogen werden.

Die nemoralen Laubwälder in allen ihren Entwicklungsphasen und den damit verbundenen Vogelarten sind das Besondere an der Flora und Fauna Mitteleuropas. Nationalpark Hainich.

5.6 Neue Baumarten – alte Vogelarten: Passt das zusammen?

Veränderungen durch Klimawandel

Im Zuge des Klimawandels mit „neuem", anthropogen verändertem Klima, steigt das Interesse von Forstleuten und Waldbesitzern daran, alternative, das heißt auch nicht-heimische, Baumarten vermehrt für den Waldumbau zu nutzen. Bei ihrem Anbau können aber auch Risiken für die heimische Natur und Folgen für die Ökosysteme nicht ausgeschlossen oder abgesehen werden. Wie sieht es bei unserer heimischen Wald-Vogelwelt aus? Können sich unsere mitteleuropäische Vogelarten auch an Baumarten aus Süd- und Südosteuropa (z. B. Edelkastanie, Baumhasel, Silberlinde, Mazedonische Kiefer), Nordamerika (z. B. Douglasie, Küstentanne, Westliche Hemlockstanne, Sitkafichte, Roteiche, Tulpenbaum) und Ostasien (z. B. Japanische Lärche, Schnurbaum, Götterbaum) anpassen oder sogar zu ihrem Vorteil nutzen?

Nicht-heimische Baumarten aus Sicht des Naturschutzes und der Forstwirtschaft

Während sich Forstleute und Waldbesitzer über Wuchspotenzial, Konkurrenzkraft und Verjüngungsfreudigkeit einiger nicht-heimischer Baumarten freuen, sehen Naturschutzvertreter darin die Gefahr des Invasivitätspotenzials neophytischer Baumarten und dass durch deren vermehrte Anpflanzung in Wäldern heimische Baumarten verdrängt oder zurückgedrängt werden könnten. Weiterhin werden fehlende Mykorrhiza-Partner und fehlende Anpassung heimischer Insekten an nicht-heimische Baumarten, die zu einem Verlust an Artenvielfalt bei Insekten und damit einer Nahrungsverknappung für insektenfressende Vogelarten führen kann, als Argumente vorgebracht. Das Argument der Nahrungsarmut durch fehlende Insektenarten ist tatsächlich nicht zu vernachlässigen. Einige Untersuchungen zeigen hier deutliche Effekte auf. Im Weinheimer Exotenwald wurden bei brutbiologischen Untersuchungen an Kohlmeisen schlechtere Reproduktionserfolge in Waldbeständen mit nicht-heimischen Baumarten als in naturnahen Beständen festgestellt. Unsere heimischen Insekten sind auf Baumgattungen, die bei uns nicht-heimisch sind (z. B. *Pseudotsuga, Tsuga, Cedrus, Ailanthus, Paulownia, Liriodendron*) evolutiv nicht angepasst. Etwas anders sieht es mit nicht-heimischen Baumarten aus Gattungen, von denen andere Arten auch in Mitteleuropa natürlich vorkommen, aus (z. B. *Quercus, Acer, Tilia, Corylus, Pinus, Abies*). Das trifft vor allem auf Baumarten aus Süd- und Südosteuropa zu. Aus diesen Regionen könnten in den nächsten Jahren einige Baumarten, die sowohl größere Trockenheit vertragen als unsere heimischen Vertreter, aber gleichzeitig auch Frost und Schnee „kennen", vermehrt in unseren Wäldern Einzug halten (z. B. Baumhasel, Silberlinde, Zerreiche, Ungarische Eiche, Mazedonische Kiefer, Mannaesche, Edelkastanie). Über die Auswirkungen eines solchen Waldumbaus auf Vögel besteht noch Forschungsbedarf. Hinsichtlich der Insektenfauna zeichnet sich nach ersten Befunden ab, dass Diversität und Dichte von verschiedenen Insektengruppen auch innerhalb der Gattungen mit zunehmender geographischer und phylogenetischer Distanz abnimmt.

Nordamerikanische Douglasien sind auch in Mitteleuropa wuchskräftig und vital. Allerdings weisen sie im Vergleich zu Fichtenbeständen eine geringere Arthropodendichte auf, vor allem im Winter. Frankenwald.

Douglasie

Die Douglasie stammt aus dem Westen Nordamerikas. Derzeit nimmt sie als die wichtigste forstliche nicht-heimische Baumart knapp 2 % an der Waldfläche in Deutschland ein. Als alternative und klimatolerante, wuchskräftige Baumart wird sie in unseren Wäldern in den nächsten Jahren noch an Bedeutung gewinnen. Aus Sicht vieler Naturschutzvertreter wird die Douglasie als nicht-heimische Baumart sehr kritisch gesehen. Brutvögel erreichen in Fichtenwäldern eine deutlich höhere Abundanz als in vergleichbaren Douglasienbeständen. So siedelten auf einem Hektar Douglasienbestand nur 55 – 60 % der Vogelpaare einer gleichgroßen Fichtenfläche. Auffällig war in diesen Untersuchungen das Fehlen von Buntspecht und Waldbaumläufer und die geringe Abundanz der Tannenmeise in Douglasienbeständen. Im Winter fehlen in Douglasienkronen Insektenstadien und Spinnen. Wegen dieser fehlenden Nahrungsgrundlage sind Douglasien-Reinbestände im Winter kaum mit insektenfressenden Vogelarten, wie beispielsweise

Kurzcharakteristik

Douglasie *Pseudotsuga menziesii*

Englisch: Douglas-fir
Systematik: Koniferen (Coniferales), Kieferngewächse (Pinaceae)
Wuchshöhe: in Nordamerika 80 – 100 m, in Mitteleuropa über 60 m
Wuchsverhalten: Halbschattbaumart, raschwüchsig
Standortansprüche: ozeanisch geprägtes, wintermildes Klima, lange Vegetationszeit, tiefgründige, gut durchlüftete, frische, sandige Lehmböden; für arme Sandböden, schwere Tonböden und flachgründige Kalkböden ungeeignet
Verbreitung: Westliches Nordamerika, von Britisch-Kolumbien in Kanada über Washington und Oregon in USA; in Deutschland unter 2 % der Waldfläche, in Bayern unter 1 %
Nutzung: verkerntes Holz dauerhaft, auch im Außenbereich, hervorragendes Konstruktionsholz
Frucht und Ausbreitung: Zapfen 4 – 11 cm lang, Samen geflügelt, Ausbreitung durch den Wind

Wintergoldhähnchen (s. Kapitel 4.4), Tannen- und Haubenmeise besiedelt. In neueren Untersuchungen wiesen die Douglasienbestände im Vergleich zu Weißtannenbeständen etwas niedrigere Vogelabundanzen auf. Sie erreichten im Vergleich zur Weißtanne 78 % der Reviere und 72 % der Registrierungshäufigkeit. Das Fehlen des Buntspechtes in Douglasienbeständen konnte auch hier bestätigt werden. Insgesamt deuten die Ergebnisse jedoch auf eine sehr ähnliche Vogelwelt in Douglasien-, Weißtannen- oder Fichtenbeständen hin.

Mögliche negative ökologischen Effekte beim Waldbau mit der Douglasie lassen sich minimieren, indem man die Douglasie nur einzeln, trupp- oder gruppenweise als Mischbaumart in die Bestände einbringt und flächige Douglasien-Reinbestände vermeidet.

Roteiche

Die nordamerikanische Roteiche (*Quercus rubra*) stellt die in unseren mitteleuropäischen Wäldern flächenmäßig bedeutsamste nicht-heimische Laubbaumart dar. Sie steht unseren heimischen Eichenarten, Stiel- und Traubeneiche, verwandtschaftlich nicht so nahe, da sie einer anderen Sektion innerhalb der Gattung *Quercus* angehört. Daher entsprechen sich die Artengemeinschaften zwischen Roteiche und unseren heimischen Eichen nur teilweise. Insgesamt ist die Roteiche bei den phytophagen Insekten als individuen- und artenärmer einzustufen als unsere heimischen Eichen. Dieser Effekt ist besonders in Roteichen-Reinbeständen ausgeprägt.

Roteichen stammen ursprünglich aus Nordamerika. Namensgebend ist die Herbstfärbung. Rußweihergebiet.

Trotzdem ist die Roteiche keine ökologische Wüste. Sie wird von vielen Generalisten aus der Insektenwelt genutzt. Auch der auf die Gattung *Quercus* spezialisierte Eichenprozessionsspinner befällt die Roteiche.

Nach Untersuchungen an der Universität Bayreuth bevorzugt der Eichelhäher eindeutig die länglichen Eicheln von Stiel- und Traubeneiche und nimmt die rundlicheren Roteicheln nur ungern an. Eventuell ist auch die Fruchtwand der Roteicheln einfach zu dick. Als Ergebnis kann festgehalten werden, dass der Eichelhäher, anders als bei Stiel- und Traubeneiche, kaum zur Ausbreitung der Roteiche beiträgt und so der wichtigste und effektivste Vektor zur Ausbreitung der Eichenarten bei der Roteiche wegfällt. Für die Beurteilung der möglichen Invasivität der Roteiche ein wichtiger Fakt.

Edelkastanie

Die Edelkastanie ist nahe mit unseren Eichen verwandt. Daher verwundert es nicht, dass sich die Artenzusammensetzung an *Quercus* und *Castanea* sehr ähneln. Das konnte in Untersuchungen in Rheinland-Pfalz eindrucksvoll nachgewiesen werden. Bei den untersuchten Organismengruppen xylobionte Käfer, Pilze, Flechten und Moose zeigte sich ein weitgehend identisches Arteninventar von Eiche und Edelkastanie. Für die insektenfressenden Vogelarten bedeutet das, dass auch in Edelkastanienwäldern ein den Eichenwäldern gleiches oder ähnliches Nahrungsangebot herrscht. Die schweren Früchte der Edelkastanie, die Maroni, werden von Eichhörnchen und Eichelhäher gesammelt, versteckt und damit verbreitet (s. Kapitel 3.3).

Edelkastanien gehören zu den Buchengewächsen. Auffallend sind die glänzenden, ledrigen Blätter mit dem gesägten Rand. Röhrensee, Bayreuth.

Walnuss

Die Walnuss (*Juglans regia*) gilt definitionsgemäß als Archäophyt, d.h. als alt-eingeführte Pflanze. Sie wurde bereits von den Römern nach Mitteleuropa gebracht. Wahrscheinlich aufgrund ihrer Blattinhaltsstoffe ist die Walnuss bei der Insektenwelt weniger beliebt. Ihre schweren Samen, die Walnüsse, werden auch vom Eichelhäher gesammelt und versteckt. Die Rolle des Eichelhähers bei der Ausbreitung der Walnuss konnte in einer jüngeren Untersuchung im Steigerwald eindrucksvoll nachgewiesen werden.

Der Austrieb der Walnüsse kann bei Spätfrösten geschädigt werden. Oschenberg, Bayreuth.

Walnüsse dienen nicht nur verschiedenen Tierarten als Nahrung, sondern werden auch für die menschliche Ernährung genutzt. Illmitz, Burgenland.

Baumhasel

Die Baumhasel (*Corylus colurna*), eine eurasische Art, wird in den letzten Jahren sehr stark als mögliche alternative Baumart im urbanen Grün und im Wald diskutiert. Das Spektrum der an der Baumhasel auftretenden Pilzen und Insekten ähnelt sehr dem der einheimischen

Baumhaseln finden bislang vorrangig als Stadtbäume Verwendung. Bayreuth.

Haselnuss (*Corylus avellana*). Dabei zählt die Haselnuss mit 63 bekannten phytophagen Schmetterlingsarten und 90 Käferarten zu den artenreichen Gehölzen in unserer Flora. Es ist wegen der nahen Verwandtschaft und einschlägiger Beobachtungen davon auszugehen, dass diese Arten auch an der Baumhasel auftreten und sich die Baumhasel daher rasch in unsere Waldökosysteme integrieren könnte. Ein auffälliger und spezialisierter Nutzer der Haselnüsse ist der Tannenhäher (siehe Kapitel 3.3). In Goslar im Harz, im Erzgebirge und in Kempten im Allgäu gelangen Beobachtungen, dass der Tannenhäher auch die etwas kleineren und weniger ergiebigen Nüsse der Baumhasel nutzen kann.

Robinie

Die Robinie (*Robinia pseudoacacia*), Baum des Jahres 2020, nimmt in Deutschland nur einen winzigen Anteil am Wald ein, aber an Waldrändern, an Bahnböschungen und in Grünanlagen der Städte ist sie allseits präsent. An der Robinie kommmen nur wenige phytophage Insektenarten vor. Dafür sind ihre Blüten bei blütenbesuchenden Insekten, z.B. der Honigbiene, etwa 20 Wildbienenarten, Hummeln und Schwebflliegen, sehr beliebt. Unter den elf nachgewiesenen Vogelarten, die die Samen der Robinie fressen, sind beispielsweise Eichelhäher, Kernbeißer, Gimpel und Buchfink.

Bei der ökologischen Bewertung der Robinie darf aber ihre Neigung zur Ausbreitung durch Wurzelbrut in Trockenbiotope und Magerrasen hinein und ihr Potenzial, Luftstickstoff in den Wurzeln mithilfe von Bakterien zu binden und dadurch Standorte zu eutrophieren, nicht übersehen oder vernachlässigt werden.

Robinien sind in der Lage, mithilfe von Knöllchenbakterien an den Wurzeln Luftstickstoff zu binden. Sie können daher auch Magerstandorte besiedeln. Die Einwanderung in Magerrasen und andere aus Naturschutzsicht wertvolle Lebensräume ist daher problematisch. Die Blüten sind allerdings eine begehrte Bienenweide. Nationalpark Neusiedler See.

Platane

Die Gattung *Platanus* umfasst zehn überwiegend aus Nordamerika, Südeuropa und Kleinasien stammende Arten. Nach der Definition für Neobiota zählt auch die Ahornblättrige Platane (*Platanus* x *acerifolia*), da sie erst nach 1492 entstanden sein kann, zu den Neophyten. Wegen der Bedeutung der Platane als Stadt- und Parkbaum im öffentlichen Grün, kommt auch der Tierwelt an Platanen eine erhöhte Aufmerksamkeit zu. Die tierökologische Bedeutung der Platane liegt in ihrem Holz, das pilzanfällig ist und daher Astabbrüche oder Verwundungen zu großen Faul- und Mulmhöhlen führen können.

So wurde in Brühl eine circa 140-jährige Platanenallee wegen ihrer Bedeutung für die Baumhöhlenbrüter unter Schutz gestellt. In den dort noch verbliebenen 24 Platanen fanden sich insgesamt 86 Spechthöhlen, die von Halsbandsittichen, Dohlen, Hohltauben und Staren genutzt wurden. Aufgrund der großen Anzahl an Höhlen gab es dort auch keine erkennbare Höhlenkonkurrenz zwischen den Vogelarten.

Dagegen tritt die Bedeutung der Platane für die Ernährung von Vogelarten zurück. Als Nutznießer der Platane sind bisher nur Stieglitz und Grünfink bekannt. In Wien konnte aber bei einer fünfjährigen Beobachtungszeit festgestellt werden, dass gerade im innerstädtischen Bereich die Fruchtstände der Platane für die Stieglitze eine wichtige und dauerhafte Nahrungsquelle darstellen. Auch in Oberösterreich wurden Stieglitze und Grünfinken bei der Nahrungssuche an Platanen-Fruchtständen und ihrer unterschiedlichen Vortgehensweise beim Fressen beobachtet.

Rosskastanie

Aufgrund ihrer Blütenpracht und ihres fast ornamentalen Aussehens ist die aus Südosteuropa stammende Rosskastanie (*Aesculus hippocastanum*) heute aus unseren Parks, Grünanlagen, Wäldern und vor allem den bayerischen Biergärten nicht mehr wegzudenken.

Allerdings kommen an der Rosskastanie, wohl wegen der Blattinhaltsstoffe (Saponine), bei uns nur vier phytophage Insektenarten vor. Eine auf die Rosskastanie spezialisierte Art, die in den letzten Jahren viele Schlagzeilen erzeugt hat, ist die Rosskastanien-Miniermotte (*Cameraria ohridella*). Nach dem Erstnachweis dieser Art in Linz 1989 eroberte sie rasant in wenigen Jahren ganz Mitteleuropa. Auch wenn die Schäden durch die Minen am Laub der Rosskastanien deutlich zu sehen sind, so bedroht diese Motte doch nicht die Existenz der befallenen Bäume. Es handelt sich eher um ein ästhetisches als um ein ökologisches Problem. Bereits kurz nach der Etablierung der Rosskastanien-Miniermotte konnte im Rheinland die Nutzung der Platzminen dieses Insektes durch Singvögel beobachtet werden. Einige Jahre später bestätigten Entomologen die Beobachtung v.a. der Blaumeise als Feind der Rosskastanien-Miniermotte. Weitere Untersuchungen an eingenetzten und frei zugänglichen Rosskastanien belegten den starken Einfluss von Meisen auf die Populationsdichte der Rosskastanien-Miniermotte. Unsere Singvögel konnten sich also erfolgreich an die für sie neue Nahrungsquelle Blattminen der Rosskastanien-Miniermotte innerhalb weniger Jahre anpassen. Das verwundert nicht, denn Blaumeisen öffnen auch andere Blattminen, um dort die minierenden Larven zu verzehren. Bekannt ist dieses Verhalten der Blaumeisen beim Öffnen der Minen der *Ilex*-Blattfliege (*Phytomyza ilicis*). Deren Larven minieren in den Blättern der Stechpalme und stellen dort eine willkommene Nahrung für Blaumeisen dar.

Schwarzkiefer

Die süd- und südosteuropäisch verbreitete Schwarzkiefer (*Pinus nigra*) erreicht im Wienerwald mit ihrer natürlichen Verbreitung noch Mitteleuropa. Da sie Kalkböden und Trockenheit gut verträgt wurde sie im 19. und 20. Jahrhundert zur Aufforstung verkarsteter Gebiete, z.B. im Taubertal, im Maindreieck und an der Saale in Thüringen, herangezogen. Die Samen der Schwarzkiefer verzehren z.B. Erlen- und Birkenzeisig, Gimpel, Kernbeißer, Grün- und Buchfink, Eichel- und Tannenhäher, Fichtenkreuzschnabel, Kohl-, Tannen- und Sumpfmeise und der Kleiber.

Zapfen der Mazedonischen Kiefer.

Mazedonische Kiefer

Die fünfnadelige Mazedonische Kiefer (*Pinus peuce*) besetzt ein disjunktes Areal im Südosten des Balkans. Im Aussehen ähnelt sie sehr der nordamerikanischen Strobe oder Weymouth-Kiefer (*Pinus strobus*). Allerdings leidet die Mazedonische Kiefer weit weniger unter dem Strobenrost, einer Pilzkrankheit, als die Strobe selbst. Ihre Samen werden z.B. von Erlenzeisig, Kernbeißer, Buchfink, Fichtenkreuzschnabel, Kohl-, Tannen- und Sumpfmeise verzehrt. In den 1970er- und 1980er-Jahren wurde die Mazedonische Kiefer versuchsweise im Erzgebirge als mögliche alternative Baumart für die Fichte in den dortigen Immissionsschadensgebieten angebaut. Diese Anbauten sind nun 40–60 Jahre alt und haben sich gut entwickelt. Dabei zeigte sich, dass der Tannenhäher die im Vergleich zur Waldkiefer größeren Samen der Mazedonischen Kiefer in diesen Beständen gerne als Nahrung annimmt. Der Zuwachs der Population des Tannenhähers in diesem Gebiet wird sogar auf den Anbau der Mazedonischen Kiefer dort zurückgeführt.

Auch die mitteleuropäische Gehölzflora beherbergt zahlreiche wärmeliebende und Trockenheit ertragende Arten. Bei ansteigenden Temperaturen kann sich ihr Verbreitungsgebiet ausdehnen – auf natürliche Weise langsam, unter menschlichem Einfluss schneller. Burgenahorn *Acer monspessulanum*. Bayreuth.

Fazit – die Mischung macht's

Waldbesitzer und Forstleute werden in Mitteleuropa in Anbetracht des sich rasch veränderten Klimas nicht umhinkommen, in ihr Baumartenportfolio auch in bemessenem Umfang nicht-heimische Baumarten aufzunehmen. Besondere Bedeutung können hier die südosteuropäischen Baumarten, wie z. B. Zerr- und Ungarische Eiche, Baumhasel, Silberlinde, Edelkastanie, Mannaesche, Hopfenbuche und Mazedonische Kiefer erlangen. Diese Baumarten sollten aber immer in ein Grundgerüst einheimischer Baumarten eingemischt werden, um mögliche negative ökologische Auswirkungen von vorneherein zu minimieren. Besonders gilt das für außereuropäische Baumarten, wie Douglasie, Küstentanne und Roteiche.

Insgesamt sollten gemischte Wälder, nicht nur nach Baumarten, sondern auch nach Stufung, Strukturreichtum, Ungleichaltrigkeit und genetischer Vielfalt angestrebt werden, um die Widerstandskräfte der Wälder auch gegen Klimawandel durch Risikostreuung unter Verwendung möglichst vieler Baumarten zu stärken.

Unsere heimische Vogelwelt zeigt sich überraschend anpassungsfähig, auch an „neue" Baumarten, wobei Baumarten, deren Gattungen auch in Mitteleuropa vertreten sind, leichter angenommen werden.

Zum Weiterlesen

Stadtbaumarten im Klimawandel 2021, Veitshöchheimer Berichte 190.

5.7 Wie sieht ein vogelfreundlicher Wald aus?

Wälder sind in Mitteleuropa die Ökosysteme mit den meisten Vogelarten. Wobei sich die Wälder je nach Alter, Struktur, Baumarten, Höhenlage und weiteren Faktoren durchaus unterscheiden. Daher kommen nicht in allen Wäldern immer die gleichen Vogelarten vor. Das sieht man besonders deutlich im Unterschied zu der Vogelwelt der Laub- und Nadelwälder. Für den Vogelschutz besonders bedeutsam sind reife, alte Wälder, die in ihrer Zerfalls- und Optimalphase mit Verjüngungskernen eine große Struktur- und Nischenvielfalt bieten. Aber auch in Wirtschaftswäldern kann eine große Anzahl an Vogelarten vorkommen.

Unser Naturerbe Laubwälder

Der Jahresrhythmus der sommergrünen Laubwälder ist geprägt durch den Laubfall im Herbst und den Wiederaustrieb im Frühjahr. Der wichtigste Baum der natürlichen Wälder Mitteleuropas ist die Buche. Buchenwälder sind aber durch den Bestandsschatten der Buche dunkler und feuchter als andere Wälder. Lücken im Kronendach werden durch die plastisch reagierende Buche rasch wieder geschlossen. Die Bodenvegetation ist artenärmer als etwa in Eichenwäldern. Diese zeigen sich als lichte und oftmals sonnendurchflutete Wälder ganz anders. Die grobe Borke der Eichen bietet einer großen Anzahl von Insekten und Spinnentieren Verstecke und damit den Borkenabsuchern wie Kleiber, Wald- und Gartenbaumläufer gute Ernährungsmöglichkeiten. Außerdem kann sich unter den lichten Kronen der Alteichen eine zweite und oft sogar ein dritte Baumschicht mit großem Strukturreichtum etablieren.

Die Laubwälder sind das eigentliche Naturerbe Mitteleuropas. Nationalpark Hainich.

Darüber hinaus spielen Eichen mit ihrem Höhlenreichtum eine wichtige Rolle für die höhlenbrütenden Vogelarten der Wälder.

Heutige Waldbilder sind durch menschliche Nutzung entstanden

Unser heutiger mitteleuropäischer Wald besteht aber sehr häufig aus den Nadelbaumarten Fichte und Kiefer, die natürlicherweise nur im höheren Berglagen (Fichte) oder auf Sonderstandorten (Kiefer) bestandsbildend auftreten würden. Jahrhundertelange Nutzung durch den Menschen hat zu diesen nadelbaumreichen Forsten geführt. Typische Bewohner aus der Singvogelwelt dieser Nadelwälder sind Fichtenkreuzschnabel, Tannen- und Haubenmeise und das Wintergoldhähnchen. In Zeiten des klimatoleranten Waldumbaus wird die Fläche der Nadelbäume zwangsläufig zurückgehen, denn vor allem die Fichte ist gegen Trockenheit und anschließenden Borkenkäferbefall sehr empfindlich. Hier treffen sich die Forderungen des Vogelschutzes und der Walderhaltung nach mehr Laubwald.

Strukturvielfalt führt zur Artenvielfalt

Ein vogelfreundlicher Wald wird in unseren Breiten immer ein Laubwald oder ein Mischwald mit hohen Anteilen von Laubbäumen sein. Naturnahe, dem Standort angepasste Wälder, die außerdem reich strukturiert sind und alt werden dürfen, bieten die besten Voraussetzungen für ein vielfältiges Vogelleben. Die Strukturvielfalt nimmt in unseren Wäldern mit dem Alter der Bestände kontinuierlich zu. Je älter und ausgereifter ein Waldbestand ist, umso mehr Strukturvielfalt kann er bieten. Je gestufter und strukturier-

Sonderstandorte wie Schluchtwälder steigern die Lebensraumvielfalt in den Wäldern. Frankenwald.

ter ein Wald ist, umso mehr Vogelarten mit unterschiedlichen Ansprüchen können dort gleichzeitig leben. Das größte Angebot an solchen Strukturen findet sich in reifen Wäldern in der Öffnungs- und Zerfallsphase. Es kommt zu einem kleinräumigen Wechsel und Differenzierung der Strukturen. Dadurch wird eine Nischenvielfalt auf engstem Raum ermöglicht, die verschiedenen Vogel-Gilden, z. B. Knospenabsucher, Zweigkletterer, Borken- und Rindenabsucher, Stammkletterer, Boden-, Frei- und Höhlenbrüter, auf der gleichen Fläche Lebensraum bietet. Aus der Strukturvielfalt folgt die Nischenvielfalt und aus dieser die tatsächliche Vielfalt an Vogelarten.

Schutz der waldtypischen Vogelwelt

Der Schwerpunkt des Vogelschutzes im Wald liegt in der Lebensraumsicherung, also der Walderhaltung, ein in Zeiten des Klimawandels bei steigenden Temperaturen wichtiges Ziel. Mit der Sicherung des Lebensraumes Wald werden viele der waldtypischen Singvogelarten durch eine naturnahe Forstwirtschaft erhalten. Dazu kommen auch nutzungsfreie Areale, wie die Naturwaldreservate, Naturwaldzellen und Altholzinseln. Im Nordschwarzwald ließ sich ein starker Anstieg der Siedlungsdichte, vor allem von Singvogelarten, in nicht aus der Nutzung genommenen Wäldern nachweisen.

Naturnaher Wald auf Muschelkalk mit Bergulme, Vogelkirsche und Feldahorn. Oschenberg, Bayreuth.

Wie sieht also nun ein solcher vogelfreundlicher Wald aus? Die Anteile der Laubbäume werden gesteigert, was sich bereits in den Zahlen der Bundeswaldinventur widerspiegelt (s. Kapitel 1.2). Die Wälder werden durch die Erhöhung der Umtriebszeiten älter, es werden vermehrt Höhlen- und Biotopbäume erhalten, die Nutzung erfolgt kleinräumiger und bei Forstbetriebsarbeiten wird auf die Belange des Vogelschutzes Rücksicht genommen. Auf Sturmwurf- und sonstigen Kalamitätsflächen werden die Pionierbaumarten (Sandbirke, Aspe, Salweide, Eberesche) nicht als verdämmendes Weichlaubholz, sondern als bereichernde und ökologisch bedeutsame Glieder der Waldlebensgemeinschaft aufgefasst und auf ausgewählten Flächen wird die natürliche Sukzession und Wiederbewaldung ermöglicht. Kleinstrukturen und Sonderstandorte in Wäldern werden berücksichtigt und erhalten (z. B. Blockschutthalden, Schluchtwälder, Dolinen, Toteislöcher) Ein besonderes Augenmerk gilt dem Erhalt und der Pflege standörtlich angepasster, vielgestaltiger Waldaußen- und -innenränder. Auch in Wirtschaftswäldern kann man durch solche Maßnahmen Elemente des Naturwaldes übernehmen und in die Bewirtschaftung integrieren. Der Erhalt und die Wiederherstellung alter Laub- und Laubmischwälder sind dabei ein vorrangiges Ziel für den Vogelschutz in Wäldern und um letztendlich vogelfreundliche Wälder auf großer Fläche zu erreichen.

Uraltbäume sind nicht nur Lebensraum für Insekten und Vögel, sondern üben auch auf den Menschen einen großen Reiz aus. Betteleiche, Ihlefeld, Nationalpark Hainich.

Spezieller Vogelartenschutz

Artenschutz im engeren Sinne konzentriert sich auf ausgewählte, örtlich oder generell besonders bedrohte oder schützenswerte Vogelarten, wie z. B. Auer- und Haselhuhn und Schwarzstorch. Für solche ausgewählten Vogelarten können im Einzelfall konkrete Maßnahmen zum Schutz und zur Förderung ergriffen werden (z. B. Besucherlenkung, Lebensraumstrukturen neu schaffen, Spezialnistkästen). Auch für Singvögel, die nicht von der naturnahen Forstwirtschaft profitieren, wie der Waldlaubsänger, können ausgewählte und spezielle Schutzmaßnahmen, die geeignete Lebensraumstrukturen schaffen, sinnvoll sein. Dies könnte auch unpopuläre Bewirtschaftungsformen wie örtliche Kahlschläge zur Förderung der Heidelerche und des Baumpiepers mit einschließen.

5.8 Wälder der Zukunft – Vögel der Zukunft

Es wäre verlockend, dieses Buch mit einem Szenario zu beschließen. Wie sehen unserer Wälder im Jahre 2070 aus und welche Arten erwarten den Vogelbeobachter dann in diesen Wäldern? In die Zukunft zu blicken und Voraussagen zu wagen, ist aber schwierig, besonders wenn es sich um biologische Systeme wie Wälder und Entwicklung von Vogelbeständen handelt. Wir tun es daher nicht. Zu viel Spekulatives wäre damit verbunden. Und zu viele Einflussfaktoren können auf den Wald einwirken, so wie es in der Vergangenheit auch schon war: Wirtschaftliche und gesellschaftspolitische Rahmenbedingungen können sich schnell ändern und damit die Waldnutzung neu ausrichten. Dazu kommen Anforderungen des Natur- und Artenschutzes, geändertes Freizeitverhalten der Bevölkerung und der Klimawandel mit mehr Wärme, Trockenheit und Extremwetterereignissen. Gerade der Klimawandel beeinflusst nicht nur die künftige Baumartenwahl, sondern kann auch zusätzliche Risiken mit sich bringen, wie das Einschleppen oder Einwandern „neuer“ Pilzkrankheiten an Bäumen, wie Eschentriebsterben, *Diplodia*-Triebsterben der Kiefer, *Eutypella*-Krebs und Ruß-Rinden-Krankheit an Ahornarten. Auch wärmeliebende Insektenarten aus Südeuropa oder anderen Teilen der Welt können sich bei wärmerem Klima hier etablieren und eventuell zu Schäden an Baumarten führen (z. B. Lindenwanze, Marmorierte Baumwanze, Asiatischer Laubholzbockkäfer, Eschenprachtkäfer). Diese Ein-

Auch unter kargen, trocken-heißen Bedingungen vermögen in Mitteleuropa Wälder zu wachsen. Kyffhäuser, Thüringen.

Nicht alle unsere Singvögel blicken in eine ungewisse Zukunft. Diese junge Nachtigall könnte zur Ausdehnung des Verbreitungsgebietes der Art beitragen. Oslip, Burgenland.

schleppungen oder Einwanderungen sind kaum vorhersehbar und noch weniger berechenbar. Auch das Freizeitverhalten unserer Gesellschaft hat sich stark gewandelt und wird sich weiter wandeln. Noch vor wenigen Jahren wurden die Wälder im Wesentlichen nur von Wandergruppen genutzt. Man hat sich damals kaum vorstellen können, in welchem Maße unsere Wälder, vor allem am Rand der Ballungsräume, zu einem Betätigungsfeld für Jogger, Nordic Walker, Waldbader, Birdwatcher, Schneeschuhgeher, Mountainbiker und Geländereiter, teilweise mit leistungsstarken LED-Stirnlampen auch nachts, geworden sind. Sie haben die Beerensammler, Zapfenleser, Arnika- und Heilkräutersucher, Waldzeidler, Aschenbrenner, Harzzapfer, Köhler und Streunutzer früherer Zeiten abgelöst. Auch früher waren unsere Wälder nicht still und menschenleer. Allerdings war der Aktionsradius der Menschen früher, da ja alles zu Fuß erledigt wurde, eingeschränkt und am Abend und nachts kehrte Ruhe in den Wäldern ein.

Fortsetzen der naturnahen Forstwirtschaft

Die Forstwirtschaft mit ihren weit in die Zukunft gerichteten Planungen muss sich diesen Unwägbarkeiten und Herausforderungen stellen und bei der weiteren Entwicklung unserer Wälder von einigen festen Annahmen ausgehen. Sicher wird in Mitteleuropa die seit etwa 20 bis 30 Jahren betriebene „naturnahe Forstwirtschaft“ fortgesetzt werden. Die Erfolge dieser Wirtschaftsweise zeigen sich schon in den Ergebnissen der Bundeswaldinventuren der letzten Jahrzehnte. Die Laubbaumanteile in den Wäldern nehmen zu, die Nadelbaumanteile nehmen ab. Das Durchschnittsalter der

Wälder erhöht sich weiter, die Wälder werden älter und die Totholzmengen pro Hektar nehmen weiter zu. Gerade in den Totholzanteilen unterscheiden sich Wirtschaftswälder von Urwäldern deutlich. In unseren Wirtschaftswäldern außerhalb der Alpen liegen die durchschnittlichen Totholzanteile bei ca. 13 Festmeter pro Hektar. In Urwäldern können aber deutlich höhere Werte, bis zehnmal höher und mehr, erreicht werden. Bereits eine Erhöhung des Totholzanteiles von 1 % auf 3 % der aufstockenden Holzmasse eines Waldbestandes kann zu einer Verdoppelung der Dichte von Höhlenbrütern führen. Hier gilt es einen Kompromiss zwischen den Ansprüchen des Artenschutzes und einer noch ertragreichen Forstwirtschaft zu finden. Der Laubwaldanteil wird weiter zunehmen, die Wälder werden älter und Biotopbäume und Totholzmengen werden noch zunehmen.

Klimagerechter Waldumbau als neue Herausforderung

Zu diesen forstlichen Bestrebungen, die Wälder durch naturnäheres Wirtschaften und mehr Mischwald stabiler und krisenfester und damit ertragreicher zu gestalten, gesellt sich in den letzten Jahren vermehrt der Waldumbau aus Klimaschutzgründen. Durch die Verbrennung von fossilen Rohstoffen, wie Kohle, Öl und Gas, sowie durch die weltweite Entwaldung, gelangen gewaltige Mengen an Kohlenstoffdioxid in die Atmosphäre, was den sogenannten Treibhauseffekt verstärkt. Seit Beginn der industriellen Revolution hat sich die Erde im weltweiten Durchschnitt bereits um ca. 1 °C erwärmt. Bäume als langlebige Organismen sind den Veränderungen des Klimas in besonderem Maße ausgesetzt. Wie kaum ein anderer Wirtschaftszweig ist die Forstwirtschaft nicht nur vom Klima abhängig, auch das über Generationen erworbene Erfahrungswissen im Umgang mit Baumarten und deren Bewirtschaftung wurde unter den Bedingungen des Klimas der Vergangenheit gemacht. Es gilt jetzt zu entscheiden, ob wir die Forstwirtschaft so fortzusetzen wie bisher, die weitere Entwicklung allein der Natur überlassen und Nichtstun oder durch überlegtes Arbeiten die Wälder an den Klimawandel anpassen. Weitermachen wie bisher oder Nichtstun und auf die natürlichen Selbstheilungskräfte zu setzen, würden der raschen Klimawandel-Krise nicht gerecht werden. Forstleute, Waldbesitzer und Waldbesitzerinnen sollten vielmehr durch steuernde Eingriffe die Anpassung der Wälder an den Klimawandel verbessern. Dazu gehört insbesondere die Wahl klimatoleranter Baumarten bei notwendigen Verjüngungsmaßnahmen oder bei der Wiederbewaldung von Kalamitätsflächen. Es gilt die für zunehmende Trockenheit und Wärme besonders anfälligen Baumarten, wie Fichte, Kiefer oder Lärche, durch weniger anfällige, alternative Baumarten zu ergänzen oder sogar zu ersetzen. Dabei kommen die Baumarten, die bei uns zwar heimisch sind, aber bisher in der Forstwirtschaft nur eine untergeordnete Rolle gespielt haben, zu neuen Ehren, wie Elsbeere, Speierling, Feldahorn, Burgenahorn, Mehlbeere, Flatterulme, Vogelkirsche. Man spricht auch manchmal von

Sommergoldhähnchen, Grünau im Almtal, Oberösterreich.

den „heimischen Exoten". Darüber hinaus wird man aber bei einem „neuen" menschengemachten Klima nicht umhinkommen, auch „neue" Baumarten in das Baumarten-Portfolio mit aufzunehmen, um unsere Wälder mit diesen klimatoleranten Baumarten anzureichern. Eine wuchskräftige Baumart, an der sich oft die Geister zwischen Forstleuten und Naturschützern scheiden, ist die aus Nordamerika stammende Douglasie. Bei anderen in Europa, hautsächlich in Süd- und Südosteuropa, heimischen Baumarten gilt das Prinzip der unterstützten Wanderung (*Assisted Migration*). Dabei wird aufgrund der Schnelligkeit des Klimawandels die potentielle Einwanderung dieser Baumarten durch gezielte Anpflanzung in unseren Breiten ersetzt. Das betrifft vor allem Arten wie die Edelkastanie, Zerreiche, Flaumeiche, Ungarische Eiche, Baumhasel, Mannaesche, Hopfenbuche, Silberlinde, Schneeballblättriger Ahorn. Da diese europäischen Baumarten den gleichen Gattungen wie ihre mitteleuropäischen Verwandten angehören, z. B. *Quercus, Acer, Tilia, Fraxinus*, *Corylus* bzw. mit diesen eng verwandt sind (*Castanea* und *Quercus*, *Ostrya* und *Carpinus*) kann mit einer raschen Eingliederung dieser Baumarten in unsere Waldökosysteme gerechnet werden. (s. Kap. 5.6).

Dynamik in der Vogelwelt

Auch Vogelpopulationen sind nicht starr, sondern höchst dynamisch. Zugwegssysteme ändern sich, wie aktuell bei der Mönchsgrasmücke. Bei anderen Arten wirken Faktoren aus den afrikanischen Winterquartieren auf die Bestandsentwicklung bei uns im Brutgebiet ein (*carry-over*-Effekte). Areale dehnen sich aus, wie derzeit das der Nachtigall, andere schrumpfen. Arten erschließen neue Lebensräume und werden dort zu Erfolgsmodellen, wie die Amsel in der Stadt, oder sind in kleinsten Verbreitungsinseln „gefangen", wie die Ringdrossel. Konkurrenzverhältnisse verschieben sich.

Hinter unseren Wäldern liegen über 10 000 Jahre Entwicklungsgeschichte, die Entstehung vieler unserer Singvogelarten reicht jedoch viel weiter, bis ins Tertiär zurück. Zusammengenommen sind sie unser Naturerbe, das es auch aus ethischen Gründen zu bewahren gilt. Die momentane Klimaänderung wird für unsere Wälder mit ihren Tieren und Pflanzen eine Herausforderung. Was ihnen wirklich hilft, sind weder apokalyptische Weltuntergangsszenarien noch deren esoterische Mystifizierung. Wälder sind weder Holzproduktionsstätten noch unberührte Ökosysteme. Wir sollten Wälder so sehen, wie sie wirklich sind, vor dem Hintergrund einer jahrtausendelangen Waldgeschichte, in der der Mensch in Mitteleuropa eine wichtige Rolle gespielt hat.

Die Zukunft unserer Wälder, ihrer Bäume und ihrer Vogelwelt ist offen. Königsheide, Oberfranken.

Es wird sicher nicht möglich sein, auf großer Fläche in Mitteleuropa wieder einen Wald zu etablieren, der uns die dort verschwundenen Auerhühner zurückbringt. Sie profitierten von historischen Waldnutzungsformen und wir können das Rad der Zeit nicht zurückdrehen. Die Flexibilität unserer Singvögel sollen wir aber nicht unterschätzen. Haubenmeisen leben auch in den Kork- und Steineichenwäldern der spanischen Extremadura, Gartenbaumläufer in den Kiefernwäldern des nordafrikanischen Atlas und Erlenzeisige in den Orientfichtenwäldern an der türkischen Schwarzmeerküste. Wir wissen nicht, welche Wälder in hundert Jahren Mitteleuropa bedecken werden – aber es werden Wälder sein. Und in ihnen werden Vögel leben. Wir wissen nicht, welche Vogelarten es sein werden – aber auch sie werden Ansprüche an ihren Lebensraum stellen: Höhlen als Brutplätze, Beeren, Baumsamen und Insekten als Nahrung, Deckung und Versteckplätze, Singwarten. Und der Mensch wird weiter die Wälder für seine Zwecke nutzen. Für Bau- und Brennholz, als Erholungsraum, zum Schutz von Pflanzen- und Tierarten, für die Jagd, für Trinkwassergewinnung und Wasserspende.

Die Nutzung wird einzelne Vogelarten begünstigen und andere benachteiligen – so wie es in der Vergangenheit war. Die Zukunft bleibt offen.

Literatur

Kapitel 1.1

Fjeldsa, J., L. Christidis & P. G. P. Ericson (2020): The largest avian radiation. The Evlolution of perching birds, the order passeriformes. Lynx Edicions, Barcelona.

Ley, L. & A. Jacot (2018): Die Entwicklung der Brutvögel in der Waldbrandfläche bei Leuk. Schweizerische Zeitschrift für Forstwesen 169: 299–307.

Scherzinger, W. (2011): Der Wald als Lebensraum der Vogelwelt. In: Wald – Biotop und Mythos. Grüne Reihe, Lebensministerium Wien.

http://datazone.birdlife.org/sowb/casestudy/birds-occur-in-all-major-habitat-types-with-forest-being-particularly-important (aufgerufen am 19.03.2021)

Kapitel 1.2

Blab, J. (1989): Grundlagen des Biotopschutzes für Tiere. Schriftenreihe für Landschaftspflege und Naturschutz, Heft 24.

Ellenberg, H. & C. Leuschner (2010): Vegetation Mitteleuropas mit den Alpen. Verlag Eugen Ulmer, Stuttgart.

Gulder, H.-J. (1998): Auwälder in Südbayern – Standörtliche Grundlagen und Bestockungsverhältnisse im Staatswald. LWF Wissen Nr. 9.

Hamberger, J. & O. Bauer (2017): Wald.Mensch. Heimat – Eine Forstgeschichte Bayerns. Laubsänger-Verlag, Freising.

Kölling, C. & H. Walentowski (2001): Bayern: Ein Buchenmeer mit Inseln. LWF-aktuell Nr. 31: 6–8.

Küster, H-J. (1995): Geschichte der Landschaft in Mitteleuropa. C. H. Beck, München.

Lang, G. (1994): Quartäre Vegetationsgeschichte Europas. Gustav Fischer Verlag, Jena.

Pott, R. (1993): Farbatlas Waldlandschaften. Verlag Eugen Ulmer, Stuttgart.

Rebhan, H. (1999): Lebensräume in Oberfranken – Unsere Wälder. Heimatbeilage zum Oberfränkischen Schulanzeiger 261: 1–56.

Rost, F. (1999): Der Brutvogelbestand von Fichtenforsten im Thüringer Wald bei Neuhaus am Rennweg. Anzeiger des Vereins Thüringer Ornithologen 3: 239–247.

Scherzinger, W. (1983): Bedeutung des Waldes für den Vogelschutz. Vogelschutz, Heft 1: 28–32.

Scherzinger, W. (1983): Wenn ich ein Vöglein wär … Nationalpark 40: 6–10.

Schmidt, O. (1992): Ornithologischer Artenschutz im Forst. Forst und Holz 47: 144–149.

Schmidt, O., L. Albrecht, K. Brünner-Garten, J. Metzger, G. Sperber, P. Zach, V. Zahner & K. Zeimentz (1997): Empfehlungen für den Vogelschutz im Bayerischen Staatswald. Bay. Landesanstalt für Wald und Forstwirtschaft, Freising.

Sperber, G. (1983): Gesunde Wälder – alle Vögel sind noch da! Nationalpark 40: 4–5.

Sperber, G. (2009): Die Buchenwälder des Steigerwaldes und ihre artenreiche Vogelwelt. Der Falke 56: 432–437.

Thenius, E. (1974): Eiszeiten – einst und jetzt – Ursachen und Wirkung. Kosmos-Bibliothek Bd.284, Verlag Franckh-Kosmos, Stuttgart.

Walentowski, H., J. Ewald, A. Fischer, C. Kölling & W. Türk (2006): Handbuch der natürlichen Waldgesellschaften Bayerns. Geobotanica Verlag, Schorndorf.

Kapitel 1.3

Alvarsson, J. J., S. Wiens & M. E. Nilsson (2010): Stress Recovery during Exposure to Nature Sound and Environmental Noise. International Journal of Environmental Research and Public Health 7: 1036–1046.

Bairlein, F. (2006): Prof. Dr. Jürgen Nicolai (1925 – 2006). Vogelwarte 44: 193–194.

Becker, A. (1878): Nächtliches Treiben im Wasgenwald. Die Gartenlaube, Heft 1: 8–12.

Berthold, P., U. Querner & R. Schlenker (1990): Die Mönchsgrasmücke. Neue Brehm-Büchere 603. Ziemsen-Verlag, Wittenberg-Lutherstadt.

Blumstein, D. T. (2006): Developing an evolutionary ecology of fear: how life history and natural history traits affect disturbance tolerance in birds. Animal Behaviour 71: 389–399.

Brunner, H. (1994): Der Nachtigallengesang in der europäischen Kunstmusik. Beiträge zur elektronischen Musik 3: 1–33.

Cocker, M. & D. Tipling (2013): Birds and people. Random House Group Ltd., London.

Dembski, U. (2006): Der Vogelfänger in der Bühnenfigur des Papageno. In: Papageno backstage. Perspektiven auf Vögel und Menschen. Kataloge des österreichischen Museums für Volkskunde 88: 29–43.

Henze, O. (1991): Die richtigen Vogelnistkästen in Wald und Garten. 5. Auflage, Südkurier Konstanz.

Hiesemann, M. (1911): Die Lösung der Vogelschutzfrage nach Freiherrn v. Berlepsch. Verlag Franz Wagner Kommissionsbuchhandlung, Leipzig.

Keller, V. (1995): Auswirkungen menschlicher Störungen auf Vögel – eine Literaturübersicht. Der Ornithologische Beobachter 92: 3–38.

Knief, U. (2020): Der Eichelhäher *Garrulus glandarius* – ein Waldbauer mit Verstand. Ökonomische, ökologische und ethische Einwände gegen die Jagd auf Eichelhäher. Ornithologischer Anzeiger 59: 63–70.

Knolle, F. (1980): Mensch und Vogel im Harz. Piepersche Druckerei und Verlagsanstalt, Clausthal-Zellerfeld.

Kowalski, H. (2018): Die Inwertsetzung von Ökosystemleistungen durch Vögel. Berichte zum Vogelschutz 55: 53–59.

Loch, G. (2018): Between Szőke's Sound Microscope and Messiaen's Organ: The cultural realities of blackcap song. Organised Sound 23: 144–155.

Nicolai, J. (1959): Familientradition in der Gesangsentwicklung des Gimpels(*Pyrrhula pyrrhula* L.). Journal für Ornithologie 100: 39–46.

Nicolai, J., C. Gundacker, K. Teeselink & H.-R. Güttinger (2014): Human melody singing by bullfinches (*Pyrrhula pyrrhula*) gives hints about a cognitive note sequence processing. Animal Cognition 17: 143–155.

Pfeifer, S. (1957): Taschenbuch für Vogelschutz. W. Limpert Verlag, Frankfurt am Main.

Rausch, M. (1900): Die gefiederten Sängerfürsten des europäischen Festlandes. Creutz'sche Verlagsbuchhandlung, Magdeburg.

Rusam, H (2004): Die Vogelfänger von Nürnberg. http://www.moegeldorf.de/geschichte/vogelfaenger/vogelfaenger.html

Sackl, P. (2006): Vogelfang und Stubenvogelhaltung im steirischen Salzkammergut. In: Papageno backstage. Perspektiven auf Vögel und Menschen. Kataloge des österreichischen Museums für Volkskunde 88: 59–66.

Schaefer, T. (2004): Video monitoring of shrub-nests reveals nest predators. Bird Study 51: 170–177.

Scherl, D. (2012): Effekte von Erholungs- und Freizeitaktivitäten auf die Beständen von Waldvögeln. Bachelorarbeit, Zürcher Hochschule für angewandte Wissenschaften.

Scherrer, S. (2009): Olivier Messiaen. Leben und Werk. Akademische Hausarbeit, downloadbar unter https://www.hausarbeiten.de/document/516697

Schmoll, F. (2004): Der Mensch ist, was er nicht isst. Über das Rätsel der Nahrungstabus. Science Lunch (Basel) 29.10.2004. www.mitte.ch/sciencelunch

Seitz, J. (2012): Beiträge zur Geschichte der Ornithologie in Niedersachsen und Bremen. Die Vögel Niedersachsens und des Landes Bremen. Naturschutz und Landschaftspflege in Niedersachsen, Sonderreihe B, 1.1.

Steinbacher, G. (1957): Knaurs Vogelbuch. Das Hausbuch für Vogelfreunde und Vogelliebhaber. Droemersche Verlagsanstalt T. Knaur Nachf., München und Zürich.

Suma, M. & E. Krause (2010): Die Berliner und ihr Wald. LWF aktuell 75: 56–59.

Szöke, P. (1962): Entstehung und Entwicklungsgeschichte der Musik. Studio Musicologica 4:3–85.

Uekötter, F. (2020): Von Vögeln, Mächten und Bienen. Die Geschichte des Landesbundes für Vogelschutz in Bayern. Vandenhoeck & Rupprecht Verlage, Göttingen.

Wember, V. (2007): Die Namen der Vögel Europas. Aula-Verlag, Wiebelsheim.

https://de.wikipedia.org/wiki/Böhämmerjagd

Kapitel 2.1

Berthold, P. (2012): Vogelzug. Eine aktuelle Gesamtübersicht. Wissenschaftliche Buchgesellschaft, Darmstadt.

Blondel, J. & C. Mourer-Chauviré (1998): Evolution and history of the western Palaearctic avifauna. Trends in Ecology and Evolution 13: 488–492.

Blondel, J. & Farré, H. (1988): The convergent trajectories of bird communities along ecological successions in European forests. Oecologia 75: 83–93.

Ellenberg, H. (1986): Vegetation Mitteleuropas mit den Alpen. Verlag Eugen Ulmer, Stuttgart.

Ghobad-Nejhad, M. (2011): Wood-inhabiting Basidiomycetes in the Caucasus Region. Systematics and Biogeography. Dissertation University of Helsinki, Botanical Museum, Finnish Museum of Natural History.

Haffer, J., E. Rutschke & K. Wunderlich (2000): Erwin Stresemann (1889–1972) – Leben und Werk eines Pioniers der wissenschaftlichen Ornithologie. Acta historica Leopoldina, Halle (Saale) Nr. 34.

Hewitt, G. M. (1999): Post-glacial re-colonization of European biota. Biological Journal of the Linnean Society 68: 87–112.

Küster, H. (2008): Geschichte des Waldes. C. H. Beck, München.

Latham, R. E. & R. E. Ricklefs (1993): Continental Comparisons of Temperate-Zone Tree Species Diversity. In: Ricklefs, R. E. & D. Schluter (eds): Species Diversity in Ecological Communities: Historical and Geographical Perspectives. University of Chicago Press.

Pukinski, J. (1983): In der Ussuri-Taiga. Suche nach dem Riesenfischuhu. Verlag Progress Moskau, VEB F.A. Brockhaus, Leipzig.

Tyrberg, T. (1991): Arctic, Montane and Steppe Birds as Glacial relicts in the West Palaearctic. Ornithologische Verhandlungen 25: 29–49.

Kapitel 2.2

Brehm, C. L. (1831): Handbuch der Naturgeschichte aller Vögel Deutschland. Ilmenau.

Chamberlain, C. P., S. Bensch, X. Feng, S. Åkesson & T. Andersson (2000): Stable isotopes examined across a migratory divide in Scandinavian willow warblers (*Phylloscopus trochilus trochilus* and *Phylloscopus trochilus acredula*) reflect their African winter quarters. Proceedings of the Royal Society of London. Series B: Biological Sciences, 267: 43–48.

Clouet, M. & J.-F. Gerard (2021): Interactions between sibling species of treecreepers *Certhia familiaris* and *C. brachydactyla* in the Pyrenees and the mistaken identity hypothesis. Bird Study, DOI: 10.1080/00063657.2020.1863332.

Conrad von Baldenstein, T. (1827): Nachrichten über die Sumpf-Meise (Mönchs-Meise). Neue Alpina 2: 30–36.

Eck, S. (1993): Ist die bisherige Systematik der Graumeisen (*Parus*, Subgenus Poecile) nach über 160 Jahren am Ende? Mitteilungen Verein Thüringer Ornithologen 2: 109–115.

Fjeldsa, J., L. Christidis & P. G. P. Ericson (2020): The largest avian radiation. The Evolution of perching birds, the order passeriformes. Lynx Edicions, Barcelona.

Gil, D. (1997): Increased response of the Short-toed Treecreeper *Certhia brachydactyla* in sympatry to the playback of the song of the Common Treecreeper *C. familiaris*. Ethology 103: 632–641.

Glutz von Blotzheim, U. N. & K. M. Bauer (1991): Handbuch der Vögel Mitteleuropas. Bd. 12, II. Aula-Verlag, Wiesbaden.

Glutz von Blotzheim, U. N. & K. M. Bauer (1993): Handbuch der Vögel Mitteleuropas. Aula-Verlag, Wiesbaden.

Kleinschmidt, O. (1897): Die palaearktischen Sumpfmeisen. Beiträge zur Kenntnis derselben. Ornithologisches Jahrbuch 8: 45–103.

Martens, J. (1981): Lautäußerungen der Baumläufer des Himalaya und zur akustischen Evolution in der Gattung *Certhia*. Behaviour 77: 287–318.

Martens, J. & S. Eck (2000): Der *Seicercus burkii*-Komplex im Himalaya und China oder: Schätzen wir die Diversität der Singvögel falsch ein? Ornithologischer Anzeiger 39: 1–14.

Newton, I. (2003): Speciation and Biogeography of Birds. Academic Press, Elsevier Science, London und San Diego.

Olsson, U., P. Alström, P. G. P. Ericsson & P. Sundberg (2005): Non-monophyletic taxa and cryptic species – evidence from a molecular phylogeny of leaf-warblers (Phylloscopus, Aves). Molecular Phylogenetics and Evolution 36: 261–276.

Päckert, M. (2003): Differenzierung von Reviergesängen und mitochondrialem Cytochorm-b in drei ausgewählten Singvogel-Gattungen (Aves, Passeriformes: Genus *Regulus*, Genus *Seicercus* und *Parus major*). Dissertation zur Erlangung des Grades „Doktor der Naturwissenschaften" am Fachbereich Biologie der Johannes-Gutenberg-Universität in Mainz.

Pentzold, S., C. Tritsch, J. Martens, D. T. Tietze, G. Giacalone, M. Lo Valvo, A. A. Nazarenko, L. Kvist & M. Päckert (2013): Where is the line? Phylogeography and secondary contact of western Palearctic coal tits (*Periparus ater*: Aves, Passeriformes, Paridae). Zoologischer Anzeiger 252: 367–382.

Sokolovskis, K., G. Bianco, M. Willemoes, D. Solovyeva, S. Bensch & S. Åkesson (2018): Ten grams and 13,000 km on the wing – route choice in willow warblers *Phylloscopus trochilus yakutensis* migrating from Far East Russia to East Africa. Movement Ecology 6; https://doi.org/10.1186/s40462-018-0138-0

Tietze, D. T. (2008): Differenzierungsprozesse bei Baumläufern (Aves: *Certhia*): Phylogenie, Lautäußerungen, Biometrie. Vogelwarte 46: 229 – 230.

Tietze, D. T., J. Martens, Y.-H. Sun, L. Liu Severinghaus & M. Päckert (2011): Song evolution in the Coal Tit *Parus ater*. Journal of Avian Biology 42: 214–230.

Kapitel 2.3

Augst, U. (1999): Der Grünlaubsänger (*Phylloscopus trochiloides*) – Brutvogel in Sachsen. Mitteilungen des Vereins Sächsischer Ornithologen 8: 387–392.

Flousek, J., B. Gramsz & T. Telenský (2015): Ptaki Krkonos – atlas hnizdniho rozsireni 2012–2014. Sprava KRNAP Vrchlabi, Jelenia Góra.

Glutz von Blotzheim, U. N. & K. M. Bauer (1991): Handbuch der Vögel Mitteleuropas. Bd. 12/II. Aula-Verlag, Wiesbaden.

Irwin, D. E., S. Bensch, J. H. Irwin & T. D. Price (2005): Speciation by distance in a ring species. Science 307: 414–416.

Koschkar, S. & J. Dierschke (2014): „Go West…": Das Auftreten des Grünlaubsängers *Phylloscopus trochiloides* in Deutschland. Seltene Vögel in Deutschland 2013: 50–59.

Price, T. (2008): Speciation in Birds. Roberts and Company Publishers, Greenwood Village, Colorado.

Scherzinger, W. (1980): Grüner Laubsänger *Phylloscopus trochiloides* im Bayerischen Wald. Anzeiger der ornithologischen Gesellschaft in Bayern 19: 190–191.

Thoma, M. & S. Althaus (2015): Erstnachweis des Grünlaubsängers *Phylloscopus trochiloides* in der Schweiz und sein Status in Europa. Ornithologischer Beobachter 112: 283–306.

Wadewitz, M. (2013): Vorkommen und Bestand des Grünlaubsängers *Phylloscopus trochiloides* im Harz von 1993 bis 2013. Ornithologischer Jahresbericht des Museum Heineanum 31: 73–89.

Wüst, W. (1985): Avifauna Bavariae. Bd. II. Ornithologische Gesellschaft in Bayern, München.

Kapitel 2.4

Awa, T., T. A. Evaristus, R. C. Whytock, T. Guilain & J. Mallord (2018): Habitat characteristics of wintering Wood Warbler *Phylloscopus sibilatrix* in the Centre Region of Cameroon: conservation implications. Ostrich 89: 19–24.

Bairlein, F., J. Dierschke, V. Dierschke, V. Salewski, O. Geiter, K. Hüppop, U. Köppen & W. Fiedler (2014): Atlas des Vogelzugs. Aula-Verlag, Wiebelsheim.

Baumann, S. (2000): Vergleich von Habitatstruktur und Habitatnutzung in Brutgebiet und Winterareal des Europäischen Pirols (*Oriolus o. oriolus*, L. 1758). Journal für Ornithologie 141: 142–151.

Baumann, S. (2001): Observations on the coexistence of Palearctic and African Orioles *Oriolus* spec. in Zimbabwe. Vogelwelt 122: 67–79.

Berthold, P. (2012): Vogelzug. Eine aktuelle Gesamtübersicht. Wissenschaftliche Buchgesellschaft, Darmstadt.

Böhning-Gaese, K. (2005): Influence of Migrants on Temperate Bird Communities. A macroecological approach. In: Greenberg, R. & P. P. Marra (eds.): Birds of two worlds. The ecology and evolution of migration. The John Hopkins University Press, Baltimore und London.

Böhning-Gaese, K. & R. Oberrath (2003): Macroecology of habitat choice in long-distance migratory birds. Oecologia, 137: 296–303.
Glutz von Blotzheim, U.N. & K.M. Bauer (1991): Handbuch der Vögel Mitteleuropas. Bd. 12/II. Aula-Verlag, Wiesbaden.
Hobson, K.A., S. v. Wilgenburg, T. Wesołowski, M. Marziarz, R.B. Bijlsma, A. Grendelmeyer & J.W. Mallord (2014): A multi-isotope (δ2H, δ13C, δ15N) approach to establishing migratory connectivity in Palearctic-Afrotropical migrants: An example using Wood Warblers *Phylloscopus sibilatrix*. Acta Ornithologica 49: 59–71.
Mason, P. & J. Allsop (2009): The Golden Oriole. T. & A. D. Poyser, London.
Tøttrup, A.P., L. Pedersen. & K. Thorup (2018): Autumn migration and wintering site of a wood warbler *Phylloscopus sibilatrix* breeding in Denmark identified using geolocation. Animal Biotelemetry 6, Article 15. https://doi.org/10.1186/s40317-018-0159-x.
Wassmann, R. (1996): Ökologische und ethologische Untersuchungen am Pirol (*Oriolus oriolus* L. 1758). Dissertation zur Erlangung des Doktorgrades der Mathematisch-Naturwissenschaftlichen Fakultäten der Georg-August-Universität zu Göttingen.

Kapitel 2.5

Bertau, P. (2019): Ein ungewöhnliches Lexikon historischer Vogelnamen. Volkstümliche Namen und Trivialnamen aus fünf Jahrhunderten. Springer Spektrum Verlag, Berlin.
Bezzel, E. & R. Brandl (1988): Der Zitronengirlitz *Serinus citrinella* im Werdenfelser Land, Oberbayern. Anzeiger der ornithologischen Gesellschaft in Bayern 27: 45–65.
Bezzel, E. & F. Lechner (1978): Die Vögel des Werdenfelser Landes. Kilda-Verlag, Greven.
Bezzel, E., I. Geiersberger, G. v. Lossow & R. Pfeifer (2005): Brutvögel in Bayern. Verbreitung 1996 – 1999. Ulmer-Verlag, Stuttgart.
Förschler, M.I. & U Dorka (2010): Citril Finch faces extinction at the northern edge of its distribution. Alauda 78: 130–136.
Förschler, M.I. (2006): Starker Bestandsrückgang beim Zitronenzeisig *Carduelis citrinella* an nachbrutzeitlichen Sammelplätzen im Nordschwarzwald. Vogelwarte 44: 17–21.
Förschler, M.I. (2007): Seasonal variation in the diet of citril finches *Carduelis citrinella*: Are they specialists or generalists? European Journal of Wildlife Research 53: 190–194.
Förschler, M.I. (2013): Auf verlorenem Posten. Der Zitronenzeisig im Nordschwarzwald. Der Falke 60: 453–455.
Gatter, W. & H. Mattes (2018): Vögel und Forstwirtschaft. Eine Dokumentation der Waldvogelwelt im Südwesten Deutschlands. Landesanstalt für Umwelt, Baden-Württemberg und Forstliche Versuchs- und Forschungsanstalt Baden-Württembergs. Naturschutz-Spectrum, Themen, Verlag Regionalkultur Heidelberg, Ubstadt-Weiher, Neustadt a.d.W., Basel.
Gatter, W. (1997): Waldgeschichte, Buchenprachtkäfer und Rückgang des Berglaubsängers *Phylloscopus b. bonelli*. Vogelwelt 118: 41–47.
Glutz von Blotzheim, U.N. & K.M. Bauer (1997): Handbuch der Vögel Mitteleuropas. Bd. 14/II. Aula-Verlag, Wiesbaden.
Glutz von Blotzheim, U.N. & K.M.Bauer (1991): Handbuch der Vögel Mitteleuropas. Bd. 12/II. Aula-Verlag, Wiesbaden.
Gößwein, S., H. Lemme & R. Petercord (2017): Prachtkäfer profitieren vom Trockensommer 2015. LWF aktuell, Heft 1: 14–17.
Gradmann, R. (1933): Die Steppenheidetheorie. Geographische Zeitschriftt 39: 265–278.
Hölzinger, J. (1999): Die Vögel Baden-Württembergs. Band 3.1: Singvögel 1. Ulmer-Verlag, Stuttgart.
Keller, V., S. Herrando, P. Voříšek, M. Franch, M. Kipson, P. Milanesi, D. Martí, M. Anton, A. Klvaňová, M.V. Kalyakin, H.-G. Bauer & R.P.B. Foppen (2020): European Breeding Bird Atlas 2: Distribution, Abundance and Change. European Bird Census Council & Lynx Edicions, Barcelona.
Märki, H. (2021): Wasser als wichtige Ressource für den Zitronenzeisig *Carduelis citrinella*. Ornithologischer Beobachter 118: 46–57.
Maumary, L., L. Vallotton & P. Knaus (2007): Die Vögel der Schweiz. Schweizerische Vogelwarte Sempach und Nos Oiseaux, Montmollin.
Mey, E. (2012): Ist der Berglaubsänger *Phylloscopus bonelli* in Thüringen seit Anfang des 20. Jahrhunderts nur ein vereinzelt temporärer Brutvogel gewesen? Ornithologischer Anzeiger 51: 165–175.
Probst, R. (2012): Warum brütet der Zitronenzeisig (*Carduelis citrinella*) in Kärnten genau am Dobratsch? Carinthia II 202/122: 493–504.
Rödl, T., B.-U. Rudolph, I. Geiersberger, K. Weixler & A. Görgen (2012): Atlas der Brutvögel in Bayern. Verbreitung 2005 bis 2009. Verlag Eugen Ulmer, Stuttgart.
Stöcklin, J. (2018): Endemismus – von Pflanzen mit beschränktem Areal und ihren Geheimnissen. Bauhinia 27: 1–22.
Wellenstein, G. (1954): Die große Borkenkäferkalamität in Südwest-Deutschland 1944–1951. Ebner, Ulm.
Wüst, W. (1986): Avifauna Bavariae. Band II. Ornithologische Gesellschaft in Bayern, München.
http://datazone.birdlife.org/species/factsheet/citril-finch-carduelis-citrinella
http://datazone.birdlife.org/species/factsheet/eurasian-siskin-spinus-spinus
https://www.infoflora.ch/de/flora.html
https://www.vogelwarte.ch/

Kapitel 3.1

Bairlein, F., J. Dierschke, V. Dierschke, V. Salewski, O. Geiter, K. Hüppop, U. Köppen & W. Fiedler (2014): Atlas des Vogelzugs. Aula-Verlag, Wiebelsheim.

Benkman, C. W. & A. K. Lindholm (1991): The advantages and evolution of a morphological novelty. Nature 349: 519–520.

Edelaar, P (2008): Assortative mating also indicates that Common Crossbill *Loxia curvirostra* vocal types are species. Journal of Avian Biology 39: 9–12.

Glutz von Blotzheim, U. N. & K. M. Bauer (1997): Handbuch der Vögel Mitteleuropas. Bd. 14/II. Aula-Verlag, Wiesbaden.

Konnert, M., D. Schneck & A. Zollner (2014): Blühen und Fruktifizieren unserer Waldbäume in den letzten 60 Jahren. LWF Wissen 74: 37–45.

Massa, B. (1987): Variantions in Mediterranean Crossbills *Loxia curvirostra*. Bulletin of The British Ornithologists' Club 107: 118–128.

Münch, H. (2003): Die Kreuzschnäbel – Gattung *Loxia*. Neue Brehm-Bücherei 634, Westarp Wissenschaften, Hohenwarsleben.

Poppinga, S., N. Nestle, A. Šando, B. Reible, T. Masselter, B. Bruchmann & T. Speck (2017): Hygroscopic motions of fossil conifer cones. Scientific reports 7: 1–4.

Sacher, T. & A. Torkler (2018): Das Auftreten des Kiefernkreuzschnabels *Loxia pytyopsittacus* in Deutschland unter besonderer Berücksichtigung des Einflugs in den Jahren 2013/2014. Seltene Vögel in Deutschland 2016: 34–45.

Schmidt-Vogt, H. (1977): Die Fichte, Band I. Taxonomie. Verbreitung. Morphologie. Ökologie. Waldgesellschaft. Hamburg und Berlin. Verlag Paul Parey, Hamburg.

Schütt, P., H. J. Schuck & B. Stimm (2014): Lexikon der Baum- und Straucharten. Das Standardwerk der Forstbotanik. Nikol-Verlag, Hamburg.

Tyrberg, T. (1991): Crossbill (Genus *Loxia*) evolution in the West Palearctic – a look at the fossil evidence. Ornis Svecica 1: 3–10.

Kapitel 3.2

Aas, G. (2007): Systematik, Verbreitung und Morphologie der Waldkiefer (*Pinus sylvestris*). LWF-Wissen 57: 7–11.

Amt für Waldgenetik (2019): Ernte/Ernteeinschätzung, Merkblatt L 11.

Bäumler, W., M. Postner & F. Ueckermann (1986): Wirbeltiere. In: Schwenke, W. (Hrsg.): Die Forstschädlinge Europas. Ein Handbuch in fünf Bänden. Verlag Paul Parey, Hamburg, Berlin.

Blümel, H. (1983): Der Grünling. Neue Brehm-Bücherei. Ziemsen-Verlag, Wittenberg-Lutherstadt.

Cremer, E., R. Schirmer & M. Luckas (2017): Aspekte zur Genetik und zum Vermehrungsgut der Fichte. LWF-Wissen 80: 20–25.

Frehner, E. & E. Fürst (1992): Vom Samen zur Pflanze – Ein Erfahrungsbericht aus dem Forstgarten. Berichte der Eidgenössischen Forschungsanstalt für Wald, Schnee und Landschaft (WSL) 333.

Grodzinski, W. & K. Sawicka-Kapusta (1970): Energy values of tree-seeds eaten by small mammals. Oikos 21: 52–58.

Konnert, M., D. Schneck & A. Zollner (2014): Blühen und Fruktifizieren unserer Waldbäume in den letzten 60 Jahren. LWF-Wissen 74: 37–45.

Krüger, G. (1982): Der Kernbeißer. Neue Brehm-Bücherei, Ziemsen-Verlag, Wittenberg-Lutherstadt.

König, H. (2006): Der Kleiber – *Sitta europaea* in Nordrhein-Westfalen. LÖBF-Mitteilungen 1: 36–37.

Maunz, J. (1994): Können *Apodemus flavicollis*, *A. sylvaticus* und *Clethrionomys glareolus* eine Buchenmast zur Reproduktion im Winter nutzen? Verhandlungen der Gesellschaft für Ökologie 23: 125–127.

Paar,U., A. Guckland, J. Dammann & M. Albrecht (2011): Häufigkeit und Intensität der Fruktifikation der Buche. AFZ/Der Wald 6: 26–27.

Peglow, H.-G. (1996): Hainbuchennüsschen als Grünlingsnahrung. Ornithologische Mitteilungen 48: 70.

Radermacher, W. (1983): Welche Vogelarten essen Samen der Hainbuche? Ornithologische Mitteilungen 35: 321–322.

Rohmeder, E. (1972): Das Saatgut in der Forstwirtschaft. Verlag Paul Parey, Hamburg – Berlin.

Schäffer, A. (2016): Maurer und Vorratshalter: Kleiber. Der Falke 63: 8–10.

Schmidt, O. (1996): Hainbuche und Vogelwelt. LWF-Wissen 12: 55–57.

Schürmann, A. M.W. (1985): Millionenheere aus dem Norden – Naturereignis Bergfinkenschwärme. Kosmos, Heft 12: 14–19.

Stickroth, H. (2006): Vom Maurer zum Botschafter – Kleiber – Vogel des Jahres 2005. Der Falke 53: 8–14.

Thorn, H.-O. & S. Thorn (2013): Ein Massenschlafplatz von Bergfinken (*Fringilla montifringilla*) bei Haiger-Steinbach, Hessen. Vogel und Umwelt 21: 185–191.

Turcek, F. (1961): Ökologische Beziehungen der Vögel und Gehölze. Slowakische Akademie der Wissenschaften, Bratislava.

Wohlgemuth, T., A. Nussbaumaer, A. Burkart, M. Moritzi, W. Wasem & B. Moser (2016): Muster und treibende Kräfte der Samenproduktion bei Waldbäumen. Schweizerische Zeitschrift für Forstwesen 167: 316–324.

Zang, H. (2003): Wie beeinflussen Fruktifikationen der Rotbuche *Fagus sylvatica* Bestandsdichte und Brutbiologie des Kleibers *Sitta europaea* im Harz? Vogelwelt 124: 193–200.

Zang, H. & P. Kunze (2007): Wie beeinflussen Buchenmast und Strenge des Winters die Populationsdichte des Kleibers *Sitta europaea* im Harz außerhalb der Brutzeit? Vogelwelt 128: 1–10.

Kapitel 3.3

Bossema, I. (1979): Jays and oaks: an eco-ethological study of a symbiosis, E. J. Brill-Verlag, Leiden, 117 S.

Brupbacher, M. (2011): Der gefiederte Förster – der Tannenhäher. Ornis, Heft 2: 16–18.

Creutz, G. (1953): Beeren und Früchte als Vogelnahrung. Beiträge zur Vogelkunde 3: 91–103.

Glutz von Blotzheim, U. N. & K. M. Bauer (1993): Handbuch der Vögel Mitteleuropas. Bd. 13/III. Aula-Verlag, Wiesbaden.

Glutz von Blotzheim, U. N. & K. M. Bauer (1993): Handbuch der Vögel Mitteleuropas, Band 13/II. Aula-Verlag, Wiesbaden.

Guest, J. (2016): Der Landkreis Kronach: ein avifaunistisches Profil von 2007 bis Herbst 2015. Ornithologischer Anzeiger 54: 121–276.

Günther, E. & H. Schütte (2018): Erntezeit im Harz: Tannenhäher und Haselnüsse. Der Falke 11/2018: 28–29.

Hess, A. (1916): Der Tannenhäher in forstwirtschaftlicher Beziehung. Schweizer Zeitschrift Forstwesen 67: 30–34.

Lattke, H. & H. Braun (1987): *Pinus peuce* (Griseb.) – einen erfolgversprechende Alternativbaumart für die Schadgebiete des oberen Erzgebirges. Sozialistische Forstwirtschaft 37: 279–282.

Mattes, H. (1982): Die Lebensgemeinschaft von Tannenhäher, *Nucifraga caryocatactes* (L.), und Arve, *Pinus cembra* (L.), und ihre forstliche Bedeutung in der oberen Gebirgswaldstufe. Eidgenössische Anstalt für das forstliche Versuchswesen, Birmensdorf/Zürich 241.

Närmann, F., C. Küfmann & E. L. Neuschulz (2017): Präferenzen des Tannenhähers *Nucifraga caryocatactes* beim Anlegen von Samenverstecken. Ornithologischer Anzeiger 55: 89–98.

Neuschulz, E. L. (2014): Vorratshaltung beim Tannenhäher: Samenverstecke nutzen dem „gefiederten Förster" mehr als den Bäumen. BiK-Pressemitteilung vom 18.09.2014.

Pechtold, F. (1879): Zur forstlichen Bedeutung des Tannenhähers. Centralblatt für das gesamte Forstwesen 5: 195–197.

Pfeifer, R. (1992): Saisonale und mehrjährige Häufigkeitsschwankungen des Tannenhähers (*Nucifraga c. caryocatactes*). Anzeiger des Verein Thüringer Ornithologen 1: 59–63.

Saemann, D. (2008): Die Zunahme des Tannenhähers *Nucifraga caryocatactes* im Mittleren Erzgebirge und ihre Ursachen – ein Erklärungsversuch. Mitteilungen des Vereins Sächsischer Ornithologen 10: 130–136.

Scheeder, T. (1994): Die Eibe – Hoffnung für ein fast verschwundenes Waldvolk. IHW-Verlag, Eching.

Schmidt, O. (1996): Eibenfrüchte als Vogelnahrung. In: Beiträge zu Eibe. Berichte aus der LWF 10: 31–35.

Schmidt, O. (2006): Was haben Kleiber und Eibe gemeinsam? AFZ/Der Wald 9: 499.

Schmidt, O. (2021): Der Kleiber – Verbreiter von Eiben und Laubbäumen. waldwissen.net vom 16.09.2021.

Snow, B. & D. Snow (1988): Birds and Berries. T. & A. D. Poyser, London.

Stäger, R. (1910): Beitrag zur Verbreitungsbiologie von *Taxus baccata*. Mitteilung der Naturforschenden Gesellschaft Bern 1910: 123–140.

Turcek, F. (1961): Ökologische Beziehungen der Vögel und Gehölze, Verlag der Slowakischen Akademie der Wissenschaften, Bratislava.

Wille, F. (1913): Zur Frage der Verbreitungsbiologie der Eibe (*Taxus baccata*). Schweizerische Zeitung für Forstwesen 64: 384–388.

Kapitel 3.4

Bezzel, E. (2017): Fleischige Früchte als Vogelnahrung – ein Beitrag zur „Gartenökologie". Ökologie der Vögel 35/36: 231–250.

Bonn, S. & P. Poschlod (1998): Ausbreitungsbiologie der Pflanzen Mitteleuropas. Quelle & Meyer Verlag, Wiesbaden.

Burns, K. C. & J. L. Dalen (2002): Foliage color contrasts and adaptive fruit color variation in a bird dispersed plant community. Oikos 96: 463–469.

Dierschke, H. (2005): Laurophyllisation – auch eine Erscheinung im nördlichen Mitteleuropa? Zur aktuellen Ausbreitung von *Hedera helix* in sommergrünen Laubwäldern. Berichte der Reinhold-Tüxen-Gesellschaft 17: 151–168.

Dierschke, V., S. Kobro, J. Dierschke & O. Hüppop (2010): Das Vorkommen des Gimpels *Pyrrhula pyrrhula* auf Helgoland in Abhängigkeit vom Beerenangebot der Eberesche *Sorbus aucuparia* in Skandinavien. Vogelwelt 131: 59–64.

Eriksson, K. & H. Nummi (1983): Alcohol accumulation from ingested berries and alcohol metabolism in passerine birds. Ornis Fennica 60: 2–9.

Ewald, J. (2021): Ausbreitung von *Ilex aquifolium* als Beitrag zur Laurophyllisierung mitteleuropäischer Wälder? LWF-Wissen 85: 19–26.

Fox, A. D., S. Kobro, A. Lehikoinen, P. Lyngs & R. A. Väisänen (2009): Northern Bullfinch *Pyrrhula p. pyrrhula* irruptive behaviour linked to rowanberry *Sorbus aucuparia* abundance. Ornis Fennica 86: 51–60.

Guest, J. (2010): Misteldrossel *Turdus viscivorus* und Tannenmistel *Viscum album abietis*. Ornithologischer Anzeiger 49: 203–206.

Hardy, E. (1969): Mistle Thrushes and Mistletoe berries. Bird Study 16: 191–192.

Nierhaus-Wunderwald, D. & P. Lawrenz (1997): Zur Biologie der Mistel. Eidgenössische Forschungsanstalt für Wald, Schnee und Landschaft, Birmensdorf.

Pfeifer, R. (2017): Vögel und Beeren – Überblick über eine Vogel-Pflanze-Interaktion. Ornithologischer Anzeiger 56: 1–28.

Prinzinger R. & A. Hakimi (1996): Alkoholaufnahme und Alkoholabbau beim Europäischen Star *Sturnus vulgaris*. Journal für Ornithologie 137: 319–327.

Prinzinger, R. & C. Prinzinger (2019): Können Vögel den giftigen Buchsbaumzünsler *Cydalima perspectalis* fressen? Eine kritische Analyse zur Frage, wie Tiere mit natürlichen Giften umgehen. Ornithologischer Anzeiger 58: 105–125.

Rolshausen, G., K. A. Hobson & H. M. Schaefer (2010): Spring arrival along a migratory divide of sympatric blackcaps (*Sylvia atricapilla*). Oecologia 162: 175–183.

Snow, B. & D. Snow (1988): Birds and Berries. A study of an ecological interaction. T&AD Poyser, Calton.
Snow, D. W. (1969): Some vital statistics of British Mistle Thrushes. Bird Study 16: 34–44.
Stetzka, K. M. & A. Roloff (1996): Nützt Klimaerwärmung winter- und immergrünen Gefäßpflanzen? AFZ/Der Wald Heft 4: 210–212.
Stiebel, H. & F. Bairlein (2008a): Frugivorie mitteleuropäischer Vögel I: Nahrung und Nahrungserwerb. Vogelwarte 46: 1–23.
Stiebel, H. & F. Bairlein (2008b): Frugivorie mitteleuropäischer Vögel II: Einfluss des Fruchtangebotes auf die räumliche und zeitliche Habitatnutzung frugivorer Vogelarten. Vogelwarte 46: 81–94.

Kapitel 3.5

Bayerische Landesanstalt für Wald und Forstwirtschaft (2013): Vogelschutz im Wald, Merkblatt Nr. 21.
Bayerische Landesanstalt für Wald und Forstwirtschaft (2018): Mulmhöhlen – für die Artenvielfalt im Wald, Merkblatt Nr. 42.
Bayerische Landesanstalt für Wald und Forstwirtschaft (2019): Biotopbäume und Totholz, Merkblatt Nr. 17.
Becker, P. & Becker, S. F. (2002): Ergebnisse der Dohlen-Erfassung (*Corvus monedula spermologus*) in Hessen 2000, Vogel und Umwelt 13: 3–9.
Dwenger, R. (1989): Die Dohle. Neue Brehm Bücherei 588. Verlag A. Ziemsen, Wittenberg-Lutherstadt.
Franz, C. & S. Mordstein (2001): Baumbrütende Dohlen in Bayerns Wäldern, Ergebnisse einer Umfrage an bay. Forstämtern. Bay. Landesanstalt für Wald und Forstwirtschaft, unveröff.
Hoffmann, M. (1997): Vierjährige Bestandserfassung an waldbrütenden Dohlen *Corvus monedula* im Burgwald (Hessen). Vogel und Umwelt 9: 85–91.
Jedicke, E. (1997): Buchen-Altholzinseln als Naturschutz-Instrument im Wald. Vogel und Umwelt 9: 93–11.
Lauterbach, M. (2012): Des Pastors schwarze Taube. LWF-aktuell 88: 46–48.
Lorenz, K. (1964): Er redete mit dem Vieh, den Vögeln und den Fischen. dtv, 146.
Malkmus, R. (2021): Meister der Schwarm-Intelligenz. Der Spessart, 4/2021: 6–11.
Rudolph, B.-U. (2000): Baumbrütende Dohlen *Corvus mondeula* im Inn-Chiemsee-Hügelland (Südbayern). Ornithologischer Anzeiger 39: 207–215.
Schmidt, K. (1999): In SW-Thüringen realisierte Schutzmaßnahmen für Dohlen *Corvus monedula* und deren Einfluss auf den Brutbestand dieser gefährdeten Vogelart. Anzeiger des Verein Thüringer Ornithologen 3: 213–224.
Schmidt, K. (2005): Baumbrütende Dohlen (*Corvus monedula*) in den Wäldern des Wartburgkreises (SW-Thüringen) Vorkommen, Siedlungsdichte, Lebensweise und Schutzempfehlungen. Semana 20: 15–26.
Stuiber, H.-U. (2001): Dohlen – des Pastors schwarze Tauben. In: Ökologischer Jagdverein (öjv., Hrsg.): Die Rabenvögel im Visier, pp 56–61.

Kapitel 3.6

Glutz von Blotzheim, U. N. (2010): Die Bedeutung der Traubenkirschen-Hafer-Blattlaus *Rhopalosiphum padi* (L., 1758) und der Traubenkirsche *Prunus padus* L., 1753 für Vögel. Anzeiger des Vereins Thüringer Ornithologen 7: 29–48.
Glutz von Blotzheim, U. N. (2019): Jahrweise und regionale Unterschiede im Verzehr von Traubenkirschen-Hafer-Blattläusen *Rhopalosiphum padi* (L., 1758) durch Vögel und deren mögliche Ursachen. Ornithologischer Anzeiger 57: 164–185.
Hacker, H. (1998): Schmetterlinge und Sträucher. In: Bayerischer Forstverein (Hrsg.): Sträucher in Wald und Flur. Ecomed-Verlag, Landsberg, pp 510–521.
Hacker, H. & J. Müller (2006): Die Schmetterlinge der bayerischen Naturwaldreservate. Eine Charakterisierung der süddeutschen Waldlebensraumtypen anhand der Lepidoptera (Insecta). Beiträge zur bayerischen Entomofaunistik, Suppl. 1, Bamberg.
Reichholf, J. H. (1993): Comeback der Biber. Ökologische Überraschungen. C. H. Beck, München.
Reichholf, J. H. (2012): Die „Christos“ aus dem Auwald. LWF aktuell 89: 33–35.
Schaper, F. (1998): Bedeutung der Sträucher für Honigbienen. In: Bayerischer Forstverein (Hrsg.): Sträucher in Wald und Flur. Ecomed-Verlag, Landsberg, pp 522–537.
Schmidt, O. (1998): Vögel und Sträucher. In: Bayerischer Forstverein (Hrsg.): Sträucher in Wald und Flur. Ecomed-Verlag, Landsberg, pp 499–509.
Schmidt, O. (2016): Blütenwunder Traubenkirsche. LWF-aktuell 110: 39–41.
Schütt, P., H. J. Schuck & B. Stimm (1992): Lexikon der Forstbotanik. Ecomed Verlagsgesellschaft, Landsberg.
Schulz, W. (2012): Lockmittel Blattlaus. Vögel 26: 82–83.
Turcek, F. J. (1961): Ökologische Beziehungen der Vögel und Gehölze. Slowakische Akademie der Wissenschaften, Bratislava.

Kapitel 3.7

Barth, F. G. (1982): Biologie einer Begegnung – die Partnerschaft der Insekten und Blumen. Deutsche Verlags-Anstalt, Stuttgart.
Bergmann, H.-H. (2019): Blauelster *Cyanopica (cyanus) cooki* als Blütenbesucher. Ornithologischer Anzeiger 58: 182–184.
Berthold, P., U. Querner & R. Schlenker (1990): Die Mönchsgrasmücke *Sylvia atricapilla*. Neue Brehm Bücherei 306. Ziemsen-Verlag, Wittenberg-Lutherstadt.
da Silva, L. P., J. A. Ramos, J. M. Olesen, A. Traveset & R. H. Heleno (2014): Flower visitation by birds in Europe. Oikos 123: 1377–1383.

Griesohn-Pflieger, T. (1996): Vögel nutzen Blüten als Tankstelle. Der Falke 43: 118–119.

Hunt, S., A. T. D. Bennet, I. C. Cuthill & R. Griffiths (1998): Blue tits are ultraviolet tits. Proceedings of the Royal Sociey London B 265: 451–455.

Kay, Q. O. N. (1985): Nectar from willow catkins as a food source for Blue Tits. Bird Study 32: 40–44.

Prinzinger, R. (1972): Nektar als Nahrung der Mönchsgrasmücke (*Sylvia atricapilla*). Anzeiger der ornithologischen Gesellschaft in Bayern 11: 322.

Schmidt, O. (1999): Vogelwelt und Weiden. LWF-Wissen 24: 21–24.

Schmidt, O. (2015): Zur tierökologischen Bedeutung der Salweide. LWF-aktuell 106: 41–43.

Schuchmann, K.-L. (1993): Lebensräume–Lebensformen Kolibris. Biologie in unserer Zeit 23: 197–206.

Westerkamp, C. (1996): Heimische Blumenvögel. Der Palmengarten 60: 17–24.

Wilkens, H. & U. Strecker (2014): Teneriffa – Blaue Finken –Blütenpracht. Naturalanza-Verlag, Hamburg.

Zucchi, H. (1989): Nektarnutzung durch Blaumeisen. Vogelwelt 110: 236.

Kapitel 3.8

Korner-Nievergelt, F. & B. Leisler (2004): Morphological convergence in conifer-dwelling passerines. Journal of Ornithology 145: 245–255.

Korner-Nievergelt, F. & B. Leisler (2005): Dienen die Zehensohlenballen von Singvögeln der Wärmeisolation oder der Lokomotion? Vogelwarte 43: 261–265.

Leisler, B. & H. Winkler (1991): Ergebnisse und Konzepte ökomorphologischer Untersuchungen an Vögeln. Journal für Ornithologie 132: 372–425.

Leisler, B. & E. Thaler (1982): Differences in morphology and foraging behaviour in the goldcrest *Regulus regulus* and the firecrest *Regulus ignicapillus*. Annales Zoologici Fennici 19: 277–284.

Reichholf, J. H. (2004): Funktion der Zehensohlenballen von Goldhähnchen *Regulus* sp. Ornithologische Mitteilungen 56: 184–187.

Riehm, H. (1970): Ökologie und Verhalten der Schwanzmeise (*Aegithalos caudatus* L.). Zoologische Jahrbücher. Abteilung für Systematik, Geographie und Biologie der Tiere 97: 338–400.

Winkler, H. & B. Leisler (1985): Morphological Aspects of Habitat Selection in Birds. In: Cody, M. L. (ed.): Habitat Selection in Birds. Academic Press Inc., Orlando, Florida.

Winkler, H. & W. J. Bock (1976): Analyse der Kräfteverhältnisse bei Klettervögeln. Journal für Ornithologie 117: 397–418.

Winkler, H. (1988): Verhalten als Mittler zwischen Morphologie und Habitat. In: van den Elzen, R., K.-L. Schuchmann & K. Schmidt-Koenig (Hrsg.): Current Topics in Avian Biology. Proceedings of the International Centennial Meeting of the Deutsche Ornithologen-Gesellschaft, Bonn, pp 345–350.

Kapitel 3.9

Deeming, D. C., M. C. Mainwaring, I. R. Hartley & S. J. Reynolds (2012): Local temperature and not latitude determines the design of Blue Tit and Great Tit nests. Avian Biology Research 5: 203–208.

Frahm, J. P. & W. Frey (2004): Moosflora. Verlag Eugen Ulmer, Stuttgart.

Glime, J. M. (2017): Bird Nests. In: Glime, J. M. Bryophyte Ecology. Volume 2. Bryological Interaction. eBook sponsored by Michigan Technological University and the International Association of Bryologists. Online verfügbar unter http://digitalcommons.mtu.edu/bryophyte-ecology2/

Petit, C., M. Hossaert-McKey, P. Perret, J. Blondel, M. M. Lambrechts (2002): Blue tits use selected plants and olfaction to maintain an aromatic environment for nestlings. Ecology Letters 5: 585–589.

Schulze-Hagen, K. (2010): Muss man heute noch Nester suchen? Plädoyer für ein brutbiologisches Monitoring in Deutschland. Vogelwelt 131: 65–69.

Slagsvold, T. (1989): Experiments on clutch size and nest size in passerine birds. Oecologia 80: 297–302.

Wesołowski, T. & S. Wierzcholska (2018): Tits as bryologists: patterns of bryophyte use in nests of three species cohabiting a primeval forest. Journal of Ornithology 159: 733–745.

Kapitel 4.1

Begon, M., J. L. Harper & C. R. Townsend (1991): Ökologie. Individuen, Populationen und Lebensgemeinschaften. Birkhäuser Verlag, Basel, Boston, Berlin.

Dhont, A. A. (2012): Interspecific Competition in Birds. Oxford University Press, Oxford.

Garcia, E. F. J. (1983): An Experimental Test of Competition for Space between Blackcaps *Sylvia atricapilla* and Garden Warblers *Sylvia borin* in the Breeding Season. Journal of Animal Ecology 52: 795–805.

Grinnell, J. (1917): The niche-relationships of the California thrasher. The Auk 34: 427–433.

Hutchinson, E. G. (1959): Homage to Santa Rosalia, or why are there so many kinds of animals? American Naturalist 93: 145–159.

Kinshofer, G., R. Brandl & R. Pfeifer (2018): Keine Hinweise auf Konkurrenz zwischen Kormoran *Phalacrocorax carbo*, Haubentaucher *Podiceps cristatus* und Gänsesäger *Mergus merganser*. Ornithologischer Anzeiger 56: 132–143.

Krebs, C. J. (1972): Ecology. Harper & Row, New York.

Lack, D. (1971): Ecological isolation in birds. Blackwell Scientific Publications, Oxford and Edinburgh.

Nentwig, W., S. Bacher, C. Beierkuhnlein, R. Brandl & G. Grabherr (2004): Ökologie. Spektrum Akademischer Verlag, Heidelberg, Berlin.

Schoener, T. (1983): Field experiments on interspecific competition. American Naturalist 122: 240–285.

Kapitel 4.2

Bezzel, E. & R. Prinzinger (1990): Ornithologie. Verlag Eugen Ulmer, Stuttgart.

Christen, W. (2018): Veränderung des Brutvogelbestands auf einer ehemaligen Jungwaldfläche im Zeitraum von 35 Jahren. Der Ornithologische Beobachter 115: 35–48.

Diemer, R. (1985): Rauhfußkauz *Aegolius funereus* von Kleiber *Sitta europaea* in Höhle eingemauert. Anzeiger der ornithologischen Gesellschaft in Bayern 24: 85.

Flade, M. & J. Schwarz (2004): Ergebnisse des DDA-Monitoringprogramms, Teil II: Bestandsentwicklung von Waldvögeln in Deutschland 1989–2003. Vogelwelt 125: 177–213.

Gatter, W. & H. Mattes (2018): Vögel und Forstwirtschaft. Eine Dokumentation der Waldvogelwelt im Südwesten Deutschlands. Verlag Regionalkultur, Heidelberg, Ubstadt-Weiher, Neustadt a. d. W., Basel.

Gatter, W. (2007): Populationsentwicklung, Habitatwahl und Arealgrenzen des Halsbandschnäppers *Ficedula albicollis* unter dem Einfluss des Siebenschläfers *Glis glis*. Limicola 21: 3–47.

Glutz von Blotzheim, U. N. & K. M. Bauer (1993): Handbuch der Vögel Mitteleuropas. Bd. 13/I. Aula-Verlag, Wiesbaden.

Günther, E. & M. Hellmann (1995): Die Entwicklung von Höhlen der Buntspechte (*Picoides*) in naturnahen Laubwäldern des nordöstlichen Harzes (Sachsen-Anhalt). Ornithologische Jahresberichte des Museum Heineanum 13: 27–52.

Kanold, A., N. Rohrmann & J. Müller (2008): Einflussfaktoren auf das Baumhöhlenangebot und dessen Auswirkungen auf die Arten und Dichten von Höhlenbrütern in Bergwäldern. Ornithologischer Anzeiger 47: 116–129.

Löhrl, H. (1999): Nistökologische und ethologische Anpassungserscheinungen bei Höhlenbrütern. Die Vogelwarte 29: 92–101.

Mattes, H. & W. Gatter (2011): Beeinflusst der Star *Sturnus vulgaris* über Höhlenkonkurrenz die Häufigkeit von Spechten *Dendrocopos* sp.? Der Ornithologische Beobachter 108: 1–9.

Maziarz, M., T. Wesołowski, G. Hebda & M. Cholewa (2015): Natural nest-sites of Great Tits (*Parus major*) in a primeval temperate forest (Białowieża National Park, Poland). Journal of Ornithology 156: 613–623.

Moning, C., C. König & J. Müller (2011): Habitatwahl des Zwergschnäppers *Ficedula parva* am Westrand seiner Verbreitung am Beispiel des Bayerischen Waldes. Ornithologischer Anzeiger 50: 69–81.

Müller, J. (2005): Waldstrukturen als Steuergröße für Artengemeinschaften in kollinen bis submontanen Buchenwäldern. Dissertation an der Technischen Universität München, online verfügbar unter: https://mediatum.ub.tum.de/doc/603650/file.pdf

Samplonius, J. & C. Both (2019): Climate change may affect fatal competition between two bird species. Current Biology 29: 327–331.

Schauer, B., H. Feldhaar, A. Kanold & E. Obermaier (2018): Mulmhöhlen – für die Artenvielfalt im Wald. Merkblatt der Bayerischen Landesanstalt für Wald und Forstwirtschaft Nr. 42, Freising.

Sixl, W. (1969): Studien an Baumhöhlen in der Steiermark. Mitteilungen des naturwissenschaftlichen Vereins Steiermark 99: 130–142.

Smith, K. W. (2005): Has the reduction in nest-site competition from Starlings *Sturnus vulgaris* been a factor in the recent increase of Great Spotted Woodpecker *Dendrocopos major* numbers in Britain? Bird Study 52: 307–313.

Walankiewicz, W. (2002): Breeding losses in the Collared Flycatcher *Ficedula albicollis* caused by nest predators in the Białowieża National Park (Poland). Acta Ornithologica 37: 21–26.

Weggler, M. & B. Aschwanden (1999): Angebot und Besetzung natürlicher Nisthöhlen in einem Buchenmischwald. Der Ornithologische Beobachter 96: 83–94.

Wesołowski, T. & L. Tomiałojc (1995): Ornithologische Untersuchungen im Urwald von Białowieża – eine Übersicht. Der Ornithologische Beobachter 92: 111–146.

Wesołowski, T. (2002): Anti-predator adaptations in nesting Marsh Tits *Parus palustris*: the role of nest-site security. Ibis 144: 593–601.

Zahner, V. & N. Wimmer (2021): Spechte & Co. Sympathische Hüter heimischer Wälder. Aula-Verlag, Wiebelsheim.

Kapitel 4.3

Glutz von Blotzheim, U. N. & K. M. Bauer (1993): Handbuch der Vögel Mitteleuropas. Bd. 13/I. Aula-Verlag, Wiesbaden.

Keller, V., S. Herrando, P. Voříšek, M. Franch, M. Kipson, P. Milanesi, D. Martí, M. Anton, A. Klvaňová, M. V. Kalyakin, H.-G. Bauer & R. P. B. Foppen (2020). European Breeding Bird Atlas 2: Distribution, Abundance and Change. European Bird Census Council & Lynx Edicions, Barcelona.

Král, M., T. Järvi & V. Bičík (1988): Inter-specific aggression between the collared flycatcher and the pied flycatcher: the selective agent for the evolution of light-coloured male pied flycatcher populations? Ornis Scandinavica 19: 287–289.

Löhrl, H. (1965): Zwei regional und ökologisch getrennte Formen des Trauerschnäppers (*Ficedula hypoleuca*) in Südwestdeutschland. Bonner zoologische Beiträge 16: 268–283.

Mey, E. (2003): Johann Matthäus Bechstein (1757–1822): ‚Vater der deutschen Vogelkunde'? Rudolstädter naturhistorische Schriften 11: 63–100.

Røskaft, E. & T. Järvi (1992): Interspecific competition and the evolution of plumage-colour variation in three closely related old world flycatchers *Ficedula* spp. Journal of Zoology 228: 521–532.

Sæther, S. A., G-P. Sætre, T. Borge, C. Wiley, N. Svedin, G. Andersson, T. Veen, J. Haavie, M. R. Servedio, S. Bureš, M. Král, M. B. Hjernquist, L.

Gustafsson, J. Träff & A. Qvarnström (2007): Sex Chromosome-Linked Species Recognition and Evolution of Reproductive Isolation in Flycatchers. Science 318: 95–97.

Sætre, G. P., M. Král & V. Bicik (1993): Experimental evidence for interspecific female mimicry in sympatric *Ficedula* flycatchers. Evolution 47: 939–945.

Kapitel 4.4

Becker, P. H. (1976): Artkennzeichnende Gesangsmerkmale bei Winter- und Sommergoldhähnchen (*Regulus regulus, R. ignicapillus*). Zeitschrift für Tierpsychologie 42:411–437.

Bergmann, H.-H., H.-W. Helb & S. Baumann (2008): Die Stimmen der Vögel Europas. Aula-Verlag, Wiebelsheim.

Gatter, W. (2016): Waldzunahme in Südeuropa ermöglichte die Besiedlung Mitteleuropas durch das Sommergoldhähnchen *Regulus ignicapillus*. Vogelwelt 136: 241–252.

Gedeon, K., C. Grüneberg, A. Mitschke, C. Sudfeldt, W. Eikhorst, S. Fischer, M. Flade, S. Frick, I. Geiersberger, B. Koop, M. Kramer, T. Krüger, N. Roth, T. Ryslavy, S. Stübing, S. R. Sudmann, R. Steffens, F. Vökler & K. Witt (2014): Atlas Deutscher Brutvogelarten. Stiftung Vogelmonitoring Deutschland und Dachverband Deutscher Avifaunisten, Münster.

Gossner, M. & H. Utschick (2004): Douglas fir stands deprive wintering bird species of food resource. In: Kühn, I. & S. Klotz (eds.) 2004: Biological Invasions: Challenges for Science. NEOBIOTA 3: 105–122.

Klemmt, H. J., W. Falk, B. Reger, C. Straub, R. Seitz & W. Stöger (2017): Die Fichte – aktuelle Vorkommen in Bayern und standörtliche Anbaueignung im Klimawandel. LWF Wissen 80: 26–34.

Kölling, C. (2007): Klimahüllen für 27 Waldbaumarten. AFZ – Der Wald 23: 1242–1245.

Kralj, J., J. Flousek, M. Huzak, D. Cikovic & Z. Dolenec (2013): Factors affecting the goldcrest/firecrest abundance ratio in their area of sympatry. Annales zoologici Fennici 50: 333–346.

Martens, J. & M. Päckert (2006): Family Regulidae (Kinglets and Firecrests). In: del Hoyo, J., A. Elliott & D. Christie (eds.): Handbook of the Birds oft the World. Lynx Edicions, Barcelona, pp 330–345.

Päckert, M., C. Dietzen, J. Martens, M. Wink & L. Kvist (2006): Radiation of Atlantic goldcrests *Regulus regulus* spp.: evidence of a new taxon from the Canary Islands. Journal of Avian Biology 37: 364–380.

Thaler, E. (1976): Nest und Nestbau von Winter- und Sommergoldhähnchen (*Regulus regulus* und *R. ignicapillus*). Journal für Ornithologie 117: 121–144.

Thaler, E. (1979): Das Aktionssystem von Winter- und Sommergoldhähnchen (*Regulus regulus, R. ignicapillus*) und deren ethologische Differenzierung. Bonner zoologische Monographien 12: 1–151.

Thaler, E. (1990): Die Goldhähnchen. Neue Brehm-Bücherei, Verlag Ziemsen, Wittenberg-Lutherstadt.

Wember, V. (2007): Die Namen der Vögel Europas. Aula-Verlag, Wiebelsheim.

Kapitel 4.5

Bezzel, E. & R. Prinzinger (1990): Ornithologie. Verlag E. Ulmer, Stuttgart.

Ernst, S. (1998): Die Birkenzeisige. Verlag der Buchhandlung Klingenthal.

Gibb, J. (1957): Food Requirements and other Observations on Captive Tits. Bird Study 4: 207–215.

Glutz von Blotzheim, U. N. & K. M. Bauer (1993): Handbuch der Vögel Mitteleuropas. Bd. 13, Aula-Verlag, Wiesbaden.

Healy, S. D. & J. R. Krebs (1996): Food storing and the hippocampus in Paridae. Brain, Behaviour and Evolution 47: 195–199.

Healy, S. D., S. R. de Kort & N. S. Clayton (2005): The hippocampus, spatial memory and food hoarding: a puzzle revisited. Trends in Ecology and Evolution 20: 17–22.

Heinrich, B. (1992): Die Seele der Raben. List Verlag, München, Leipzig.

Hudde, H. & P. Isenmann (199): *Parus caeruleus* – Blaumeise. In: Glutz von Blotzheim, U. N. & K. M. Bauer (eds.): Handbuch der Vögel Mitteleuropas. Aula-Verlag, Wiesbaden, pp 579–662.

Löhrl, H. (1955): Schlafgewohnheiten der Baumläufer (*Certhia brachydactyla, C. familiaris*) und anderer Kleinvögel in kalten Winternächten. Die Vogelwarte 18: 71–77.

Lucas Fäth, unveröffentlichte Messungen im Studentenwald Bayreuth im Winter 2020/21.

MacDougall-Shackleton, S. A., D. F. Sherry, A. P. Clark, R. Pinkus & A. M. Hernandez (2003): Photoperiodic regulation of food storing and hippocampus volume in black-capped chickadees, *Poecile atricapillus*. Animal Behaviour 65: 805–812.

Otter, K. (2007): Ecology and Behaviour of Chicadees and Titmice – an integrated approach. Oxford University Press, Oxford, New York.

Pasquier, R. R. (2019): Birds in Winter. Surviving the most challenging season. Princeton University Press, Princeton und Oxford.

Pernau, F. A. v. (1720): Angenehme Land-Lust, deren man in Städten und auf dem Lande, ohne sonderbare Kosten, unschuldig geniessen kan, Oder von Unterschied, Fang, Einstellung und Abrichtung der Vögel: Samt deutlicher Erleuterung derer gegen den Zeit-Vertrieb geschehenen Einwendungen, auch nöthigen Anmerckungen über Hervieux von Canarien-Vögeln, und Aitinger vom Vogelstellen. Deme beygefüget Joseph Mitelli Jagd-Lust. Alles mit schönen Kupfern gezieret. Monath, Franckfurt - Leipzig.

Pravosudov, V. V. & N. S. Clayton (2002): A Test of the Adaptive Specialization Hypothesis: Population Differences in Caching, Memory, and the Hippocampus in Black-Capped Chickadees (*Poecile atricapilla*). Behavioral Neuroscience 116: 515–522.

Reinertsen, R. E. (1983): Nocturnal hypothermia and its energetic significance for small birds living in the Arctic and subarctic regions. A review. Polar Research 1: 269–284.

Reinertsen, R. E., S. Haftorn & E. Thaler (1988): Is hypothermia necessary for the winter survival of the Goldcrest *Regulus regulus*? Journal für Ornithologie 129: 433–437.

Riehm, H.(1970): Okologie und Verhalten der Schwanzmeise (*Aegithalos caudatus*). Zool. Jahrb. Syst. 97: 338–400.

Scherzinger, W. (1985): Die Vogelwelt der Urwaldgebiete im Inneren Bayerischen Wald. Schriftenreihe des Bayerischen Staatsministeriums für Ernährung, Landwirtschaft und Forsten, Heft 12.

Sherry, D. F. (1989): Food storing in the Paridae. Wilson Bulletin 101: 289–304.

Spencer, R. (1982): Birds in winter – an outline. Bird Study 29: 169–182.

Thaler-Kottek, E. (1990): Die Goldhähnchen. Neue Brehm-Bücherei 597, Ziemsen-Verlag, Wittenberg-Lutherstadt.

Kapitel 4.6

Bairlein, F., J. Dierschke, V. Dierschke, V. Salewski, O. Geiter, K. Hüppop, U. Köppen & W. Fiedler (2014): Atlas des Vogelzugs. Aula-Verlag, Wiebelsheim.

Bäumler, W., M. Postner & F. Ueckermann (1986): Wirbeltiere. In: Schwenke, W. (Hrsg.): Die Forstschädlinge Europas. Ein Handbuch in fünf Bänden. Verlag Paul Parey, Hamburg, Berlin.

Bayerisches Amt für Waldgenetik, Teisendorf, Merkblatt L11, August 2019.

Beauchamp, G. (1999): The evolution of communal roosting in birds: origin and secondary losses. Behavioral Ecology 10: 675–687.

Berg-Schlosser, G. (1978): Schneepaddeln, eine Verhaltensweise des Bergfinken (*Fringilla montifringilla*) bei winterlichem Nahrungserwerb. Journal für Ornithologie 119: 111–113.

Glutz von Blotzheim, U. N. & K. M. Bauer (1997): Handbuch der Vögel Mitteleuropas. Bd. 14. Aula-Verlag, Wiesbaden.

Hamilton, W. D. (1971): Geometry of the selfish herd. Journal of Theoretical Biology 31: 295–311.

Hölzinger, J. & R. Prinzinger (1995): Zur Winternahrung beim Bergfinken *Fringilla montifringilla*. Ökologie der Vögel 17: 221–225.

Jenni, L. & F. Neuschulz (1985): Die Masseneinflüge von Bergfinken *Fringilla montifringilla* 1977/78 und 1982/83 in der Schweiz: Abhängigkeit von der Schneedecke und vom Nahrungsangebot. Der Ornithologische Beobachter 82: 85–106.

Jenni, L. (1991): Microclimate of roost sites selected by wintering Bramblings *Fringilla montifringilla*. Ornis Scandinavica 22: 327–334.

Keller, V., S. Herrando, P. Voříšek, M. Franch, M. Kipson, P. Milanesi, D. Martí, M. Anton, A. Klvaňová, M. V. Kalyakin, H.-G. Bauer & R. P. B. Foppen (2020). European Breeding Bird Atlas 2: Distribution, Abundance and Change. European Bird Census Council & Lynx Edicions, Barcelona.

Khil, L., O. Samwald & M. Tiefenbach (2009): Wintergäste aus dem Norden: Millionen Bergfinken am Schlafplatz. Der Falke 56: 139–143.

Khil, L., O. Samwald, A. Tiefenbach, M. Tiefenbach & H. Pacher (2011): Der Massenschlafplatz von Bergfinken *Fringilla montifringilla* in Österreich im Winter 2008/2009. Limicola 25: 81–100.

Pfeifer, R. & R. Brandl (1990): Ein Massenschlafplatz des Stars *Sturnus vulgaris* in Bayreuth. Anzeiger der ornithologischen Gesellschaft in Bayern 29: 155–160.

Thorn, H.-O. & S. Thorn (2015): Ein Massenschlafplatz von Bergfinken (*Fringilla montifringilla*) bei Haiger-Steinbach, Hessen. Vogel und Umwelt 21: 185–191.

Ward, P. & A. Zahavi (1973): The importance of certain assemblages of birds as "information-centres" for food-finding. Ibis 115: 515–534.

Kapitel 4.7

Pampus, M. (2003): Sozialstruktur futtersuchender Meisenschwärme. Dissertation an der Johann Wolfgang von Goethe Universität, Frankfurt am Main.

Sontag, W. A. (2016): Gefiederte Lebenswelten. Das endlose Band der Ornithologie. Media Natur Verlag, Minden.

Stresemann, E. (1917): Über gemischte Vogelschwärme. Verhandlungen der ornithologischen Gesellschaft Bayern 13: 127–151.

Szekely, T., T. Szep & T. Juhasz (1989): Mixed species flocking of tits (*Parus* spp.): a field experiment. Oecologia 78: 490–495.

Thiollay, J. M. (1999): Frequency of mixed bird flocking in tropical forest birds and correlates of predation risk: an intertropical comparison. Journal of Avian Biology 30: 282–294.

Kapitel 5.1

Feulner, J. (1991): Der Kolkrabe *Corvus corax* brütet im Frankenwald. Ornithologischer Anzeiger 30: 86–87.

Gerlach, B., R. Dröschmeister, T. Langgemach, K. Borkenhagen, M. Busch, M. Hauswirth, T. Heinicke, J. Kamp, J. Karthäuser, C. König, N. Markones, N. Prior, S. Trautmann, J. Wahl & C. Sudfeldt (2019): Vögel in Deutschland – Übersichten zur Bestandssituation. DDA, BfN, LAG VSW, Münster.

Glandt, D. (2015): Kolkrabe und Co. Aula-Verlag, Wiebelsheim.

Grimm, H. (1998): Die aktuelle Bestandssituation des Kolkraben *Corvus corax* in Thüringen. Anzeiger des Verein Thüringer Ornithologen 2: 117–128.

Kamp, J., C. Frank, S. Trautmann, M. Busch, R. Dröschmeister, M. Flade, B. Gerlach, J. Karthäuser, F. Kunz, A. Mitschke, J. Schwarz & C. Sudfeldt (2021): Population trends of common breeding birds in Germany 1990–2018. Journal of Ornithology 162: 1–15.

Knaus, P. & N. Strebel (2022): Bestand und Biomasse von Brutvögeln und Nutzgeflügel in der Schweiz. Ornithologischer Beobachter 119: 74–79.

Müller, T. & S. Rösner (2000): Der Kolkrabe (*Corvus corax*) in Hessen – Wiederbesiedlung und Bestandsentwicklung.Vogel und Umwelt 11: 3–11.

Wahl, J., M. Busch, R. Dröschmeister, C. König, K. Koffijberg, T. Langgemach, C. Sudfeldt & S. Trautmann (2020): Vögel in Deutschland – Erfassung von Brutvögeln. DDA, BfN, LAG VSW, Münster.

Kapitel 5.2

Begehold, H. & H. Schumacher (2017): Einfluss unterschiedlicher Bewirtschaftung und unterschiedlicher Dauer von Nutzungsruhe auf die Brutvogelgemeinschaft von Buchenwäldern in Nordostdeutschland. Vogelwelt 137: 227–235.

Flade, M. & J. Schwarz (2004): Ergebnisse des DDA-Monitoringprogramms, Teil II: Bestandsentwicklung von Waldvögeln in Deutschland 1989 – 2003. Vogelwelt 125: 177–213.

Gatter, W. (2000): Vogelzug und Vogelbestände in Mitteleuropa. 30 Jahre Beobachtung des Tageszugs am Randecker Maar. Aula-Verlag, Wiesbaden.

Grendelmeier, A., G. Pasinelli, P. Mollet, K. Feller, R. Graf, M. Lanz, N. Strebel, T. Sattler & P. Knaus (2020): Entwicklung der Brutvögel im Schweizer Wald: Gewinner und Verlierer. Forum für Wissen WSL Berichte, Heft 100: 89–97.

Grendelmeier, A., R. Arlettaz & G. Pasinelli (2018): Numerical response of mammalian carnivores to rodents affects bird reproduction in temperate forests: A case of apparent competition? Ecology and Evolution 8: 11596–11608.

Hillig, F. (2009): Der Bestandsrückgang des Waldlaubsängers – Bleibt er noch oder geht er schon? Der Falke 56: 60–63.

Lauterbach, M. (2012): Im Wald des Halsbandschnäppers. Der Falke 59, Sonderheft: 34–38.

Lippek, W. (2009): Zur Brutbiologie und Ortstreue des Waldlaubsängers *Phylloscopus sibilatrix* in Westfalen-Lippe. Vogelwelt 130: 165–174.

Pasinelli, G., A. Grendelmeier, M. Gerber & R. Arlettaz (2016): Rodent-avoidance, topography and forest structure shape territory selection of a forest bird. BMC Ecology 16: 24.

Pasinelli, G., K. Feller & A. Grendelmeier (2017): Kann der Waldlaubsänger durch gezielte forstliche Massnahmen gefördert werden? Schweizerische Zeitschrift für Forstwesen 168: 49–51.

Reinhardt, A. & H.-G. Bauer (2009): Analyse des starken Bestandsrückgangs beim Waldlaubsänger *Phylloscopus sibilatrix* im Bodenseegebiet. Vogelwarte 47: 23–39.

Scheibler, D. (2015): Nitrogen Deposition and Forest Clearings in Wood Warbler Habitats in Switzerland, Master Thesis.

Kapitel 5.3

Both, C., R. Bijlsma & M.E. Visser (2005): Climatic effects on timing of spring migration and breeding in a long-distance migrant, the pied flycatcher *Ficedula hypoleuca*. Journal of Avian Biology 36: 368–373.

Burger, C., E. Belskii, T. Eeva, T. Laaksonen, M. Mägi … & C. Both (2012): Climate change, breeding date and nestling diet: how temperature differentially affects seasonal changes in pied flycatcher diet depending on habitat variation. Journal of Animal Ecology 81: 926–936.

Chmielewski, F.-M., K. Blümel, C. Scherbaum-Heberer, B. Koppmann-Rumpf & K.-H. Schmidt (2013): A model approach to project the start of egg laying of Great Tit (*Parus major* L.) in response to climate change. International Journal of Biometeorology 57: 287–297.

Coppack, T. & F. Pulido (2004): Photoperiodic response and the adaptability of avian life cycles to environmental change. Advances in Ecological Research 35: 131–150.

Fitter A.H. & R.S.R. Fitter (2002): Rapid Changes in Flowering Time in British Plants. Science 296: 1689–1691.

Fu, Y.H., H. Zhao, S. Piao, M. Peaucelle, S. Peng, G. Zhou … & I.A. Janssens (2015): Declining global warming effects on the phenology of spring leaf unfolding. Nature 526 (7571): 104–107.

Grossmann, D. (2004): Wenn der Frühling zu früh kommt. Spektrum der Wissenschaft Heft 4: 56–61.

Laaksonen, T., M. Ahola, T. Eeva, A. Väisänen & R. Lehikoinen (2006): Climate change, migratory connctivity and changes in laying date and clutch size of the pied flycatcher. Oikos 114: 277–290.

Menzel, A. (2006): Zeitliche Verschiebungen von Austrieb, Blüte, Fruchtreife und Blattverfärbung im Zuge der rezenten Klimaerwärmung. Forum für Wissen 2006: 47–53.

Visser, M.E., C. Both & M.M. Lambrechts (2004): Global climate change leads to mistimed avian reproduction. Advances in Ecological Research 35: 89–110.

Visser, M.E., L.J.M. Holleman & P. Gienapp (2006): Shifts in caterpillar biomass phenology due to climate change and its impact on the breeding biology of an insectivorous bird. Oecologia 147: 164–172.

Kapitel 5.4

Avery, M. & R. Leslie (1990): Birds and forestry. T. & A.D. Poyser, London.

Fuller, R.J. (1995): Bird life of woodland and forest. Cambridge University Press, Cambridge.

Gatter, W. & H. Mattes (2018): Vögel und Forstwirtschaft. Eine Dokumantation der Waldvogelwelt im Südwesten Deutschlands. LUBW, Landesanstalt für Umwelt Baden-Württemberg und Forstliche Versuchs- und Forschungsanstalt Baden-Württemberg, Naturschutz – Spectrum – Themen 101, Karlsruhe.

Kunz, W. (2017): Artenschutz durch Habitatmanagement. Der Mythos von der unberührten Natur. Wiley-VCH Verlag, Weinheim.

Remmert, H. (Hrsg. 1991): The Mosaic Cycle Conzept of Ecosystems. Springer Verlag, Berlin, Heidelberg, New York.

Scherzinger, W. (1996): Naturschutz im Wald. Qualitätsziele einer dynamischen Waldentwicklung. Ulmer-Verlag, Stuttgart.

Kapitel 5.5

Flade, M. (1998): Neue Prioritäten im deutschen Vogelschutz: Kleiber oder Wiedehopf? Der Falke 45: 348–355.

Flade, M. (2000): Verantwortung des Artenschutzes in Europa. In: Großtiere als Landschaftsgestalter. LWF Wissen 27, 118 S.

Hohlfeld, F. (1997): Bedeutung der Eichen für höhlenbrütende Vogelarten. AFZ/Der Wald 2: 92–93.

Kölling, C., H. Walentowski & H. Borchert (2005): Die Buche in Mitteleuropa. AFZ/Der Wald 13: 696–701.

Lauterbach, M. (2009): Vögel als Indikatoren für die Nachhaltigkeit. LWF aktuell 69: 36–39.

Rabinowitz, D. (1981): Seven forms of rarity. In: Synge, H. (ed): The Biological Aspects of Rare Plant Conservation, John Wiley & Sons Ltd., New Jersey, pp 205–217.

Scherzinger, W. (1983): Bedeutung des Waldes für den Vogelschutz. Vogelschutz, Heft 1: 28–32.

Sperber, G. (2009): Die Buchenwälder des Steigerwaldes und ihre artenreiche Vogelwelt – Geplanter Nationalpark in Nordbayern. Der Falke 56: 432–437.

https://www.thebeijinger.com/blog/2019/01/10/rockin-robin-beijingers-flock-spot-rare-bird

Kapitel 5.6

Bieberich, J., M. Lauerer & G. Aas (2016): Acorns of introduced *Quercus rubra* are neglected by European Jay but spread by mice. Annals of Forest Research 59: 249–258.

Burzer, L. (2020): *Juglans regia* auf dem Weg zur spontanen Etablierung – Verbreitung und steuernde Faktoren in einem Laubwald des Steigerwaldes. Bachelorarbeit, Universität Bayreuth.

Dewitz, W. von (2011): Brutvögel retten die Platanenallee im Brühler Schlosspark. Charadrius 547: 54–59.

Glutz von Blotzheim, U. N. (2019): Jahrweise und regionale Unterschiede im Verzehr von Traubenkirschen-Hafer-Blattläusen *Rhopalosiphum padi* (L., 1758) durch Vögel und deren mögliche Ursachen. Ornithologischer Anzeiger 57: 164–185.

Gossner, M. & H. Utschick (2004): Douglas fir stands deprive wintering bird species of food resource. In: Kühn, I. & S. Klotz (eds., 2004): Biological Invasions: Challenges for Science. Neobiota 3: 105–122.

Günther, E. & H. Schütte (2018): Erntezeit im Harz: Tannenhäher und Haselnüsse. Der Falke 65: 28–29.

Hecker, U. (1981): Windverbreitung bei Gehölzen. Mitteilungen der Deutschen Dendrologischen Gesellschaft 72: 73–92.

Illies, I. (2020): Robinie – Nahrungsquelle für Bienen und andere Blütenbesucher. LWF-Wissen 84: 47–50.

Kaiser, T. & J. Purps (1991): Der Anbau fremdländischer Baumarten aus der Sicht des Naturschutzes – diskutiert am Beispiel der Douglasie. Forst und Holz 46: 304–305.

Klose, C. (2008): Zur Wertschätzung ausländischer Baumarten in den Wäldern Deutschlands. Mitteilungen der Deutschen Dendrologischen Gesellschaft: 93: 23–36.

Kolb, H. (1996): Fortpflanzungsbiologie der Kohlmeise *Parus major* auf kleinen Flächen: Vergleich zwischen einheimischen und exotischen Baumbeständen. Journal für Ornithologie 137: 229–242.

Kolbe, W. (1995): Käfer in Forsten mit Fremdländer-Anbau und heimische Baumarten. Forst und Holz 50: 214–217.

Kowarik, I. (2010): Biologische Invasionen: Neophyten und Neozoen in Mitteleuropa. Ulmer, Stuttgart.

Kutscher, S. (2018): Ausbreitung der Edelkastanie durch Eichelhäher. LWF-Wissen 81: 62–63.

Lattke, H.& H. Braun (1987): *Pinus peuce* (Griseb) – eine erfolgversprechende Alternativbaumart für die Schadgebiete des oberen Erzgebirges. Sozialistische Forstwirtschaft: 279–282.

Mei-Yu, C. & U. Buchsbaum (2014): Die Blaumeise (*Cyanistes caeruleus* (LINNAEUS, 1758)) als „natürlicher Feind" der Kastanienminiermotte *Cameraria ohridella* DESCHKA & DIMIC, 1986. Nachrichtenblatt der Bayerischen Entomologen 63: 97–98.

Mösch, S., Q. Schorp, E. J. Eilers, C. Lehmus & M. Hommes (2017): Singvögel als Prädatoren der Kastanienminiermotte. Jahrbuch der Baumpflege 27: 333–339.

Müller, J. (2016): Brutvögel in Douglasien- und Weißtannenbeständen Südwestdeutschlands – Vergleich einer fremdländischen mit einer heimischen Baumart. Vogelwelt 136: 43–52.

Müller, J. & S. Stollenmaier (1994): Auswirkungen des Douglasienanbaus auf die Vogelwelt. AFZ/Der Wald 49: 237–239.

Neiber, M. T. (2010): Die Ilex-Minierfliege im Stadtgebiet von Hannover. Beobachtungen und Mortalität der Ilex-Minierfliege *Phytomyza ilicis* CURTIS 1846 (Diptera, Agromyzidae). Naturhistorica, Berichte der Naturhistorischen Gesellschaft Hannover 152: 29–44.

Pühringer, N. (2014): Beobachtungen zur Nutzung von Samen der Ahornblättrigen Platane (*Platanus x hispanica*) durch Stieglitz (*Carduelis carduelis*) und Grünling (*Carduelis chloris*). Naturschutz aktuell 22: 75–80.

Rößner, H. (2021): Beobachtungen von Tannenhäher an Baumhasel und Zirbe in Kempten, mdl. Mittlg.

Sachslehner, L. M. (1998): Zur Bedeutung von Platanen (*Platanus x hispanica* M.) als Nahrungsressource für Stieglitze (*Carduelis carduelis* L.) in Wien, Egretta 41: 90–101.

Saemann, D. (2008): Zur Zunahme des Tannenhähers *Nucifraga caryocatactes* im Mittleren Erzgebirge und ihre Ursachen – ein Erklärungsversuch. Mitteilungen des Vereins sächsischer Ornithologen 10: 131–137.

Schäffer, A. (2020): Interview mit Dr. Christian Kölling – Verlust der Wohlfühlzone-Klimawandel erfordert Waldumbau. Vogelschutz, Heft 1: 16–17.

Schmidt, O. (1999): Die Schwarzkiefer in Unterfranken. LWF-aktuell 20: 17–19.

Schmidt, O. (2019): Nichtheimische Baumarten zwischen Naturschutz und Forstwirtschaft. LWF-aktuell 12: 28–31.

Schmidt, O. (2019): Wichtige neozoische Insektenarten an der Ahornblättrigen Platane (*Platanus x hispanica*). Jahrbuch der Baumpflege 23: 303–307.

Schmidt, O. (2020): Biotische Schäden an Baumhasel (*Corylus colurna*) – eine aktuelle Einschätzung. Jahrbuch der Baumpflege 24: 356–360.

Schmidt, O. (2020): Biotische Schaderreger an Robinie. LWF-Wissen 84: 35–39.

Schmidt, O. (2020): Ökologisch betrachtet: Nicht-heimische Baumarten. In: Neozoen, Sonderheft „Der Falke", Aula-Verlag, Wiebelsheim.

Schmidt, O. (2020): Tierische Schädlinge an der Edelkastanie (*Castanea sativa*). Jahrbuch der Baumpflege 24: 351–355.

Schmidt, O. (2021): Artenvielfalt auf Wald- und Parkbäumen, Stadtbaumarten im Klimawandel. Veitshöchheimer Berichte Nr. 190: 151–160.

Segatz, E. (2013): Untersuchungen zum Beitrag der Edelkastanie zur Biodiversität. AFZ-Der Wald 16: 6–9.

Snow, B. & D. Snow (1988): Birds and Berries. A study of an ecological interaction. T. & A. D. Poyser, Calton.

Turcek, F. (1961): Ökologische Beziehungen der Vögel und Gehölze. Slowakische Akademie der Wissenschaften, Bratislava.

Winter, K. (2001): Zur Arthropodenfauna in niedersächsischen Douglasienforsten. Forst und Holz. 56: 355–362.

Wohlgemuth, T., M. Gossner & A. Rigling (2021): Chancen und Risiken der Douglasie im Waldbau. Schweizerische Zeitschrift für Forstwesen 172: 62–65.

Zegula, T., J. Kranz, C. Arnold & A.Buchheim (2002): Die Rosskastanien-Miniermotte *Cameraria ohridella* (DESCHKA & DIMIC) als potenzielle Nahrungsquelle für heimische Singvögel. Charadrius 38: 232–238.

Kapitel 5.7

Anger, F. & M. I. Förschler (2020): Starker Anstieg der Siedlungsdichte und Veränderungen in der Artenzusammensetzung in der Avifauna bei zwei aus der Nutzung genommenen Wäldern im Nordschwarzwald. Vogelwarte 58: 273–283.

Blaschke, M. & S. Hanusch (2016): Naturwaldreservate als Basis für ökologische Waldvogelforschungen. Ornithologischer Anzeiger 55: 23–41.

Hohlfeld, F. (1997): Bedeutung der Eichen für höhlenbrütende Vogelarten. AFZ/Der Wald 52: 92–93.

Lauterbach, M.& H. Walentowski (2006): Vogelschutz im Wald. Merkblatt Bayerische Landesanstalt für Wald und Forstwirtschaft.

Lauterbach, M. (2009): Vögel als Indikatoren für die Nachhaltigkeit. LWF-aktuell 69: 36–39.

Scherzinger, W. (1983): Wenn ich ein Vöglein wär … Nationalpark 40: 6–10.

Scherzinger, W. (1983): Bedeutung des Waldes für den Vogelschutz. Vogelschutz, Heft 1: 28–32.

Schmidt, O. (1992): Ornithologischer Artenschutz im Forst. Forst und Holz 47: 144–149.

Schmidt, O., V. Zahner & P. Pröbstle (1997): Empfehlungen für den Vogelschutz im Bayerischen Staatswald. Bayerische Landesanstalt für Wald und Forstwirtschaft, Freising.

Sperber, G. (1983): Gesunde Wälder – alle Vögel sind noch da! Nationalpark 40: 4–5.

Sperber, G. (2009): Die Buchenwälder des Steigerwaldes und ihre artenreiche Vogelwelt. Der Falke 56: 432–437.

Kapitel 5.8

Fischer, H., B. Michler & A. Fischer (2018): Die zukünftige pnV Bayerns. LWF-aktuell 4: 44–49.

Gatter, W. (2004): Deutschlands Wälder und ihre Vogelgesellschaften im Rahmen von Gesellschaftswandel und Umwelteinflüssen. Vogelwelt 125: 151–176.

Kölling, C. & T. Mette (2022): Wälder im Klimawandel – Neues Klima erfordert neue Baumarten. In: Wald in der Vielfalt möglicher Perspektiven. Springer VS, Wiesbaden, pp 145–158.

Maier, E. (2021): Wetter extrem – wenn sich Hitzewellen, Stürme und Starkregen häufen. geomax 25, Max-Planck-Gesellschaft.

Sachregister

Fett gedruckte Seitenzahlen verweisen auf Kästen mit näheren Informationen zum Stichwort.

Index der Vogelnamen

Fettdruck bezeichnet Kurzcharakteristika der Vögel

Index der Pflanzennamen

Fettdruck bezeichnet Kurzcharakteristika der Pflanzen

Bildnachweis

Abkürzungen
o: oben, M: Mitte, u: unten, li: links, re: rechts

Aas, G. 18, 91, 93, 104, 107 o, 233 o, 233 u, 238
Adobe Stock/ Victor Tyakht 211
Adobe Stock/Abdullah 186
Adobe Stock/Agami 71, 79
Adobe Stock/CreativeImage 137 li
Adobe Stock/dennisjacobsen 80
Adobe Stock/Ji 139
Adobe Stock/Karin Jähne 165 o, 216
Adobe Stock/OlegDoroshin 137 re
Adobe Stock/phototrip.cz 213
Adobe Stock/Risto 62 (2. Reihe re)
Adobe Stock/Siegi 146
Adobe Stock/slowmotiongli 165 u
Adobe Stock/Xalanx 227 E
Adobe Stock/YK 166
Augst, U. 62 o re
Bergmann, H.-H. 134
Biolib.cz Zdenek Hyan 133 u
Bohdal, J. B. 153, 174 re, 229
Bosch, S. 190 o li, 190 o re
Fäth, L. 12 o, 13, 16 o, 27 u, 40, 42, 46, 95 (Inlay), 145 (beide Motive), 148, 159, 210, 222 o re, 223, 224 o, 227 B, 227 F
Fery, A. 203
Fünfstück, H.-J. 50 o, 62 (2. Reihe li), 62 (3. Reihe li), 76 o, 147, 173, 184
Haase, S. 163 o
Hartwich, R. 62 (3. Reihe re), 65 o re, 65 u li, 65 u re, 67, 128, 170 o, 171 (Inlays: Trauerschnäpper), 171 re Reihe M, 222 o li, 224 (Bild 2-4), 227 A
Herbolzheimer, C. P. 97, 141, 142 li, 142 re, 143, 174 li, 175 u, 176, 177
istock/MikeLane45 169 re u
Jansons, J. 34, 38 u, 44 u, 60, 95, 182 o, 204
Josten, C 272 u
Kleefisch, T. 99 o
Lutz, S. 272 o
Martin, R. 61
Michel, I. 122, 152
Moning, C. 56 o, 73 o, 81
Mráz, L. 12 u, 117, 149, 162 o, 163 u, 175 o, 190 u, 209 u
Muriset, F. 198
Obermaier, E. 65 M li
Pätz, S. 9
Petercord, R. 74
Pfeifer, R. 10, 16 u, 17, 19, 20, 21, 22, 23, 25, 26, 27 o, 29, 30, 32, 33, 43 o, 44 o, 43 u, 45, 47, 48, 49 u, 51, 57 u, 62 o li, 65 M re, 68, 73 u, 82, 83, 88, 96, 103, 106, 111 (alle Motive), 112 o li, 112 o re, 113 li, 114, 116, 118, 120, 124, 129, 130, 131, 135, 140 o li, 140 u re, 144, 150, 154, 158 (alle Motive), 160, 162 u, 167, 168 o, 170 u, 179, 181, 201, 202, 206, 207 (alle Motive), 212, 215, 219, 220, 221, 222 M li, 222 M re, 222 u, 225 li, 225 re, 231, 234, 235 (alle Motive), 236 o, 236 u, 239, 240, 241, 242, 243, 244, 248
Pfeuffer, E. 75, 99 u
Reichling, Hermann [Nachlass] © LWL-Medienzentrum für Westfalen 35, 36 o
Römhild, M. 140 u li
Rössner, R. 41, 49 (Inlays Abb. Faunenmischung), 56 (Inlays Verbreitung Baumläufer), 58 li, 70, 76 u, 94, 100, 101, 107 u, 108, 112 u, 125 u re, 126, 132 li, 132 re, 133 o, 153, 155 (Inlays in Abb. oben), 164 li, 164 re, 171 (re Reihe o), 171 (re Reihe u), 182 u, 187 li, 188, 194 o, 195, 197, 205, 208 li, 208 re, 209 o, 217, 224 (Bild 5-7), 226, 227 G
Rudolph, B.-U. 168 re o
Samwald, O. 15, 36 u, 52 (alle Motive), 57 o li, 57 o re, 58 re, 62 (2. Reihe M), 65 o li, 75 o, 102 o, 102 u, 113 re, 119, 140 o re, 151, 169 li u, 171 (Inlay Halsbandschnäpper), 172, 183 o, 183 u, 187 re, 192, 193, 194 o, 227 C, 227 D, 227 H, 245, 247
Samwald, R. 11
Schwarzmeier, M. 121
Ševčik, J. S. 136
SLUB Dresden / Deutsche Fotothek / unbekannter Fotograf 39
Wadewitz, M. 62 o M
Wikimedia/M.Flåten (CC BY-SA 3.0) 168 re u
Wikipedia (gemeinfrei) 50 u
Wikipedia/G. Flegel (gemeinfrei) 37
Wikipedia/unbekannt (gemeinfrei) 38 o
Wimmer, N. 105, 125 u li, 161, 178

Die Autoren

Robert Pfeifer, Diplom-Ingenieur (FH), wurde 1963 in Bayreuth geboren. Ein naturverbundenes Elternhaus mit reicher Vogelhaltung und eine Lehre zum Landschaftsgärtner förderten frühzeitig das Interesse an der Vogel- und Pflanzenwelt. 1989 begann er das Studium der Landespflege an der Fachhochschule Weihenstephan, das er 1993 abschloss. Nach dreijähriger Tätigkeit im Naturschutz wechselte er zum Stadtgartenamt der Stadt Bayreuth, das er seit 2013 leitet. Ehrenamtlich ist er Generalsekretär der Ornithologischen Gesellschaft in Bayern e. V. und Schriftleiter der Zeitschrift „Ornithologischer Anzeiger". Schwerpunkte seines ornithologischen Interesses sind Vogel-Umwelt-Beziehungen, Avifaunistik und paläarktische Singvögel. Darüber hat er – oft im Autorenteam – zahlreiche wissenschaftliche und populärwissenschaftliche Studien veröffentlicht.

Olaf Schmidt, Diplom-Forstwirt, wurde 1956 in Tettau im Frankenwald geboren. Seine waldreiche Heimat weckte schon früh in ihm den Wunsch, sich für Wald und Natur einzusetzen und Förster zu werden. Nach dem Abitur studierte er Forstwissenschaften an der Ludwig-Maximilians-Universität München. 1984 trat er in den Dienst der Bayerischen Staatsforstverwaltung an der damaligen Oberforstdirektion Bayreuth. Nach weiteren Stationen im Staatsministerium für Ernährung, Landwirtschaft und Forsten in München und an der Bayerischen Landesanstalt für Wald und Forstwirtschaft leitete er von 2000 bis 2020 als Präsident die Bayerische Landesanstalt für Wald und Forstwirtschaft in Freising. Sein besonderes Interesse gilt seit seiner Jugend den Tieren des Waldes, vor allem den Vögeln und Amphibien, aber auch den Käfern, Schmetterlingen, Wanzen, Schnecken und Säugern. Daneben interessiert er sich auch für Neobiota, dendrologische Fragen und Forstgeschichte.